現代基礎数学 9
新井仁之・小島定吉・清水勇二・渡辺 治 編集

複素関数論

柴 雅和 著

朝倉書店

編 集 委 員

新井仁之　東京大学大学院数理科学研究科

小島定吉　東京工業大学大学院情報理工学研究科

清水勇二　国際基督教大学教養学部理学科

渡辺　治　東京工業大学大学院情報理工学研究科

まえがき

 "複素関数論"は，解析関数論あるいは単に関数論などとも呼ばれ，複素数を変数として複素数の値をとる関数の性質を調べる分野で，大学初年次までに学ぶ実変数の実数値関数をごく自然な形で拡張したものとして登場した．その後，定義域 (変数の動く範囲) や値域 (関数のとり得る値の範囲) などが ——一方だけあるいは双方ともに—— 一般化されてリーマン面や多様体などに拡張されたり，考察すべき関数の性質が緩和されたりもした．古典論からこのような現代的な理論までを総称して，今日では複素解析学と呼ばれることも多い．

 実数の範囲に解をもたない (実係数の) 2次方程式が存在することへの不満は自然に虚数や複素数の導入を促したが，それと並行して ——馴染み深い関数 $y = f(x)$ を範として—— 実変数 x, y を複素変数 z, w に拡張した関数 (複素関数) $w = f(z)$ を自由自在に操ることになったのもまた必然であった．定義域や値域を複素数まで拡げることによって，すでに発展していた実解析学 (実関数の微分積分学) がいっそう肥沃な世界へと拓かれただけでなく，多くの新しい知見が得られた．

 複素関数論は解析学の内部に留まらず代数学や幾何学などとも益々深く関わるようになったが，さらにもっと驚くべきことに，当初は数学においてすら市民権を勝ち得なかった "虚数" が物理学や工学などの "現実的世界" においても高い有用性をもつことが認識され，複素関数論は広く理工学系の学部生・大学院生にとって不可欠な履修科目の1つとなった．これを反映して複素関数論の教科書・参考書は，理論的なものから応用を目指したものまで，すでに非常に多く出版されている．他方で，複素関数論を支える複素数に関する知識を十分にはもたない学生が近年著しく増えたし，講義時間数の削減に伴い複素関数論と銘打った講義でも留数定理とその簡単な応用辺りで終わってしまうことが多くなった．つまり講義では曖昧なままの導入と早々の仕上げを強いられるようになったのだが，その上この傾向につれて教科書の内容も薄くなるばかり，複素関数論の面白さや有用さ，あるいは深さに目覚める機会は減るばかりである．

本書の最大の目的もまた読者に複素関数論の基礎を提供することであるが，内容的には初歩からやや進んだ段階までを含む．各章はその章の概観で始まり，次章への橋渡しで終わる．ほぼすべての定理に証明を与え，随所に設けた「例」には丁寧な解説をつけた．さらに多数の「問」を置いて自ら考える力を養うことができるようにし，問と各章末の演習問題にも解答を例示した．入門講義のみならず特論的な講義でもさらには自習書あるいは参考書としても役立つはずである．複素解析の基礎的な部分の解説が目標ではあっても，すでにあるいは並行して学習していると思われる他分野との関係を重視し，さまざまな観点と既習科目復習の機会を増やした．たとえば，数学全体において際立って重要なオイラーの公式は本書では2階線形微分方程式を通じて導入される．これは一般に用いられている方法とは異なるが，虚数単位が実2次方程式を通じて導入されることに呼応して興味深い．また，やや進んだ内容のものとして整関数の無限乗積展開や平面上の有理型関数の部分分数分解を述べ，その応用としてガンマ関数とペー関数にも触れた．これらの関数は，複素関数論の次の段階に進むためにもより高度な応用に関わる際にも必須のものである．

　本書には，複素関数論の入門から基礎を経てさらに少し先までをカバーすることのほかに，もう1つ，以下に述べるような大きな目標がある．すでに述べたように，複素関数論入門の受講者としては数学科学生に限定せず広く理工学系の学生・院生を想定すべきであるが，著者が経験したところでは，数学自身に興味をもつ学生と自然科学・工学に必要な数学を学ぶ学生の間には"理解の仕方"に大きな差がある；数学科の学生と物理学科の学生では調和関数や正則関数の把握が違っているし，工学部の学生にとってはまた別の理解の仕方が自然に感じられる．《複素関数論をある程度学んだ後にその応用場面を考える》講義スタイルは——たとえ正統的な数学教育ではあったとしても——自然科学者や科学技術者に大きな負担を強いる割にその成果が芳しくない．他方で，《具体的な問題の取り扱いから始める複素関数論》は受講者側にとっては十分な深さにまで達し難い上に，授業をする側も直感的あるいは曖昧で明晰さを欠くとの印象をもち易い．この間隙を埋めるための試みもなくはないが，もっぱら物理側あるいは応用側からのもので複素関数論の知識を前提としている．

　本書ではこれらのことを勘案して，普通は関数論の応用として扱われる話題の中から「完全流体の力学」を早い機会に——複素関数の正則性を論じる前に——取り上げた．流体力学だけに限った理由は，本書の目的があくまで複素関数論の解説にあって，あらゆる応用分野のためにすぐに使える公式を羅列することでは

ないからである．実際，この限定によって厳密に議論できるし，簡単な翻訳操作によって電磁場や熱伝導などの話題も同様に扱える．完全流体力学を選ぶこと自体は新しいアイディアではないが，多くは物理的予備知識が必要である．本書では完全流体の力学の基礎をまったく初等的に論じる；第 4 章で，複素数の簡単な性質と大学初年級までの数学・物理の知識だけを仮定する．流体力学で用いられる発散や渦・回転など通常は直感に訴えて理解させる言葉の本質的な意味についても数学的に丁寧に考察したから数学側から見ても十分理解できるであろうし，正則性を念頭に置いて議論したから物理学や工学側からもその後に登場する複素関数論が実体をもったものとして容易に理解されるであろう．やや進んだ段階での応用数学としてはこの章から始めることもできる．これを受けて第 9 章では航空機の翼が受ける揚力の計算に複素関数論の成果と技術が如何に巧みに用いられているかを見る．単に計算の手法や結果を知るためではなく正則性の何たるかを知るための，数学側からみても意義深い例である．

　本書は著者が複数の大学の理学部の数学科や物理学科，工学部，教育学部の数学系学科，理学研究科，工学研究科などにおいて，学部学生や大学院生を対象に行った講義に依拠してはいるが，本質的には新しく書いたものである．「現代基礎数学」講座の 1 冊として執筆をお勧め下さった小島定吉氏に篤くお礼を申し上げる．複素関数論の基本的な部分とその周辺を十分に含みつつ応用の場を見せることを心がけたが，内容の維持と分量のバランスに腐心して脱稿までに年月を要し，朝倉書店編集部には大変な心配と迷惑をかけたことを陳謝したい．原稿の完成を辛抱強く待って下さったことにも心からお礼申し上げたい．本書を完成させることができたのは，数学における師や先輩・朋輩や同僚，共同研究者はいうに及ばず，数学とは無縁の多くの方々からの有形無形の援けのお蔭である．ここに深甚の感謝を申し上げたい．数学科に進む前の私たちに解析関数の深い性質を熱く説かれた島田三郎先生と著者にリーマン面論の本質を教えて下さった楠 幸男先生に特段の感謝の気持ちを込めて本書を献じ，自身の受けた恩恵が次の世代に繋がればと念じる次第である．

　　2013 年 8 月

著　　者

本書の流れ

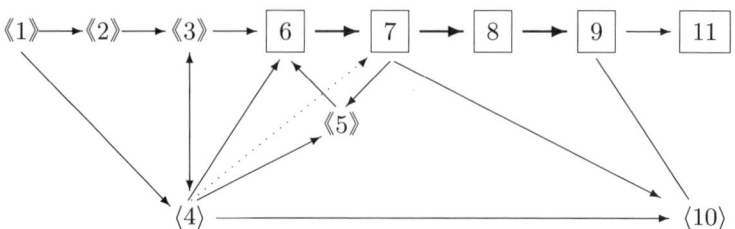

1) 数字 n は第 n 章を示し，$m \to n$ は第 m 章を仮定すれば第 n 章の理解が容易であることを示す．第 n 章にとって第 m 章が不可欠という訳ではない．
2) 複素関数論としての標準的基礎コースは——目次における * を付した節をスキップした——6 → 7 → 8 → 9 であろう．やや進んだコースとして * を付した節を適宜含めることができる．
3) 《1》,《2》,《3》は準備的な章で予備知識の量と深さによって取捨選択可能であるが，《2》におけるオイラーの公式の導入は線形常微分方程式を振り返るのにも役立つ．
4) 2 次元流体力学の基礎〈4〉のためには多くの物理的なあるいは数学的な予備知識を必要とせず，しかも正則関数をより自然に理解するためによい準備となる．また，7 から航空機の翼と揚力に関する〈10〉へと直接進むことも十分できる．
5) ベクトル解析と調和関数に関する章《5》は 2 つの目的をもって設けられた．すなわち，完全流体の章〈4〉のより数学的な説明を与えるためと，調和関数と正則関数 6 の深い関係を示すためである．後者は 7 →《5》によって補足される．
6) 7 における留数解析を応用した実定積分の計算例は，基本的なものに限った．計算により多くの技巧を要する応用例は参考文献[5]を参照されたい．
7) 9 で述べた正則関数のべき級数表示により，正則性の特徴づけ (複素微分可能性，コーシー・リーマン関係式の成立，等角性) はひとまず完成する．
8) 11 の内容は現在の数学科においては初級コースに属するものではないが，無限乗積展開や部分分数分解は実解析からの極めて自然な流れである．応用としてガンマ関数とペー関数を構成し，それらのごく基本的な性質を論じた．
9) 入門書である本書では割愛した重要なテーマも多い．ダルブーの定理，正規族，リーマン写像定理などがその種の話題であるが，これらについては参考文献[14]で述べた．同書にはグルサの定理やリーマン球面など初等的な話題もまた別の視点で扱われている．
10) 重要な話や定理には英語表現を付けた．ただし，"オイラーの定理" のように単純な場合には Euler's theorem などとわざわざ付けることはしなかった．

目　次

1. 2次方程式と複素数 ································· 1
　1.1　2次代数方程式と複素数 ························· 1
　1.2　複素数の幾何学的性質 ··························· 3
　1.3　複素平面の位相 ································· 10
　1.4　複 素 関 数 ····································· 13
　1.5　曲　　　線 ····································· 15
　1.6　連　結　性 ····································· 19
　1.7　ジョルダンの曲線定理 ··························· 20
　1.8　リーマン球面 ··································· 21

2. 2階常微分方程式と複素指数関数 ····················· 27
　2.1　2階実定数係数常微分方程式 ····················· 27
　2.2　複素特性根をもつ常微分方程式 ··················· 28
　2.3　オイラーの公式 ································· 29
　2.4　指 数 関 数 ····································· 32
　2.5　微分方程式の解の一意性について ················· 34

3. 基本的な複素関数とそれらの逆関数 ··················· 36
　3.1　多　項　式 ····································· 36
　3.2　関数 $z = \sqrt{w}$ ······························ 38
　3.3　有 理 関 数 ····································· 41
　　3.3.1　有理関数の位数 ··························· 41
　　3.3.2　メービウス変換 ··························· 43
　　3.3.3　ジューコフスキー変換 ····················· 47
　3.4　3 角 関 数 ····································· 49
　3.5　逆3角関数 ····································· 52

3.6 対数関数 ··· 53
3.7 べき乗 ··· 56

4. 2次元の流れ ·· 58
4.1 速度場と質量保存則 ··· 58
4.2 渦と湧き出し・吸い込み ··· 62
4.3 速度ポテンシャルと流れ関数 ··· 66
4.4 複素速度と複素速度ポテンシャル ··· 70
4.5 典型的な流れの例 ··· 72

5. 調和関数 ·· 78
5.1 ガウスの発散定理とグリーンの定理 ······································· 78
5.2 ベクトル解析の復習 ··· 79
5.3 グリーンの公式 ··· 81
5.4 平均値の定理 ··· 83
5.5 最大値の原理 ··· 84
5.6 ポアソン核 ··· 86

6. 正則関数 ·· 90
6.1 複素微分可能性 ··· 90
6.2 コーシー・リーマンの関係式 ··· 92
6.3 正則性 ··· 95
6.4 一意性定理 ··· 98
6.5 正則関数と調和関数 (I) ··· 100
6.6 単葉な関数と等角写像 ··· 103
   6.6.1 単葉な正則関数 ·· 103
   6.6.2 等角写像 ·· 105
   6.6.3* 等角写像の複素微分可能性 ·· 107

7. コーシーの積分定理と積分公式 ·· 111
7.1 複素線積分 ··· 111
7.2 コーシーの積分定理 ··· 114
7.3 原始関数 ··· 115

- 7.4 閉曲線の回転数 118
- 7.5* 正則関数と調和関数 (II)：正則関数の積分表示 119
- 7.6 コーシーの積分公式 120
- 7.7 リューヴィルの定理と代数学の基本定理 121
- 7.8 導関数に対する積分表示 122
- 7.9 留 数 解 析 124
  - 7.9.1 留 数 定 理 124
  - 7.9.2 留数定理の応用——定積分の計算 127

8. コーシーの定理の応用 133
- 8.1 最大値の原理 133
- 8.2 モレラの定理とシュヴァルツの鏡像原理 134
- 8.3* コーシー積分 138
- 8.4 孤立特異点 (I)：除去可能な特異点 139
- 8.5* シュヴァルツの補題 142
- 8.6 多重連結領域で正則な関数の分解 144
- 8.7* 1 価性の定理 147
- 8.8* 逆 関 数 148

9. 正則関数の局所的表示とその応用 150
- 9.1 関数列と関数項級数 150
- 9.2 正則関数の無限級数への展開 154
  - 9.2.1 同心円環で正則な関数 154
  - 9.2.2 テイラー展開 156
  - 9.2.3 ローラン展開 157
- 9.3 零点と一致の定理 160
- 9.4 解 析 接 続 162
- 9.5 孤立特異点 (II)：極 164
- 9.6 孤立特異点 (III)：真性特異点 167
- 9.7 偏角の原理とルーシェの定理 168
- 9.8* 正則関数・調和関数の写像としての性質 172

10. 翼の揚力 177

10.1 一様流の中の円板 177
10.2 ベルヌーイの定理 180
10.3 ダランベールのパラドックス 182
10.4 流れの中の物体が受ける力とモーメント 183
　10.4.1 ブラジウスの公式 184
　10.4.2 クッタ・ジューコフスキーの定理 186
10.5 翼の揚力 187
　10.5.1 ジューコフスキーの翼 187
　10.5.2 クッタの仮定・ジューコフスキーの条件 188
　10.5.3 ジューコフスキー翼の揚力 189

11. 正則関数および有理型関数の大域的な表示とその応用 193
11.1 無限積 193
11.2 ワイエルシュトラスの定理 196
11.3 指定された極をもつ有理型関数の構成 199
11.4 ガンマ関数 200
11.5 ペー関数：楕円関数序論 202

あとがき 208
参考文献 209
問および章末演習問題の略解 211

索引 223

第 1 章
2 次方程式と複素数

CHAPTER 1

複素関数論を"複素数"と"オイラーの公式"から始めるのはまったく自然である．前者は代数方程式の解法を介する歴史的・古典的な方法で導入される (本章) が，後者は，よく行われているような方法ではなく，2 階の常微分方程式の解を用いて導入することにした (次章)．虚数単位と指数関数とがともに単純な形の方程式から ——2 次方程式と 2 階線形常微分方程式から—— 得られることは非常に興味深い．

1.1 2 次代数方程式と複素数

実数の全体 $\mathbb{R}$ については十分に分かっているものと仮定した上で，**複素数** (complex number) とは 2 つの実数 a, b を用いて

$$a + ib \tag{1.1}$$

と表示されるものとしておく[*1)]．ここで，**虚数単位** (imaginary unit) と呼ばれる i は，規則

$$i \cdot i = -1 \tag{1.2}$$

に従うと仮定し，2 つの複素数 $a + ib, c + id$ は $a = c, b = d$ のときかつそのときに限って等しいものと考える．また，実数 a を複素数 $a + i0$ と同一視し，$\mathbb{R}$ を複素数の世界に埋め込む．$a + i0$ を a と，$0 + ib$ を ib と略記する．

定義 1.1 複素数 $a + ib, c + id$ の加減乗除は

$$(a + ib) + (c + id) = (a + c) + i(b + d), \tag{1.3}$$

$$(a + ib) - (c + id) = (a - c) + i(b - d), \tag{1.4}$$

$$(a + ib) \cdot (c + id) = (ac - bd) + i(ad + bc), \tag{1.5}$$

$$\frac{a + ib}{c + id} = \frac{ac + bd}{c^2 + d^2} + i\frac{bc - ad}{c^2 + d^2} \tag{1.6}$$

[*1)] 厳密さを追求した定義の例はたとえば参考文献[14]を参照．

によって定められる．もちろん，除法においては仮定 $c^2 + d^2 \neq 0$ が必要である．実数 a, b を用いて表した複素数 (1.1) を——1つの"数"としての認識を促すために——ただ1つの文字で表す．当面はギリシャ文字を用いて"複素数 $\alpha = a + ib$"ということにしよう．複素数の全体を

$$\mathbb{C}$$

で表す．この記号は，実数，有理数，整数，自然数それぞれの全体を表す記号 $\mathbb{R}, \mathbb{Q}, \mathbb{Z}, \mathbb{N}$ などと並んで，広く標準的に用いられている．$\mathbb{C}$ においては——$\mathbb{R}, \mathbb{Q}$ と同様に——四則演算 (加減乗除) が可能で[*2)]，$\mathbb{C}$ を**複素数体** (complex number field) と呼ぶ．加法・乗法いずれについても交換法則と結合法則が，さらにそれらの間に分配法則が成り立つ[*3)]．

問 1.1 $\mathbb{C}$ は零因子をもたない，すなわち，$\alpha, \beta \in \mathbb{C}$ について $\alpha\beta = 0$ が成り立てば $\alpha = 0$ あるいは $\beta = 0$ である．これを確認せよ．

複素数を係数にもつ2次方程式は習慣的に未知数を z と書く：
$$\alpha z^2 + \beta z + \gamma = 0 \qquad (\alpha, \beta, \gamma \in \mathbb{C}; \alpha \neq 0). \tag{1.7}$$
方程式 (1.7) は $\mathbb{C}$ の中に必ず解をもち，解は実係数の場合と同様に——ただし根号の正確な定義を後回しにして——

$$\frac{-\beta \pm \sqrt{\beta^2 - 4\alpha\gamma}}{2\alpha}$$

によって与えられる．実際，(1.3)–(1.6) によって実係数の場合と同様の変形
$$\left(z + \frac{\beta}{2\alpha}\right)^2 = \frac{\beta^2 - 4\alpha\gamma}{4\alpha^2}$$
が許される．次いで両辺の平方根をとるためには次を示せば十分である．

補題 1.1 実数 a, b に対し，$(p + iq)^2 = a + ib$ を満たす実数 p, q が存在する．

[証明] $b \neq 0$ の場合だけを考えれば十分である．求めるべき p, q は $p^2 - q^2 = a, 2pq = b$ を，したがってまた $p^2 + (-q^2) = a, p^2(-q^2) = -b^2/4$ を満たす．特に，$p \neq 0, q \neq 0$ である．2つの実数 $p^2, -q^2$ は実係数2次方程式 $t^2 - at - b^2/4 = 0$

[*2)] もちろん除法における「割る数」は 0 ではないとしておく．
[*3)] 任意の $\alpha, \beta, \gamma \in \mathbb{C}$ について，$\alpha + \beta = \beta + \alpha, \alpha\beta = \beta\alpha; (\alpha + \beta) + \gamma = \alpha + (\beta + \gamma), (\alpha\beta)\gamma = \alpha(\beta\gamma); \gamma(\alpha + \beta) = \gamma\alpha + \gamma\beta$.

の正の解と負の解であるから，$p^2 = (\sqrt{a^2+b^2}+a)/2$, $q^2 = (\sqrt{a^2+b^2}-a)/2$ である．それぞれを個別に開平すれば $p = \pm\sqrt{(\sqrt{a^2+b^2}+a)/2}$, $q = \pm\sqrt{(\sqrt{a^2+b^2}-a)/2}$ を得るが，$2pq = b$ から p, q の符号に関して次のことが分かる：

(1) $b > 0$ ならば $pq > 0$，したがって p, q の複号は同順，
(2) $b < 0$ ならば $pq < 0$，したがって p, q の複号は逆順．

これらをまとめて
$$p = \pm\sqrt{\frac{\sqrt{a^2+b^2}+a}{2}}, \quad q = \pm\frac{b}{|b|}\sqrt{\frac{\sqrt{a^2+b^2}-a}{2}}$$
を得る (複号同順)．これら 2 組の p, q が $(p+iq)^2 = a+ib$ を満たしていることは明らかである． (証明終)

上の議論は複素 2 次方程式が一般に——いわゆる重複解を 2 個として数えれば——2 つの複素解をもつことを示している．複素数を係数とする n 次代数方程式 (n は自然数) は n 個の解をもつ[*4)]ことが後に (定理 7.15) 確かめられる．

注意 1.1 複素数のもととなる虚数単位 i は，非常に簡単な (実数を係数とする) 2 次方程式 $x^2 + 1 = 0$ の解が係数と同じ実数であるようには見出せなかったことを切り抜けるために，存在の仮定された "数" であった[*5)]．要請から容易に分かるように i とともに $-i$ もまた同じ方程式を満たすが，これら 2 つの "数" を区別する先験的な理由はなく，1 つを i とすればもう 1 つは $-i$ であるというに過ぎない．《$\sqrt{3}$ は 2 乗して 3 になる 2 つの数のうちの正のものを意味する》と学んだであろうが，虚数単位 i については 2 乗して -1 になる数のうちで正のもの，などと考えたりいったりしてはならない．その意味で $\sqrt{-1}$ を——単なる記号として扱うならばともかく——虚数単位 (1.2) の定義とするのはよろしくない．

1.2 複素数の幾何学的性質

基本的な用語と定義，初等的な性質などを述べる．複素数 $\alpha = a + ib$ について，a を α の**実部** (real part), b を α の**虚部** (imaginary part) と呼び，記号で
$$a = \operatorname{Re}\alpha, \qquad b = \operatorname{Im}\alpha \tag{1.8}$$

[*4)] 解の個数の数え方についての先ほどの慣習はもちろん維持する．この主張は**代数学の基本定理** (fundamental theorem of algebra) または**ガウスの定理**として知られている．
[*5)] そもそも数と呼べるものであるかどうかはまったく問わないままに．

などと書く．各複素数 α に対して実数の対 $(\mathrm{Re}\,\alpha, \mathrm{Im}\,\alpha)$ を対応させることによって，$\mathbb{C}$ は平面 $\mathbb{R}^2$ と同一視できる．すなわち，複素数を座標として平面を眺めることができる (図 1.1)．このように考えた平面を**ガウス平面** (Gaussian plane)，**複素平面** (complex plane) などと呼ぶ[*6)]．

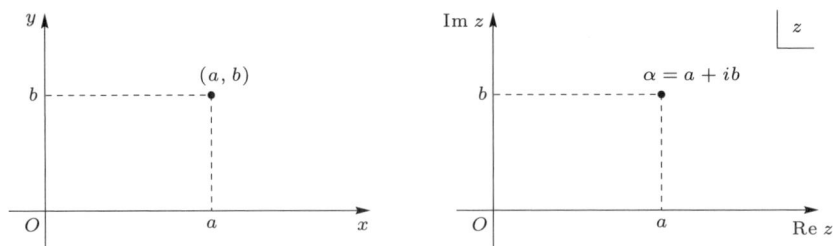

図 1.1 ユークリッド平面とガウス平面 (複素平面)

$z = x + iy$ を**複素座標** (complex coordinates) と呼び，この平面を明示的に z 平面と呼んだり，自明で簡潔な記号 $\mathbb{C}_z$ を用いて表したりする．複素数 α が表す点を簡単に "点 α" と呼ぶことも多い．平面のデカルト座標 (x, y) の x 軸と y 軸をそれぞれ z 平面の**実軸** (real axis)，**虚軸** (imaginary axis) と呼ぶ[*7)]．平面と複素数との同一視を通じて平面上の現象が複素数を用いて記述される．特に，いわゆるユークリッド幾何学は ——直交座標系を用いてデカルトの解析幾何学として記述されたように—— 複素座標を用いて書き表される．たとえば，異なる2つの複素数 α, β と $0 \le t \le 1$ を満たす t があるとき，点 α から点 β に向かう線分 S を $t : (1-t)$ に内分する点は $(1-t)\alpha + t\beta$ であるから，S は径数 $t \in [0,1]$ を用いて[*8)][*9)] $z = \alpha + t(\beta - \alpha)$ と表される．径数 t の範囲に関する制限は容易に取り払われ，異なる 2 点 α, β を通る**直線** (straight line) が

$$z = \alpha + t(\beta - \alpha), \quad -\infty < t < \infty \tag{1.9}$$

の形で表されることも分かる．

複素数 $\alpha = a + ib$ に対して，複素数 $a - ib$ をその **[複素] 共役** ([complex] conjugate) といい，記号では $\bar\alpha$ で表す．容易に分かるように

$$\mathrm{Re}\,\alpha = \frac{\alpha + \bar\alpha}{2}, \qquad \mathrm{Im}\,\alpha = \frac{\alpha - \bar\alpha}{2i} \tag{1.10}$$

[*6)] 複素平面は (特にドイツ語圏では) "複素数平面" と呼ばれることも多い．
[*7)] z 平面で虚軸を iy と記す流儀もある．
[*8)] 次の一般的な記法は本書を通じて用いられる．$-\infty \le a < b \le \infty$ に対し，(a, b) は実直線上の開区間 $\{t \in \mathbb{R} \mid a < t < b\}$ を，また $[a, b]$ は閉区間 $\{t \in \mathbb{R} \mid a \le t \le b\}$ を表す．
[*9)] 径数については既知としてよいであろうが，1.5 節でも再度詳しく説明する．

が成り立つ．共役複素数はもとの複素数と実軸に関して線対称な点を表す．$\bar{\alpha}$ を実軸に関する α の**鏡像** (reflection) ということもある．また，複素数 $\alpha = a + ib$ の**絶対値** (modulus, absolute value) とは $\sqrt{a^2 + b^2}$ で与えられる非負の実数のことで，記号 $|\alpha|$ で示される．任意の複素数 α に対して成り立つ式

$$|\alpha|^2 = \alpha \bar{\alpha} \tag{1.11}$$

は簡単ではあるがしばしば非常に有用である．容易に確かめられるように，

$$|\alpha \beta| = |\alpha| \, |\beta| \tag{1.12}$$

が成り立つ[*10]．

問 1.2 絶対値の定義は実数に対する既知の定義と整合的であることを確かめよ．

問 1.3 複素数 z_1, z_2, z_3 が関係式 $z_1 + z_2 + z_3 = 0; |z_1| = |z_2| = |z_3| \, (> 0)$ を満たすとき，これらが表す平面上の3点の幾何学的性質を調べよ．

問 1.4 複素数 $\alpha = 1 + \sqrt{3}i$ について，その実部，虚部，複素共役，絶対値を求めよ[*11]．また $1/\alpha$ についてもこれらを調べよ．

複素平面上の集合[*12]のうちで特によく利用されるものは，

$$\mathbb{H} := \{\operatorname{Im} z > 0\}, \quad \mathbb{D}(\alpha, r) := \{|z - \alpha| < r\}, \quad C(z_0, r) := \{|z - \alpha| = r\}$$

である．ここで，$\alpha \in \mathbb{C}, r > 0$．$\mathbb{H}$ は**上半平面** (upper half plane)，$\mathbb{D}(\alpha, r)$ と $C(z_0, r)$ はそれぞれ α を中心とする半径 r の**円板** (disk) あるいは**円周** (circle) と呼ばれる．曖昧な語 "円" は避けるのが賢明である．特に有用な $\mathbb{D}(0, 1)$, $C(0, 1)$ を**単位円板** (unit disk)，**単位円周** (unit circle) と呼び $\mathbb{D}$, C と略記する．

問 1.5 円板 $\mathbb{D}(1 + \sqrt{3}\,i, 2)$ を描け．

複素数の全体 $\mathbb{C}$ は，明らかに $\mathbb{C}$ の上の1次元ベクトル空間となるが，複素数 $a + ib$ をベクトル $a\boldsymbol{i} + b\boldsymbol{j} = [a, b]$ と同一視する[*13]ことによって $\mathbb{R}$ の上の2次

[*10] 式 (1.12) から，$\beta \neq 0$ について $|1/\beta| = 1/|\beta|$, $|\alpha/\beta| = |\alpha|/|\beta|$ などが分かる．
[*11] 表現「求めよ」には疑義もあるが，慣用に従いこだわらずに使用する．
[*12] たとえば，次に挙げる $\mathbb{H}$ は $\{z \in \mathbb{C} \mid \operatorname{Im} z > 0\}$ と書くのが正確であるが，ここで用いた簡便な表記もよく用いられる．
[*13] ベクトルを成分表示するのに本書では座標を表す (a, b) と区別するためにかぎ括弧を用いて $[a, b]$ と書く．これはこれで閉区間を示す記号との区別が必要になるのだが，個々の場面における区別は文脈によって理解できる．

元ベクトル空間ともみなされる．ここで i, j はそれぞれ x 軸，y 軸によって定まる単位ベクトル $[1, 0], [0, 1]$ を表す．このとき，2 つの複素数の和は各々が表すベクトルの和に対応する (図 1.2)．

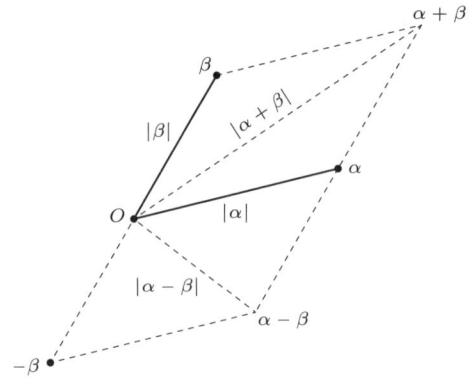

図 1.2 2 つの複素数の和と差

複素数が平面上に実現されることを考えれば，複素数の全体に自然な順序を入れて任意の 2 つの複素数を比較することは見込みがない[*14]が，絶対値を用いた比較はしばしばきわめて有効に用いられる．その際，**3 角不等式** (triangle inequality) として知られる

$$\bigl||\alpha| - |\beta|\bigr| \leq |\alpha \pm \beta| \leq |\alpha| + |\beta| \tag{1.13}$$

は特に有用である．

問 1.6 3 角不等式は，「平面 3 角形の 2 辺の [長さの] 和は他の 1 辺 [の長さ] より大きい」という事実に訴えれば明らかであるが，計算によって (1.13) を証明せよ．

問 1.7 任意の複素数 α について次の不等式を示せ：$\max(|\operatorname{Re}\alpha|, |\operatorname{Im}\alpha|) \leq |\alpha| \leq |\operatorname{Re}\alpha| + |\operatorname{Im}\alpha|$．

ここで複素数の積がベクトル空間の中ではどのようになっているかを調べておこう．2 つの複素数 $\alpha = a_1 + ia_2, \beta = b_1 + ib_2$ に対して

$$\bar{\alpha}\beta = (a_1 b_1 + a_2 b_2) + i(a_1 b_2 - a_2 b_1) \tag{1.14}$$

である．他方で，α, β に対応する 2 つのベクトル $\boldsymbol{\alpha} = a_1\, \boldsymbol{i} + a_2\, \boldsymbol{j}$ と $\boldsymbol{\beta} = b_1\, \boldsymbol{i} + b_2\, \boldsymbol{j}$

[*14] いくら頑張っても順序関係を導入できないことは，たとえば [14] の 4 ページ参照．

の内積 (inner product) および外積 (exterior product) は，$\mathbb{R}^3$ における単位ベクトル $\boldsymbol{k}$ を $\boldsymbol{i}, \boldsymbol{j}, \boldsymbol{k}$ が右手系をなすように選べば，それぞれ $\boldsymbol{\alpha} \cdot \boldsymbol{\beta} = a_1 b_1 + a_2 b_2$ および $\boldsymbol{\alpha} \times \boldsymbol{\beta} = (a_1 b_2 - a_2 b_1)\, \boldsymbol{k}$ である[*15]．

命題 1.2 2つの複素数 α, β に対応するベクトルを $\boldsymbol{\alpha}, \boldsymbol{\beta}$ とするとき，
$$\bar{\alpha}\beta = \boldsymbol{\alpha} \cdot \boldsymbol{\beta} + (\boldsymbol{\alpha} \times \boldsymbol{\beta}) \cdot \boldsymbol{k}\, i \tag{1.15}$$
である．

実ベクトル空間におけるいわゆるコーシー・シュヴァルツ[*16] の不等式 $|\boldsymbol{v}_1 \cdot \boldsymbol{v}_2| \leq \|\boldsymbol{v}_1\| \|\boldsymbol{v}_2\|$ はほとんど自明な不等式 $|\mathrm{Re}[\bar{\alpha}\beta]| \leq |\bar{\alpha}\beta| = |\alpha||\beta|$ にすぎない．複素数に対するコーシー・シュヴァルツの不等式 (Cauchy-Schwarz inequality) は，不等式に登場する実数をそのまま複素数に変えて
$$\left| \sum_{k=1}^{n} \alpha_k \beta_k \right| \leq \sqrt{\sum_{k=1}^{n} |\alpha_k|^2} \cdot \sqrt{\sum_{k=1}^{n} |\beta_k|^2} \tag{1.16}$$
が期待される[*17]であろう．その正当性は，左辺が $\left|\sum_{k=1}^{n} \alpha_k \beta_k\right| = \sum_{k=1}^{n} |\alpha_k||\beta_k|$ を超えないことに注意して既知の (実数世界での) 結果を使えば確かめられるが，ラグランジュ[*18] の等式 (Lagrange's identity) と呼ばれる
$$\left| \sum_{k=1}^{n} \alpha_k \beta_k \right|^2 = \sum_{k=1}^{n} |\alpha_k|^2 \cdot \sum_{k=1}^{n} |\beta_k|^2 - \sum_{1 \leq k < l \leq n} |\alpha_k \bar{\beta}_l - \alpha_l \bar{\beta}_k|^2 \tag{1.17}$$
からもただちに分かる．

問 1.8 (1.17) を確認し，不等式 (1.16) において等号が成り立つための条件を与えよ．

平面にはデカルト座標と並んで重要な座標系——極座標系——がある．複素数 α の絶対値 $|\alpha|$ は α が表す点の動径の長さに相当するから，$\alpha \neq 0$ ならば α が

[*15] この事実は複素数や複素関数を用いて物理法則を記述するときに役立つ．歴史的には，ベクトル空間における内積や外積は複素数の積の実部や虚部の一般化として得られた．
[*16] A. L. Cauchy (1789–1857), H. A. Schwarz (1843–1923).
[*17] 式 (1.16) の左辺は，実ベクトル空間としては章末演習問題 1.5 のように β の代わりに $\bar{\beta}$ を考えるのが ——内積の平方根としてノルムを定義したことなどを思い出せば分かるように—— 自然であるし，複素内積としても同様であるが，どちらにしても証明すべき不等式には影響しない (式 (1.15) の左辺の複素共役が式 (1.16) の左辺では消えているのも支障がない)．
[*18] J.-L. Lagrange (1736–1813).

正の実軸となす角*19)が必要である．この角の大きさは 2π の整数倍を加える自由があって一意には決まらないが，それらの値の任意の1つを

$$\arg \alpha$$

と書き，α の**偏角** (argument) と呼ぶ．複素数の偏角は本来は1つの値ではなく1つの集合と考えるべきなのだが，歴史的な理由から，その集合の (もっとも都合のよい) 1つの元を表すとすることが多い．たとえば次の命題は，両辺 (のいずれか) に適当な $2k\pi \, (k \in \mathbb{Z})$ を加えることを許した上での等式*20)を主張する．

命題 1.3 0ではない2つの複素数 α, β に対して $\arg(\alpha\beta) = \arg\alpha + \arg\beta$．

偏角をどうしても一意に固定して考えたいときには，たとえば区間 $(-\pi, \pi]$ あるいは $[0, 2\pi)$ などの範囲から選ぶと約束し，その場合には $\mathrm{Arg}\,\alpha$ を用いて書き表してこれを偏角の**主値** (principle value) と呼ぶことがある．

注意 1.2 このような制限を加えて偏角を定義することは目先の安心感を追求する余り理論全体の自然さを見逃してしまうことにもなるので，十分な注意が必要である．たとえば $\mathrm{Arg}(\alpha\beta) = \mathrm{Arg}\,\alpha + \mathrm{Arg}\,\beta$ は一般には成り立たない．数値計算を行う際に計算機を利用するのはきわめて効果的だが，角を伴う計算において時としてとんでもない結果が出ることがある；内部プログラムの主値の取り方が利用者の想定していたものと異なっていることに起因することが多い．

問 1.9 複素数 $\alpha = -2 + 2i$ の絶対値を求めよ．またその偏角を ——0 から 2π の間で選び出すとして—— 求めよ．

複素数 $\alpha (\neq 0)$ は2通りの方法で表示される：

$$\alpha = \mathrm{Re}\,\alpha + i\mathrm{Im}\,\alpha = |\alpha|(\cos\theta + i\sin\theta), \qquad \theta = \arg\alpha.$$

第2の表示を α の**極 [座標] 表示** (polar representation) と呼ぶ．

問 1.10 次の複素数を極表示せよ．$i, -1 + \sqrt{3}i, 1 - i, -2$．

任意の実数 θ と任意の自然数 n に対して成り立つ関係式

---

*19) 反時計回りに測る．
*20) 「2π を法として (あるいは mod 2π で) 等しい．」

$$(\cos\theta + i\sin\theta)^n = \cos n\theta + i\sin n\theta, \tag{1.18}$$

はド・モアヴルの公式 (de Moivre's formula)[*21] として知られている.

問 1.11 ド・モアヴルの公式を数学的帰納法によって証明せよ.また,n が負の整数である場合に式 (1.18) の当否を調べよ.

問 1.12 $\alpha^4 = -16$ を満たす複素数 α をすべて求めよ.

2 つの複素数の和や差が平面上でどのように得られるかはすでに図 1.2 で見た.積や商は,図 1.3 が示すように,偏角と絶対値が有効に用いられる.

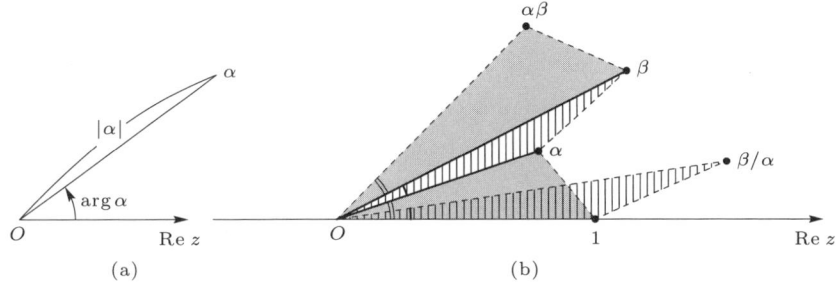

図 1.3 (a) 絶対値と偏角,(b) 2 つの複素数の積と商

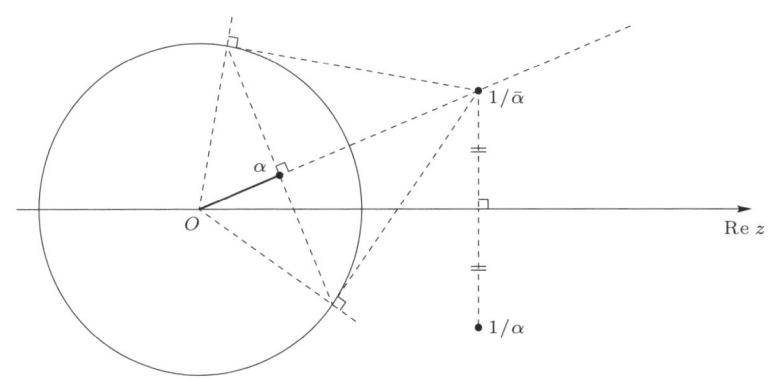

図 1.4 円周に関する反転

単位円内にある α に対して,$\beta := 1/\alpha$ はどのような幾何学的意味をもつかを考えておこう.すぐ分かるように $|\beta| = |1/\alpha| = 1/|\alpha|$ かつ $\arg\beta = \arg(1/\alpha) =$

[*21] A. de Moivre (1667–1754). ド・モアブルと表記されることも多い.

$-\arg \alpha$ であるから，β と α とは図のような関係にある．β は単位円周に関して α を反転 (inversion) して得られた点という (図 1.4)．

1.3 複素平面の位相

2つの複素数 α, β に対して $|\alpha - \beta|$ はこれら2点の間の距離を表す．すなわち複素数の全体 $\mathbb{C}$ は距離空間 (metric space) したがって位相空間 (topological space) である[*22]．念のために，$\mathbb{C}$ の位相構造について復習しておく．まず，各点 $\alpha \in \mathbb{C}$ と任意の正数 ε について円板 $\mathbb{D}(\alpha, \varepsilon)$ を α の ε-近傍 (neighborhood) と呼ぶ．集合 $S \subset \mathbb{C}$ が開集合 (open set) であるとは，「任意の点 $z \in S$ に対して上手に $\varepsilon > 0$ を選べば[*23] $\mathbb{D}(z, \varepsilon) \subset S$ とできる」ことをいう．補集合が開集合である集合を閉集合 (closed set) と呼ぶ．全集合 $\mathbb{C}$ は定義により開集合であるが，さらに空集合 $\emptyset$ も開集合とみなす．したがって，これらの集合は閉集合でもある．

問 1.13 $\alpha \in \mathbb{C}, r > 0$ であるとき，集合 $\mathbb{D}(\alpha, r)$, $\overline{\mathbb{D}}(\alpha, r) := \{|z - \alpha| \leq r\}$ はそれぞれ開集合，閉集合である．これを示せ[*24]．上半平面 $\mathbb{H}$ は開集合であるか？

問 1.14 円周 $C(\alpha, r)$ は閉集合であることを定義に則って示せ ($\alpha \in \mathbb{C}, r > 0$)．

有限個の開集合 $O_1, O_2, \ldots, O_N$ に対してそれらの共通部分 $\bigcap_{k=1}^{N} O_k$ もまた開集合であること，あるいはまた任意の添え字集合 Λ によって定義された開集合の集まり $\{O_\lambda\}_{\lambda \in \Lambda}$ について和集合 $\bigcup_{\lambda \in \Lambda} O_\lambda$ も開集合であること，などは容易に確かめられる．これらの性質によって一般の位相空間が公理的に導入されたこと，その際には ε-近傍のように距離を用いるのではなく，ε-近傍の本質を取り出して定義された "近傍" を用いて開集合や閉集合を記述したことなども思い出しておく．($\mathbb{C}$ または一般の位相空間において) 任意の集合 $S (\subset \mathbb{C})$ に対して，S を含む閉集合すべての共通部分は "S を含む最小の閉集合" である．これを S の閉包 (closure) と呼び，$\bar{S}$ で表す．また，S に含まれるすべての開集合の合併集合は "S に含まれる最大の開集合" である．これを S° と書いて S の内部 (interior) と

[*22] 平面だけを見ている限り距離空間を理解すれば十分である．しかし私たちは将来平面を拡張して新しい世界を考えるので，その準備として位相空間の初歩的な知識をもっていることが望ましい．距離と距離空間の定義と基本的な性質，あるいは位相空間については，たとえば[3]を参照．
[*23] ここで探し出す ε は与えられた点 z に依存する．
[*24] この事実に基づき，$\mathbb{D}(\alpha, r)$ を開円板 (open disk)，$\overline{\mathbb{D}}(\alpha, r)$ を閉円板 (closed disk) と呼ぶ．

呼ぶ．$\bar{S} \setminus S^\circ$ を S の**境界** (boundary) と呼び記号 ∂S で表す．

例 1.1 $r > 0$ とするとき，$\overline{\mathbb{D}(\alpha, r)} = \overline{\mathbb{D}(\alpha, r)}$．$(\overline{\mathbb{D}(\alpha, r)})^\circ = (\mathbb{D}(\alpha, r))^\circ = \mathbb{D}(\alpha, r)$．$\partial \overline{\mathbb{D}(\alpha, r)} = \partial \mathbb{D}(\alpha, r) = C(\alpha, r)$．

注意 1.3 $\mathbb{D}(\alpha, r)$ の定義は形式的には $r = 0$ および $r = \infty$ にまで自然に拡張される．ただし，$\mathbb{D}(\alpha, 0) = \emptyset$，$\overline{\mathbb{D}(\alpha, 0)} = \{\alpha\}$ であるから，$\overline{\mathbb{D}(\alpha, 0)} = \overline{\mathbb{D}(\alpha, 0)}$ は成り立たない．また $\overline{\mathbb{D}(\alpha, \infty)}$ は考えないが，$\mathbb{D}(\alpha, \infty) = \overline{\mathbb{D}(\alpha, \infty)} = \mathbb{C}$ は成り立つ．

複素数列 (sequence of complex numbers)[*25] は，1列に並べられた (有限個または無限個の) 複素数 α_n の集まり ——あるいは "番号付けられた" 複素数の集合—— として素朴に了解され，記号的に

$$\alpha_1, \alpha_2, \alpha_3, \ldots \quad \text{あるいは} \quad (\alpha_n)_{n=1,2,\ldots}$$

によって表した[*26]が，対応 (あるいは関数) $\alpha : \mathbb{N} \ni n \mapsto \alpha_n \in \mathbb{C}$ と定義すれば[*27]曖昧さを払拭できる．項の数が有限の場合 (有限数列) にはほとんど興味がないので，n は $\mathbb{N}$ 全体を動くとする (無限数列)．無限数列だからといって複素数が無限個あるとは限らない；同じものが繰り返し登場してもよい．数列や点列の**部分列** (subsequence) の定義も既知であろう．

複素数列 $(\alpha_n)_{n=1,2,\ldots}$ が複素数 α に**収束** (convergent) するというのは，任意に与えられた正数 ε に対して番号 N を十分大きく選べば，N より大きいすべての n については $|\alpha_n - \alpha| < \varepsilon$ が成り立っているときをいう[*28]．距離空間における点列 $(p_n)_{n=1,2,\ldots}$ の収束の定義においては，$|\alpha_n - \alpha|$ の代わりに p_n と p との距離を考えればよい．さらに一般の位相空間において点列 $(p_n)_{n=1,2,\ldots}$ が点 p に収束するというのは，α と正数 ε を用いて記述された不等式 $|\alpha_n - \alpha| < \varepsilon$ を p とその近傍 $U(p)$ を用いて $p_n \in U(p)$ の形に置き換えればよい．収束しない数列や

[*25] 平面における点列 (sequence of points) と呼ばれることもある．
[*26] 類似の表記として $\{\alpha_n\}_{n=1,2,\ldots}$ があるが，これは単なる集合の記号として保持するのが便利であろう．すなわち $(\alpha_n)_{n=1,2,\ldots}$ は単なる集合ではなく，"その元が順序付けられた集合" である．誤解の惧れがないときには簡潔に (α_n) と書くこともある．
[*27] ここでは既知として用いた対応や関数という語については 1.4 節で再論する．対応あるいは関数と考えれば α_n を $\alpha(n)$ と書いた方が良かったともいえる．
[*28] この定義は分かりにくいという理由で省略されることが多いが，数列の収束を正確に表現するためには不可欠である．わずか数行のこの定義に到達するためにどれほどの英知と努力が必要であったか，想像するだけでも価値がある．"有限な表現で無限に多くの対象を扱いきれる" のはお馴染みの数学的帰納法と同様の原理に基づくことを考えれば，その深い意味が悟られよう．

点列は**発散** (divergent) するといわれるが，発散する場合を単一な状況と考えることは難しい．たとえば，$\alpha_n = (-1)^n$ のように "振動" する場合と $\alpha_n = n$ のような場合とでは状況がかなり異なる．発散についてはここではこれ以上立ち入らない (1.8 節参照)．

複素数列 $(\alpha_n)_{n=1,2,\ldots}$ が複素数 α に収束するとき，あるいは点列 $(p_n)_{n=1,2,\ldots}$ が点 p に収束するとき，簡潔に $\alpha_n \to \alpha$ あるいは $p_n \to p$，もしくは

$$\lim_{n\to\infty} \alpha_n = \alpha, \qquad \lim_{n\to\infty} p_n = p$$

などと表し，α や p を数列あるいは点列の**極限** (limit) と呼ぶのであった．

問 1.15 平面の閉集合 F の点からなる複素数列 $(\alpha_n)_{n=1,2,\ldots}$ が複素数 α に収束したとすれば，$\alpha \in F$ であることを示せ．

複素数列が収束するための条件を ――その極限に言及することなく―― 与える次の定理は，実数列の場合と同様に証明される．

定理 1.4 (コーシーの収束判定法，Cauchy criterion for convergence) 複素数列 $(\alpha_n)_{n=1,2,\ldots}$ が収束するための必要かつ十分な条件は，任意の $\varepsilon > 0$ に対して，自然数 N が存在して

$$|\alpha_n - \alpha_m| < \varepsilon$$

が任意の $n, m \geq N$ に対して成り立つ[*29)]ことである．

複素数列 (α_n) が**有界** (bounded) であるとは，上手に $M > 0$ をとれば任意の $n \in \mathbb{N}$ について $|\alpha_n| \leq M$ が成り立つことをいう．実数列の場合と同様に

定理 1.5 (ボルツァーノ・ワイエルシュトラス[*30)]の定理) 任意の有界な複素数列は収束する部分列を含む．

問 1.16 定理 1.5 を実数列の場合にならって証明せよ．

[*29)] この性質をもつ数列は**コーシー列** (Cauchy sequence) と呼ばれていることも思い出しておこう．
[*30)] B. Bolzano (1781–1848), K. Th. W. Weierstrass (1815–1897).

1.4 複 素 関 数

実数の全体 $\mathbb{R}$ またはその一部分[*31)]G の中をくまなく動き得る実数 x の各々に対して一意的に定まる実数 y があるとき，この状況を対応 (correspondence) あるいは関数 (function) と呼び，$f: G \ni x \mapsto y \in \mathbb{R}$ あるいは $y = f(x)$ などと書くのであった．さらに，x を f の独立変数 (independent variable)，y を従属変数 (dependent variable)，また，$f(x)$ を x における f の値 (value) と呼び，G を f の定義域 (domain [of definition])，$f(G) := \{y \mid \exists x \in G, y = f(x)\}$ を[*32)]f の値域 (range) と呼ぶことも周知であろう[*33)]．関数 f のグラフ (graph) とは，平面 $\mathbb{R}^2$ の中に描かれた図形 $\{(x,y) \in \mathbb{R}^2 \mid x \in G, y = f(x)\}$ を指す．

対応や関数の代わりに写像 (map, mapping) という語もまたよく使われる．このときには x や y を変数とは呼ばず点 (point) と呼び，集合の代わりに空間 (space) と呼ぶ．また値や値域をしばしば像[点](image [point]) あるいは像[集合] (image [set]) と呼ぶ．写像 $f: X \to Y$ が $f(X) = Y$ であるとき全射 (surjection) または上への写像と呼ばれる．また $f(x_1) = f(x_2)$ ならば $x_1 = x_2$ であるとき単射 (injection) または 1 対 1 の写像と呼ばれる．全単射の意味するところは明らかであろう．

実関数に対応して複素関数 (complex function) を定義することは形式的には難しくない．それは複素数 $z = x + iy$ を独立変数とし複素数 $w = u + iv$ を従属変数とする関数 f である．このとき，図式 (a) が示すように，2 変数 x, y の実関数が 2 つ得られる：

$$(x,y) \mapsto u = u(x,y) = \mathrm{Re}\,[f(z)], \quad (x,y) \mapsto v = v(x,y) = \mathrm{Im}\,[f(z)].$$

こうして得られる 2 つの実関数 u, v は，複素関数 f の実部 (real part) および虚部 (imaginary part) と呼ばれ，$\mathrm{Re}\,f$ および $\mathrm{Im}\,f$ で示される[*34)]．

[*31)] 典型的な G は開区間や閉区間であったが，ここではまだその種の制限は設けない．
[*32)] ここで用いた存在記号 $\exists$ および後に登場する全称記号 $\forall$ は既知と仮定してよいであろうが，馴染みが無ければ[10]などを参照されたい．
[*33)] 関数 $y = f(x)$ あるいは関数 $f(x)$ と表現するのは正確ではなく，本来は "関数 f" とすべきであって，$f(x)$ は値を表すと考えるのが正当である．しかし，古くから広く流布している関数 $y = f(x)$ という表現には独立変数や従属変数を手短に表現できる便利さもあるので，現在でも厳密な定義にこだわらずに実際にはよく用いられる．さらに，登場する文字の数を減らすために関数の記号と従属変数の記号さえ意図的に混同させて，関数 $y = y(x)$ のように書くことも少なくない．本書も今後は誤解の惧れのない限りこの慣習に従う．
[*34)] 式による正確な表現：$(\mathrm{Re}\,f)(x,y) = \mathrm{Re}\,[f(z)]$ および $(\mathrm{Im}\,f)(x,y) = \mathrm{Im}\,[f(z)]$ $(z = x + iy)$．

図式 (a)

$$z = x + iy \xrightarrow{f} w = u + iv$$
$$\uparrow \qquad\qquad\qquad \downarrow$$
$$(x, y) \qquad\qquad\qquad (u, v)$$

図式 (b)

$$z = x + iy \qquad\qquad w = u + iv$$
$$\downarrow \qquad\qquad\qquad \uparrow$$
$$(x, y) \longrightarrow (u, v)$$

逆に，2つの2変数実関数 $u(x,y), v(x,y)$ があれば，図式 (b) によって複素変数 $z = x + iy$ の複素関数 $f(z) = u(x,y) + iv(x,y)$ が得られる．このとき簡潔に $f = u + iv$ と書く．まとめれば，

定理 1.6 1つの複素関数は2実変数実数値関数1対と同等である．実関数の対 $u(x,y), v(x,y)$ に対して，$z = x + iy$ を変数とする複素関数 $f(z)$ が

$$f(z) = u(x,y) + iv(x,y) \tag{1.19}$$

によって得られ，逆に複素関数 $f(z)$ に対して実関数の対 $u(x,y), v(x,y)$ が複素関数 f の実部および虚部として得られる．

開集合 G で定義された複素関数 f が点 $z_0 \in G$ で**連続** (continuous) であるとは，

$$\lim_{z \to z_0} f(z) = f(z_0)$$

が成り立つ[*35]とき――すなわち，任意の $\varepsilon > 0$ に対して上手に $\delta > 0$ をとれば $|z - z_0| < \delta$ である限り[*36] $|f(z) - f(z_0)| < \varepsilon$ が成り立つとき――をいう[*37]．G の各点において連続な関数を簡単に G で**連続な関数** (continuous function) ということも実関数の場合と同様である．3角不等式から容易に分かるように，

定理 1.7 点 $z_0 = x_0 + iy_0$ の近くで定義された複素関数 f が z_0 で連続であるのは，f の実部と虚部がともに (x_0, y_0) で連続であるときかつそのときに限る．

問 1.17 次の複素関数の (適当な定義域の上での) 連続性を考察せよ．$f(z) := z^2 + i(z-1)^3$, $g(z) := z/\bar{z}$, $h(z) := z^3/|z|^2$.

[*35] この主張には "極限値が存在すること" も含まれている．
[*36] G を開集合であるとしたので，δ が十分小さければ不等式 $|z - z_0| < \delta$ を満たす z は常に G に属し，したがって $f(z)$ を考えることができる．
[*37] 参考までに：(開集合とは限らない) 一般の集合 S の上で定義された関数 f が点 $z_0 \in S$ で連続であるとは，任意の $\varepsilon > 0$ に対して適当な $\delta > 0$ を選べば，$z \in \mathbb{D}(z_0, \delta) \cap S$ である限り $|f(z) - f(z_0)| < \varepsilon$ が成り立つようにできることをいう．

上の定理を知った読者は複素関数を考察する意義は小さいと思うかもしれない．ところが，1 対の実関数としてではなく 1 つの複素関数として捉えて初めて見えてくる事実が少なくないし，(1 つの) 実関数の性質と思っていたものが複素数の世界にその本質を有していたことが分かったりもする．そのような事実や性質を複素関数論として学ぶことが本書の目標の 1 つである．

注意 1.4　この節で行ったことは既知の実関数と新しく登場する複素関数との関係を形式的・抽象的に調べただけで，内在的に検討したわけではなかった．関数が対応や写像の一種として捉えられるようになったのは 19 世紀の後半になってからで，それ以前は具体的な式として表現されるものだけを関数と呼ぶのが普通であった．その時代には，1 つの実関数 (= 1 実変数の実数値関数) の変数をそのまま複素数と考えることによって——すなわち実変数を複素数の範囲にまで許して考えることによって——自然に複素数値の関数を獲得することが多かった．たとえば，1 実変数 x の関数 $f(x) = x^2 + 3x + 1$ があるとき，文字 x をそのまま z で置き換えた関数[*38] $f(z) = z^2 + 3z + 1$ として複素関数を考えていた．このような拡張のいわば "資本" となった実関数 $f(x)$ はすべて微分可能な関数ばかりであった．そのことを形式的に見れば，拡張された関数は変数が複素数であっても「その複素変数によって "微分できる" 関数」になっていることが期待されても不思議はないであろう．この続きは第 6 章で一般的かつ厳密に行う．

1.5　曲　　　線

閉区間 $[a,b]$ の上で定義された 1 対の実数値連続関数 ξ, η を [平面] 曲線 ([plane] curve) といい，

$$\gamma : \begin{cases} x = \xi(t) \\ y = \eta(t) \end{cases} \quad (a \leq t \leq b) \tag{1.20}$$

のように，あるいは実変数 t の複素数値関数 $\zeta(t) := \xi(t) + i\eta(t)$ を用いて

$$\gamma : z = \zeta(t) \quad (a \leq t \leq b) \tag{1.21}$$

のように，書き表す (図 1.5)．

注意 1.5　曲線は関数 ζ を指すのであって，日常的に曲線と理解されている像集合 $\{z \in \mathbb{C} \mid \exists t \in [a,b], z = \zeta(t)\}$ を指すものではない．たとえ像集合が同じでも曲線としてはまったく異なる場合がある (例 1.3 を参照)．しかし，誤解のない範囲内である程度

[*38)　そのためには式表現が不可欠であったし複素数が自由に計算できる必要もあった．

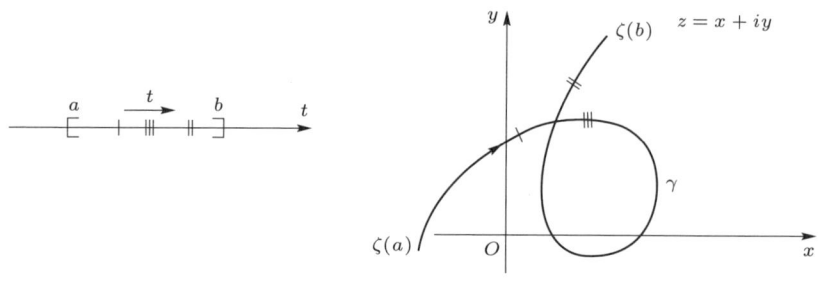

図 1.5 曲線の径数表示

寛大に考えるのが普通で,"曲線 γ 上の点" という表現なども頻繁に用いられる.

(1.21) における t を γ の径数 (parameter) と呼ぶ[*39]. 特に断らない限り曲線は t が増加する方向に向きづけられていると考え, $\zeta(a)$, $\zeta(b)$ をそれぞれこの曲線の始点 (initial point) および終点 (terminal point) と呼ぶ. 両者は併せて端点 (endpoint) とも呼ばれる. 始点と終点が一致するとき, この曲線を閉曲線 (closed curve) と呼び[*40], (高々両端点を除いて) 自分自身とは交わらない曲線を単純曲線 (simple curve) あるいはジョルダン曲線 (Jordan curve)[*41] と呼ぶ.

曲線 (1.20) が微分可能 (differentiable) とは関数 ξ, η がともに t について微分可能であることをいう. 特に $\xi'(t), \eta'(t)$ が連続であるときには C^1 級の曲線 (curve of class C^1, C^1-curve) あるいは連続的微分可能な曲線 (continuously differentiable) などと呼ぶ. さらに強い条件 $\xi'(t)^2 + \eta'(t)^2 \neq 0 \, (\forall t \in [a, b])$ を満たす曲線 γ は滑らか (smooth) であるという[*42].

例 1.2 関数 $z(t) = \cos t + i \sin t \, (t \in [0, 2\pi])$ は, 単位円周を反時計回りに回る滑らかな単純閉曲線の径数表示を与える.

注意 1.6 弧 (arc) は曲線の類義語である. 閉弧 (closed arc) は曲線と同義であり, 開弧 (open arc) は式 (1.20) において $[a, b]$ の代わりに (a, b) を採用したものをいう[*43].

[*39] 径数はまたパラメータ, 媒介変数, 助変数などとも呼ばれる.
[*40] 閉集合の "閉" と閉曲線の "閉" とはまったく無関係である. このような用法は混乱を引き起こすのでよいことではないが, 両者とも歴史的かつ世界的に認められてしまっている.
[*41] C. Jordan (1838–1921).
[*42] 語 "滑らかな曲線" を連続的微分可能な曲線と同じ意味で用いる人もいる. 書物によって定義が異なるのは困るがこれが現実でもある. なお, 強い意味での滑らかな曲線の各点では消え失せない接線が引けて, しかも曲線に沿って接線の傾きは連続に変化する.
[*43] 閉弧の "閉" と閉曲線の "閉" とは観点がまったく異なる. 閉曲線の定義に付された脚注をも参照.

例 1.3 2つの曲線

$$\gamma_k : z = \zeta_k(t) := \begin{cases} (t+1) - i & (-2 \leq t \leq -1) \\ (-1)^k \sin \pi t + i \cos \pi t & (-1 < t \leq 1) \\ (t-1) - i & (1 < t \leq 2), \end{cases} \quad (k = 1, 2)$$

は同じ像集合をもつが，t の増加とともに辿れば分かるように，峻別するべきであろう (図 1.6).

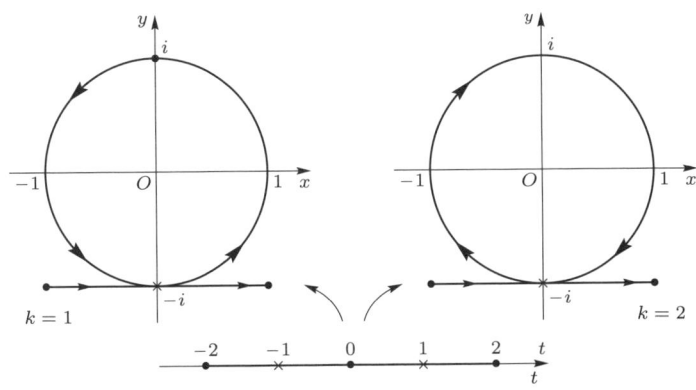

図 1.6 像集合は同じでも相異なる 2 つの曲線

曲線は像集合ではなく径数を用いて写像あるいは関数として定義された．しかしそれでは余りにも対象が多すぎて，たとえば 1 つの曲線の像集合の上を別の速さで ——しかし前進後退の様子はまったく同じで—— 辿るものは別の曲線とみなされてしまう．この状況を改善するために次の定義をおく．

定義 1.2 2つの曲線 $\gamma_k : z = \zeta_1(t) \, (a_k \leq t \leq b_k)$, $k = 1, 2$ が同値 (equivalent) であるとは，$[a_2, b_2]$ から $[a_1, b_1]$ の上への狭義単調増加な両連続関数[*44)] $t = \varphi(s)$ が存在して[*45)] $\zeta_1(\varphi(s)) = \zeta_2(s)$, $s \in [a_2, b_2]$ が成り立つときをいう．

今後は同値な曲線は同じものと考える：互いに同値な曲線を総称して ——数学的正確さをもっていえば "同値類" を—— あらためて**曲線** (curve) と呼ぶ．式 (1.20) あるいは (1.21) はこの新しい意味での曲線の代表元の 1 つにほかならない．特に，曲線の径数区間はつねに $[0, 1]$ であると仮定することもできる．

[*44)] 写像 $f : X \to Y$ は，連続でしかも $f^{-1} : Y \to X$ も定義されて連続であるとき，**両連続** (bicontinuous) であるという．両連続写像は**同相写像** (homeomorphism) とも呼ばれる．
[*45)] 微分可能な曲線については φ も φ^{-1} も微分可能であるとするのが自然であろう．

例 1.4 区間 $[0,1]$ によって径数表示された 2 つの曲線 $z = \cos(\pi t) + i\sin(\pi t)$ と $z = \cos(\pi t^2) + i\sin(\pi t^2)$ は同値である．一方，同じ区間に径数をもつ曲線 $z = \cos(\pi t) - i\sin(\pi t)$ はこれらに同値ではない．

定義 1.3 曲線 (1.21) を逆向きに辿る曲線は γ の逆 (inverse) と呼ばれ，記号 $-\gamma$ で表される．それは具体的には (たとえば)
$$-\gamma : z = \zeta(-t + b + a) \quad (a \leq t \leq b)$$
によって書き表される．

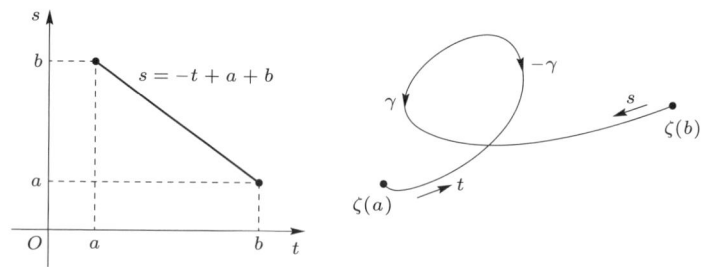

図 1.7 与えられた曲線の逆を表示する径数の例

問 1.18 例 1.2 における曲線の逆を求めよ．

実用的には，C^1 級の曲線に限定せず，それらを有限個"つないで"得られる曲線——区分的に (piecewise) C^1 級の曲線と呼ばれる——を考えるのが便利である．ここで曲線 $\gamma_1 : z = \zeta_1(t)$ $(a_1 \leq t \leq b_1)$ に曲線 $\gamma_2 : z = \zeta_2(t)$ $(a_2 \leq t \leq b_2)$ をつなぐというのは，γ_1 の終点と γ_2 の始点の一致を前提として，新しい曲線を次の規則によって作ることである：
$$z = \zeta(t) = \begin{cases} \zeta_1(t) & (a_1 \leq t \leq b_1) \\ \zeta_2(t - b_1 + a_2) & (b_1 \leq t \leq b_1 - a_2 + b_2). \end{cases}$$
こうして得られた曲線は，γ_1 と γ_2 の和 (sum) と呼ばれ，$\gamma_1 + \gamma_2$ で表される．

注意 1.7 $\gamma_1 + \gamma_2$ が定義されたとしても $\gamma_2 + \gamma_1$ が定義されるとは限らないし，たとえ両者が定義されたとしても，これらが同じ曲線であるとは限らない．また，和 $\gamma_1 + \gamma_2$ の代わりに積 (product) $\gamma_2 \gamma_1$ を用いることもある (演算の順序に注意)．

例 1.5 曲線の差 (difference) $\gamma_1 - \gamma_2$ は $\gamma_1 - \gamma_2 = \gamma_1 + (-\gamma_2)$ と定義される．いうまでもなく条件 $\zeta_1(b_1) = \zeta_2(b_2)$ を前提とする．

問 **1.19** $\gamma - \gamma$ は考えられるか. もし考えられるとすればどんな曲線か.

1.6　連　結　性

　私たちの主目標は平面の一部または全体で定義された関数の性質を調べることであるが,連続性や微分可能性を考えるためには関数の定義域が開集合であると要請するのはきわめて自然であろう.というのは,これらの概念をある点で記述するためには関数がその点だけではなくその近くにあるすべての点でも定義されていることが望ましいからである.さらに,関数の局所的な性質からその定義域全体にわたる大域的な性質を導き出そうとすれば,定義域が何らかの意味で繋がった状態にあることが望ましい.この条件を記述するために

定義 1.4　平面集合 S が空ではない 2 つの互いに素な開集合の合併集合としては書けないとき,S は**連結** (connected) であるという.また,S の任意の 2 点が S 内の曲線で結べるならば S は**弧状連結** (arcwise connected) であるといわれる.

定理 1.8　空ではない平面開集合については,連結性と弧状連結性は一致する.

[証明]　まず空ではない平面開集合 S が連結であったとしよう.任意に $\alpha \in S$ をとって固定する.集合 $S_\alpha := \{z \in S \mid z \text{ は } \alpha \text{ と } S \text{ 内の曲線で結べる }\}$ は,点 α を含むから空ではなく,しかも開集合である.実際,$\beta \in S_\alpha$ とすると,ある $r > 0$ があって $\mathbb{D}(\beta, r) \subset S$ であるが,任意の点 $z \in \mathbb{D}(\beta, r)$ は点 β と,したがって α と,S 内の曲線で結べるから $\mathbb{D}(\beta, r) \subset S_\alpha$ である.これは S_α が開集合であることを示している.集合 $S \setminus S_\alpha$ が開集合であることも同様に示せるから,S の連結性によって $S = S_\alpha$ である.したがって S は弧状連結である.

　次に,弧状連結な開集合 S の 2 つの開集合 S_1, S_2 が条件 (i) $S_1 \neq \emptyset$, $S_2 \neq \emptyset$; (ii) $S_1 \cap S_2 = \emptyset$; (iii) $S_1 \cup S_2 = S$ を満たしたとしよう.任意の 2 点 $\alpha_k \in S_k$ ($k = 1, 2$) は S 内の曲線 $z = \zeta(t)$, $t \in [0, 1]$ で結べる.$\zeta(0) = \alpha_1$ としてよい.このとき $t^* := \sup\{t \mid \zeta(t) \in S_1\}$ とすると,$\zeta(t^*)$ は S_1 にも S_2 にも属しえない[*46)].これは矛盾であるから S の連結性が示された.　　　　　　　　　　　　(証明終)

[*46)] たとえば $\zeta(t^*) \in S_1$ とすると,S_1 が開集合であることから十分小さな $\varepsilon > 0$ について $\zeta(t^* + \varepsilon) \in S_1$ となるが,これは t^* の定義に反する.

問 1.20 平面内の連結集合の連続写像による像はふたたび連結であることを示せ.

次の概念は今後頻繁に用いられる.

定義 1.5 空ではない連結な平面開集合を**領域** (domain, region) という.

例 1.6 開円板 $\mathbb{D}$, 上半平面 $\mathbb{H}$ などは平面領域の例である. 実軸 $\mathbb{R}$ は閉部分集合だから領域ではない. $\mathbb{C} \setminus \mathbb{R}$ は開集合ではあるが連結ではないから領域ではない.

例 1.7 ただ 1 つの点からなる集合は連結である. 平面集合 S の任意の点 α に対して, α を含む連結部分集合[*47)]すべての和集合 $S(\alpha)$ は連結集合である. これを S の α を含む **[連結] 成分** ([connnected] component) と呼ぶ. 任意の $\alpha, \beta \in S$ について (i) $S(\alpha) = S(\beta)$ あるいは (Ii) $S(\alpha) \cap S(\beta) = \emptyset$ のいずれか一方が成り立つ.

1.7 ジョルダンの曲線定理

次の定理は, その主張の直観的明快性にもかかわらず, 厳密な証明を与えることが容易ではないので, 講義コースではその正当性を前提とするのが普通である. 本書でもこの慣例を踏襲する.

定理 1.9 (**ジョルダンの曲線定理**, Jordan curve theorem) 平面内の単純閉曲線 Γ の補集合[*48)]はちょうど 2 つの互いに素な領域からなり, 1 つは有界, もう 1 つは非有界である. しかも Γ はこれらに共通の境界である.

上の定理における有界な成分を Γ の**内部** (interior), 非有界な成分を Γ の**外部** (exterior) と呼ぶ. 通常は, Γ はその内部を左側に見るように向きづけることが多く, これをジョルダン曲線 Γ の**正の向き** (positive orientation) と呼ぶ[*49)].

さて, 自然数 N について, 平面上に N 個の区分的に C^1 級の単純閉曲線 $\Gamma_0, \Gamma_1, \Gamma_2, \ldots, \Gamma_{N-1}$ があって, $\Gamma_1, \Gamma_2, \ldots, \Gamma_{N-1}$ は「互いに他の外部にあり同時にすべて Γ_0 の内部にある」とする. このとき, 曲線 Γ_0 の内部かつ残りの曲線 $\Gamma_1, \Gamma_2, \ldots, \Gamma_{N-1}$ の外部として得られる開集合 G を "曲線 $\Gamma_0, \Gamma_1, \Gamma_2, \ldots, \Gamma_{N-1}$

[*47)] $\{\alpha\}$ はその 1 つであるから, すぐ後で登場する $S(\alpha)$ は空集合ではない.
[*48)] このような表現では, 1.5 節で注意したように, 曲線を写像ではなく像集合と見ている.
[*49)] この向きは曲線のもともとの向きとは無関係である.

で囲まれた領域 (domain bounded by ...)" と呼ぶ[*50]. Γ_0 を外境界 (outer boundary) と呼ぶ. 各 Γ_n は G を左側に見るように向きづけられている[*51]とする. このように向きづけられた境界を G に関して正 [の向き] に向きづけられた境界といい, 記号 ∂G を用いて表す[*52]. 外境界以外の境界曲線 Γ_n ($1 \leq n \leq N-1$) については, そのジョルダン曲線としての正の向きと G に関する正の向きとは互いに逆であることには格別の注意を要する (図 1.8).

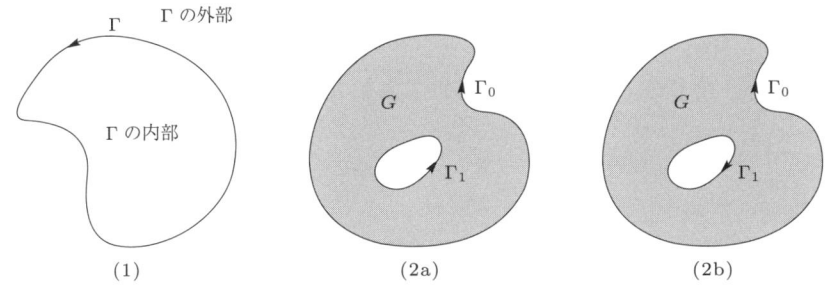

図 1.8 (1) Γ の内部と外部, (2a) ジョルダン曲線としての正の向き, (2b) 領域の境界としての正の向き

1.8 リーマン球面

有界閉集合は初等解析学においてしばしば決定的な役割を担う. たとえば

定理 1.10 平面の有界閉集合で連続な関数はそこで最大値および最小値をとる.

有界性は (無限) 点列から収束する部分列が取り出せるために重要な仮定であったし, 閉集合であることはこの部分列の極限が考察対象の集合からはみ出さないために必要な要請であった. 平面の有界閉集合がもつ性質は一般位相空間の中では "コンパクト性" として抽出される. ここでは次の形で述べるに留める[*53].

[*50)] 平面領域の境界は一般には非常に複雑である. たとえば, 境界が有限個の曲線からなるとは限らない；カントール 3 進集合 (Cantor set) の補集合のように, 領域の境界成分の濃度は非可算でさえあり得る. G.F.L.P. Cantor (1845–1918).
[*51)] より正確にいえば：径数が選ばれている.
[*52)] 11 ページでは記号 ∂G は単に点の集まりとして G の境界を捉えたものを表した. これを "集合論的境界" などと呼んで区別することもある. 集合論的境界か向きづけられた境界か, どちらの意味で用いられているかは文脈から明らかなことが多いのでいちいち断らないのが普通である.
[*53)] 一般論についてはたとえば[3], p.50 などを参照.

定義 1.6 位相空間の部分集合 S が [点列] コンパクト ([sequentially] compact) であるとは，S の任意の点列から (S の点に) 収束する部分列が取り出せることをいう．また，その閉包がコンパクトである部分集合は相対コンパクト (relatively compact) といわれる．

連続写像によって保存される性質を位相的性質 (topological property) と呼ぶ．問 1.20 は連結性が位相的性質であることを述べているが，さらに

定理 1.11 コンパクト性は位相的性質である．

さて，3次元ユークリッド空間 $\mathbb{R}^3$ に直交座標系 (右手系) ξ, η, ζ を導入し[*54]，平面 $\zeta = 0$ に複素平面 $\mathbb{C}_z$ を，複素座標 $z = x + iy$ の実軸，虚軸が ξ 軸，η 軸に一致するように，重ねる (2 つの座標系が共存する)．次に単位球面

$$\Sigma : \xi^2 + \eta^2 + \zeta^2 = 1$$

を地球と見て，点 $N(0,0,1), S(0,0,-1)$ をそれぞれ北極 (north pole)，南極 (south pole) と呼び，円周 $E : \xi^2 + \eta^2 = 1, \zeta = 0$ を赤道 (equator) と呼ぶ．

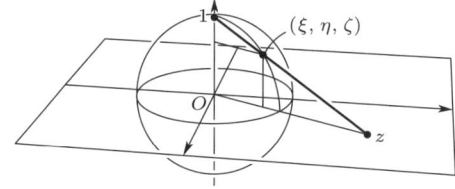 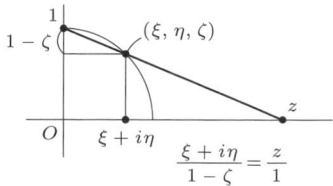

図 1.9 立体射影

北極 N と Σ の任意の点 $P(\neq N)$ を結ぶ直線は，つねに $\mathbb{C}$ とただ 1 点で交わる．この対応を立体射影 (stereographic projection) と呼ぶ (図 1.9)．ここでは記号 $\pi_N : \Sigma \to \mathbb{C}_z$ で示そう；像点は $\mathbb{R}^3$ の座標系 (ξ, η, ζ) ではなく $\mathbb{C}_z$ の座標系 $z = x + iy$ を用いて ——すなわち複素数として—— 表す．

例 1.8 容易に分かるように $\pi_N(S) = 0$．また，π_N は赤道を単位円周に写す．

初等幾何学的な考察から容易に分かるように，π_N は具体的に

[*54] ここでの ξ, η, ζ は 1.5 節で曲線の定義に用いられたものとはまったく別である．

$$\pi_N(\xi,\eta,\zeta) = \frac{\xi}{1-\zeta} + i\frac{\eta}{1-\zeta} \tag{1.22}$$

と書ける．この対応は明らかに 1 対 1 であって，逆写像 π_N^{-1} は

$$\pi_N^{-1}(x+iy) = \left(\frac{2x}{x^2+y^2+1}, \frac{2y}{x^2+y^2+1}, \frac{x^2+y^2-1}{x^2+y^2+1}\right) \tag{1.23}$$

と書ける．

問 1.21 $\pi_N^{-1}(z)$ を複素数 z を用いて表示せよ．

球面 Σ には $\mathbb{R}^3$ の部分空間として自然な位相が入る．容易にわかるように，π_N は $\Sigma \setminus \{N\}$ から $\mathbb{C}$ への，また π_N^{-1} は $\mathbb{C}$ から $\Sigma \setminus \{N\}$ への連続な写像である．すなわち $\Sigma \setminus \{N\}$ と $\mathbb{C}$ は同相である．複素平面 $\mathbb{C}$ を $\Sigma \setminus \{N\}$ と同一視すれば，球面 Σ は北極 N に相当する点を平面 $\mathbb{C}$ に付加して得られる集合と同一視される．平面に付加される点を**無限遠点** (point at infinity) と呼ぶ．無限遠点を記号 ∞ で示せば新しい世界は $\hat{\mathbb{C}} := \mathbb{C} \cup \{\infty\}$ であるが，これを**拡張された複素平面** (extended complex plane) と呼ぶ．また，Σ をリーマン[*55)]**球面** (Riemann sphere) と呼ぶが，この語は拡張された複素平面を表すこともある．無限遠点は数としての意味はもたないが，$z = \infty$ のような表記も認めることにする．拡張された複素平面の位相は次のように理解することができる：有限な点 a の近傍は $\{|z-a| < r\}$ によって代表され，無限遠点 ∞ の近傍は $\{|z| > R\} \cup \{\infty\}$ によって代表される[*56)]．

注意 1.8 複素数 z の絶対値 $|z|$ が限りなく大きくなるのは原点から限りなく遠ざかることである．平面を眺めていると，いったいどの方向に向かって遠ざかるのであろうか，とかぐるぐる回りながら遠ざかるときはどんなであろうか，とか様々な状況が考えられるけれども，どんな状況にせよ $|z|$ が大きくなることは $z \to \infty$ を意味する．

定理 1.12 拡張された複素平面 $\hat{\mathbb{C}}$ は点列コンパクトである．

[証明] $\hat{\mathbb{C}}$ の任意の点列 $(a_n)_{n=1,2,\ldots}$ が収束する部分列を含むことを確かめればよい．無限に多くの n について $a_n = \infty$ のときは明らかであるから，有限個の n

---

[*55)] G. F. B. Riemann (1826–1866).
[*56)] より正確には，"代表される" などといわず "基本近傍系" などの語を用いるべきであるが，細部には立ち入らない．また，実用上有用なのは r は小さな正数，R は大きな正数の場合であるが，定義の中でそのようなことを気にせねばならぬ理由はない．

を除いて $a_n \in \mathbb{C}$ とする．すべての n について $a_n \in \mathbb{C}$ と考えてよい．点列 (a_n) が有界ならば定理 1.5 により新たに示すべきことはない．また，(a_n) が有界でないなら任意の $k \in \mathbb{N}$ に対して適当な $n = n(k)$ をとれば $|a_{n(k)}| > k$ とできる．これは ∞ のどんな近傍もある $a_{n(k)}$ を含むことを述べている．すなわち，無限遠点に収束する部分列 $(a_{n(k)})_{k=1,2,...}$ が存在する． (証明終)

例 1.9 北極 N だけではなく南極 S からの射影 π_S をも考えるとき，$\pi_N(\xi, \eta, \zeta)$ と $\pi_S(\xi, \eta, \zeta)$ との関係を調べておこう．容易に分かるように $\pi_S(\xi, \eta, \zeta) = (\xi + i\eta)/(1 + \zeta)$ であるから，

$$\pi_N(\xi, \eta, \zeta) \overline{\pi_S(\xi, \eta, \zeta)} = \frac{\xi + i\eta}{1 - \zeta} \frac{\xi - i\eta}{1 + \zeta} = \frac{\xi^2 + \eta^2}{1 - \zeta^2} = 1.$$

ここで $\pi_S(\xi, \eta, \zeta)$ の共役複素数があらわれるのは，N からの射影と S からの射影とは 1 枚の平面の表裏に向けて行われる[*57]ことを考えれば，きわめて自然である．球面 Σ は $\mathbb{C}$ と同相になり得ない[*58]けれども，$\Sigma \setminus \{N\}$ も $\Sigma \setminus \{S\}$ もともに平面 $\mathbb{C}$ と同相である．北極・無限遠点のなす対は南極・原点の対と理念的には同じはたらきをする[*59]．

拡張された複素平面 $\hat{\mathbb{C}}$ の一部または全体から $\hat{\mathbb{C}}$ の中への写像 $w = f(z)$ について[*60]，無限遠点に関わる問題は ——上の例題を考慮して—— 原点における問題に変換して考える．具体的には，$z = \infty$ の近傍 $|z| > \rho(>0)$ での f の挙動は，$z = 1/Z$ によって導入された Z を独立変数とする関数 $w = f(1/Z)$ の $Z = 0$ の近傍 $|Z| < 1/\rho$ での挙動を見て判断する．また，$f(c) = \infty$ となる点 $c \in \hat{\mathbb{C}}$ の近傍での f の挙動は，従属変数 w を $w = 1/W$ と変換して得られる複素数値関数 $W = 1/f(z)$ の $z = c$ での挙動によって調べる．特に $f(\infty) = \infty$ ならば，関数 $W = 1/f(1/Z)$ を $Z = 0$ の近傍と $W = 0$ の近傍で考察する[*61]．

例 1.10 $\mathbb{C}$ 上の関数 $w = f(z) = z$ は容易に分かるように $z = 0$ で連続で $f(0) = 0$ である．この関数を $\hat{\mathbb{C}}$ 上の写像に拡張するときには変換 $w = 1/W, z = 1/Z$ を考える．$W = Z$ であってこれは $Z = 0$ で連続である (値は $W = 0$)．したがって $\mathbb{C}$ で定義された関数 $w = f(z) = z$ を $\hat{\mathbb{C}}$ に拡張した写像は，無限遠点で連続である．

[*57] ただし $\pi_S(\xi, \eta, \zeta)$ はもともとの z 平面の座標を見ている．
[*58] もっとも簡単な理由の 1 つはコンパクト性を見ること．定理 1.11 参照．
[*59] 165 ページを参照．
[*60] ここで z や w は複素数に留まらず ∞ も取り得るとしてある．
[*61] ここでは話を位相のレベルに限っている．複素解析的な深い意味に基づいた考察は後に譲る．

リーマン球面と立体射影については多くの興味深く重要な性質や応用があるが，紙幅の都合もあり[14]の第5章と第6章に詳しく述べもしたので，詳細はここでは割愛する．

> 本章の内容は ——リーマン球面は新しい概念かと思われるが—— 大半は既知のものであろう．複素数が2次代数方程式の解として得られたことに呼応して，次章ではもっとも基本的な複素関数である指数関数を2階の線形方程式の解として獲得する．

演習問題

1.1 実数 $a > 1$ に対して $\lambda := i(\sqrt{a^2-1}-a)$ を考えるとき，$\tau := \lambda + 1/\lambda$ および $\tau^2 - 6, \tau^5$ の値を a を用いて表せ．

1.2 方程式 $z^2 - \{(3+\sqrt{3}) + (3\sqrt{3}+1)i\}z + 12i = 0$ を解け．

1.3 方程式 $z^3 - 3az^2 + (2a^2+1)z - a = 0$ を解け ($a \in \mathbb{C}$)．

1.4 2つの複素数 α, β が不等式 $|\alpha - \beta| < |1 - \alpha\bar{\beta}|$ を満たすのは α, β の間にどのような関係があるときか．

1.5 実ベクトル空間におけるコーシー・シュヴァルツ不等式の忠実な拡張である不等式 $\left(\mathrm{Re} \sum_{k=1}^{n} \alpha_k \bar{\beta}_k\right)^2 \leq \sum_{k=1}^{n} |\alpha_k|^2 \sum_{k=1}^{n} |\beta_k|^2$ を示せ．

1.6 $\alpha^n = -1$ を満たす複素数 α をすべて求めよ．ただし，$n \in \mathbb{N}$．

1.7 方程式 $|z-i| + |z+i| = 2\sqrt{2}$ を満たす z は複素平面の上でどのような図形を描くか？

1.8 方程式 $|z+1| - |z-1| > \sqrt{2}$ を満たす z の範囲を図示せよ．また，この集合のコンパクト性，連結性を調べよ．

1.9 曲線 $\gamma : z(t) = \cosh t + it \, (-1 \leq t \leq 1)$ の長さを求めよ．

1.10 複素数 z_1, z_2, z_3 が関係式 $z_1^2 + z_2^2 + z_3^2 = z_1 z_2 + z_2 z_3 + z_3 z_1$ を満たすとき，これらが表す平面上の3点の幾何学的性質を調べよ．

1.11 球面上の集合はそれが平面と球面との交線として得られるとき，(球面上の)円周と呼ばれる．立体射影は球面上の円周を平面上の円周または直線に写すことを示せ (直線を円周の特別な場合とみなせば，結論は簡単な形で述べられる)．平面上の直線に写される球面上の円周を特徴づけよ．

1.12 リーマン球面を直径 $\{(\xi, 0, 0) \mid -1 \leq \xi \leq 1\}$ の周りに角 $\theta \, (-\pi < \theta \leq \pi)$ だけ回転するとき，平面の点の動きを書き下せ．

1.13 平面上の C^1 曲線 $\gamma : x = x(t), y = y(t), t \in [-1, 1]$ は立体射影によってリーマン球面上の曲線 $\pi^{-1}(\gamma) : \xi = \xi(t), \eta = \eta(t), \zeta = \zeta(t), t \in [-1, 1]$ に写されているとする．$x_0 := x(0), y_0 := y(0)$ における γ の単位接ベクトルを $[a, b]$ とする．こ

のとき曲線 $\pi^{-1}(\gamma)$ もまた C^1 級であることを示し,点 $\pi^{-1}(x_0, y_0) = (\xi_0, \eta_0, \zeta_0)$ におけるその単位接ベクトルを求めよ.

第2章
2階常微分方程式と複素指数関数
CHAPTER 2

本章では"オイラーの公式"について述べる．"複素数"が代数方程式の解法を通じて登場したのに対して，オイラーの公式は常微分方程式の解として登場する．準備として定数係数の2階線形常微分方程式の(おそらくは既知の)解法を丁寧に振り返る．

2.1 2階実定数係数常微分方程式

2階の常微分方程式
$$x'' + ax' + bx = 0 \quad (a, b \in \mathbb{R};\ x(t)\text{ は未知関数}) \tag{2.1}$$
の解法はよく知られているが，それをいったん忘れ1階実定係数線形微分方程式の解法のみを受け入れる．まず，λ をしばらくは不定の実数として
$$y := x' - \lambda x$$
とおく．さらに，$\mu \in \mathbb{R}$ もまたしばらくは不定の定数として
$$y' - \mu y = (x'' - \lambda x') - \mu(x' - \lambda x) = x'' - (\lambda + \mu)x' + \lambda \mu x$$
と変形する．ここで，保留しておいた実定数 λ, μ を
$$\lambda + \mu = -a \qquad \lambda \mu = b \tag{2.2}$$
となるように選ぶことができれば，$y' - \mu y = 0$ が得られる．これより，k を定数として $y(t) = ke^{\mu t}$ であることが分かり，したがって x は
$$x' - \lambda x = ke^{\mu t}$$
を満たす．この非同次方程式はたとえばラグランジュの定数変化法を用いて解くことができて，一般解は任意定数 c_1, c_2 を用いて次式で与えられる[*1)]：
$$x(t) = \begin{cases} c_1 e^{\lambda t} + c_2 e^{\mu t} & (\lambda \neq \mu) \\ (c_1 + c_2 t)e^{\lambda t} & (\lambda = \mu). \end{cases} \tag{2.3}$$

[*1)] 以下で必要とする解の一意性については周知としてよいであろう．なお，2.5 節を参照．

問 2.1 異なる実数 λ_1, λ_2 について,関数 $e^{\lambda_1 t}$ と $e^{\lambda_2 t}$ は互いに 1 次独立であることを再確認せよ.

関係式 (2.2) によって定まる λ, μ は 2 次方程式

$$\xi^2 + a\xi + b = 0 \tag{2.4}$$

の解である[*2)]. ここまでは λ, μ が実数であることを,すなわち a, b の間に関係

$$\Delta := a^2 - 4b \geq 0 \tag{2.5}$$

があることを前提としている.しかし,(2.4) においてその係数 a, b が (2.5) を満たすと仮定するべき理由は見当たらない.そこで新たな工夫をする.

2.2 複素特性根をもつ常微分方程式

実定数係数の 2 階常微分方程式

$$x'' + ax' + bx = 0, \qquad \Delta = a^2 - 4b < 0 \tag{2.6}$$

を解こうとするのであるが,まず,x' の項が現れないように変形することができる.実際,変換 $x(t) = \varphi(t) y(t)$ を考える[*3)]と,$x'(t) = \varphi'(t) y(t) + \varphi(t) y'(t)$, $x''(t) = \varphi''(t) y(t) + 2\varphi'(t) y'(t) + \varphi(t) y''(t)$ となるが,これらを (2.6) に代入して整理すると,

$$\varphi(t) y''(t) + \{2\varphi'(t) + a\varphi(t)\} y'(t) + \{\varphi''(t) + a\varphi'(t) + b\varphi(t)\} y(t) = 0$$

を得る.したがって,$2\varphi'(t) + a\varphi(t) = 0$ が成り立つように関数 φ を選べば,$y'(t)$ の係数は消え失せる.φ についてのこの微分方程式は簡単に解けて $\varphi(t) = e^{-at/2}$ であるとしてよい.翻って $x(t) = e^{-at/2} y(t)$ とおけば微分方程式 (2.6) は

$$y'' + q^2 y = 0, \qquad q := \sqrt{b - a^2/4} > 0 \tag{2.7}$$

に変身する[*4)].

さて,微分方程式 (2.7) を構成的に解く[*5)].まず,方程式の両辺に y' をかけて

[*2)] 周知のように,この代数方程式を**特性方程式** (characteristic equation) と呼びその解を**特性根** (characteristic root) というのであった.

[*3)] この変換はラグランジュの定数変化法,積分因子の方法などでも用いられていた.

[*4)] 仮定 $\Delta < 0$ は特性根が実数でないことを意味する.先ほどはそれが困難の原因であったが,今やそれは $q^2 = -4\Delta(> 0)$ を満たす $q > 0$ が存在することの裏付けを与えている.

[*5)] 通常は $\sin qx, \cos qx$ が解であることを認めてしまう ——そのように知識を使うことの是非を問うわけではない—— が,これらの由来を通じて複素指数関数の導入を図ろうというのである.

$y'y'' + q^2 yy' = 0, (q > 0)$ を得るが,これは
$$\{(y')^2 + q^2 y^2\}' = 0$$
とできるので,ある定数 $c > 0$ を用いて $(y')^2 + q^2 y^2 = c^2$ と書ける.これは変数分離形の微分方程式
$$\pm \frac{dy}{\sqrt{c^2 - q^2 y^2}} = dt$$
であるから容易に解けて
$$y = \pm \frac{c}{q} \sin q(t + c')$$
を知る.ここで c' は任意定数である.

解の基本系を 1 組知るためには,たとえば選択可能な定数 c' を $c' = 0$ および $qc' = \pi/2$ とすればよい;1 次独立な正弦関数と余弦関数が得られる.特に係数が 1 になるように $c = q$ とおいて,最終的に $\sin qt, \cos qt$ を得る.

したがって,(2.6) の基本解の例として $e^{-at/2} \cos qt$ と $e^{-at/2} \sin qt$ をとることができる.ここで $q = \sqrt{b - a^2/4}$ であったことを思い出そう.$p := -a/2$ とおくと,複素数 $p \pm iq$ はまさに特性方程式 (2.4) の 2 つの解 (特性根) である.したがって (2.6) の 1 組の基本解として特性根 $p \pm iq$ を用いた
$$e^{pt} \sin qt, \quad \text{および} \quad e^{pt} \cos qt \tag{2.8}$$
を考えることが可能である.

よく知られたことではあるが,(2.1) について得られた結果をまとめておくと,

常微分方程式	$x'' + ax' + bx = 0$		
特性方程式	$\xi^2 + a\xi + b = 0$		
判別式 Δ	$\Delta > 0$	$\Delta = 0$	$\Delta < 0$
特性根 λ, μ	$\lambda, \mu \in \mathbb{R}, \lambda \neq \mu$	$\lambda = \mu \in \mathbb{R}$	$\lambda = \bar{\mu} \notin \mathbb{R}$
解の基本系 (例)	$e^{\lambda t}, e^{\mu t}$	$e^{\lambda t}, te^{\lambda t}$	$e^{pt} \cos qt, e^{pt} \sin qt$ $p = \operatorname{Re} \lambda, q = \operatorname{Im} \lambda (\neq 0)$

問 2.2 正弦関数と余弦関数とは互いに 1 次独立であることを今一度確認せよ.

2.3 オイラーの公式

前節でみたように,微分方程式 (2.1) の解は,特性方程式の判別式が正であれば

非常に簡単な形であったけれども，判別式が負の場合には少なからず複雑であった．特性根が実数ではなく複素数 λ, μ $(\operatorname{Im}\lambda = -\operatorname{Im}\mu \neq 0)$ であるときにも解は $e^{\lambda t}$, $e^{\mu t}$ であるといえればすっきりするのであるが，もちろん大きな問題がある：関数 $e^{\lambda t}$, $e^{\mu t}$ の実体をいまだ知らない[*6]．

方程式 (2.1) の 2 つの解 $x_1(t), x_2(t)$ と実数 c_1, c_2 に対して $c_1 x_1(t) + c_2 x_2(t)$ もまた解である．数の世界が実数から複素数へと拡張されたいま，係数 c_1, c_2 として複素数を許すことは自然なことである．それは関数の定義を少しばかり拡張することに繋がる；2 つの実関数 $u(t), v(t)$ を用いて

$$f(t) = u(t) + iv(t)$$

と書き表されるものを "実変数 t の複素数値関数 $f(t)$" と呼ぶことにしよう．このような関数 f の微分はこれまでと同様に定義される．すなわち，

$$\lim_{\Delta t \to 0} \frac{f(t_0 + \Delta t) - f(t_0)}{\Delta t}$$

が存在するとき，f は t_0 で微分可能 (differentiable) であるといい，極限値を $f'(t_0)$ と書いて f の点 t_0 における微 [分] 係数 (differential coefficient) と呼ぶ[*7]．さらに，f が点 t_0 で微分可能であるのは u, v がともに点 t_0 で微分可能のときかつそのときのみであって，$f'(t_0) = u'(t_0) + iv'(t_0)$ であることも容易に分かる．実際，

$$\frac{f(t_0 + \Delta t) - f(t_0)}{\Delta t} = \frac{u(t_0 + \Delta t) - u(t_0)}{\Delta t} + i \frac{v(t_0 + \Delta t) - v(t_0)}{\Delta t}$$

と変形できるから，3 角不等式を用いれば

$$\left| \frac{f(t_0 + \Delta t) - f(t_0)}{\Delta t} - (u'(t_0) + iv'(t_0)) \right|$$
$$\leq \left| \frac{u(t_0 + \Delta t) - u(t_0)}{\Delta t} - u'(t_0) \right| + \left| \frac{v(t_0 + \Delta t) - v(t_0)}{\Delta t} - v'(t_0) \right|$$

が得られる．よって，u, v が t_0 で微分可能ならば f も t_0 で微分可能である．逆に，f が点 t_0 で微分可能で $f'(t_0) = A + iB$ であるとすると，不等式

$$\left. \begin{array}{l} \left| \dfrac{u(t_0 + \Delta t) - u(t_0)}{\Delta t} - A \right| \\[2mm] \left| \dfrac{v(t_0 + \Delta t) - v(t_0)}{\Delta t} - B \right| \end{array} \right\} \leq \left| \frac{f(t_0 + \Delta t) - f(t_0)}{\Delta t} - (A + iB) \right|$$

によって u も v も点 t_0 で微分可能で，しかも $u'(t_0) = A = \operatorname{Re}[f'(t_0)]$ かつ

[*6] 複素数導入の際にも，判別式が負の 2 次方程式の解の正体が知られていたわけではなかった！

[*7] このような定義も以下の計算も簡単にできるのは t が実数であることが有効にはたらいている．

$v'(t_0) = B = \mathrm{Im}\,[f'(t_0)]$ であることが分かる*8). さらに, 関数 $f(t) = u(t) + iv(t)$ について $f'' + af' + bf = (u'' + au' + bu) + i(v'' + av' + bv)$ であるから, f が微分方程式 (2.1) の解であれば u も v も (2.1) の解であるし, 逆も明らかである.

さて, 微分方程式 (2.6) の特性根を $\lambda = p + iq, \mu = \bar{\lambda} = p - iq\,(q \neq 0)$ とするとき, 特性根が実数の場合に作られた解 $e^{\lambda t}, e^{\mu t}$ がもっていた性質

$$x_1(0) = 1,\, x_1'(0) = \lambda;\ \ x_2(0) = 1,\, x_2'(0) = \mu$$

を満たす基本解を ([実変数 t の] 複素数値関数として) 作ろう. まず, 前節で得た基本解 (2.8) と複素数 A, B, C, D を用いて 2 つの複素数値関数

$$x_1(t) := Ae^{pt}\cos qt + Be^{pt}\sin qt$$

$$x_2(t) := Ce^{pt}\cos qt + De^{pt}\sin qt$$

を考える. 既述の如くこれらは微分方程式 (2.6) の解であるが, $x_1(0) = x_2(0) = 1$ を満たすためには $A = C = 1$ でなければならない. このとき,

$$x_1'(t) = (p + Bq)e^{pt}\cos qt - (q - pB)e^{pt}\sin qt$$

であるから, $x_1'(0) = \lambda$ が成り立つためには $B = i$ であることが必要十分である. 同様に $x_2'(0) = \mu$ であるためには $D = -i$ であることが必要十分である. このように決めた $A = 1, B = i, C = 1, D = -i$ を用いて作られた関数 x_1, x_2 は $x_1'(t) = \lambda x_1(t), x_2'(t) = \mu x_2(t)$ を満たすことにも注意しよう. 以上のことから, いまだ正体の不明な関数 $e^{\lambda t} = e^{(p+iq)t}$ の定義としては

$$e^{(p+iq)t} = e^{pt}(\cos qt + i\sin qt) \tag{2.9}$$

とおくのが自然であることが分かった. 特に $t = 1$ とおけば

$$e^{p+iq} = e^p(\cos q + i\sin q),\quad p, q \in \mathbb{R}. \tag{2.10}$$

この式は, あるいはさらに特殊化された

$$e^{iq} = \cos q + i\sin q,\quad q \in \mathbb{R} \tag{2.11}$$

は, オイラー*9)の公式 (Euler's formula) と呼ばれている. これらは現代的な意味では数学的な推論によって導出された結果ではなく*10)定義であるが, 歴史的

---

*8) このように何もかもが形式的に拡張されて新しさもなければ危なげもないと想像するのは甘い. たとえば (微分法における) 平均値の定理にように基本的な定理が, 新しい状況下では成り立たない! 例 2.1 を参照.
*9) L. Euler (1707–1782).
*10) オイラーの時代においては, 厳密な推論の結果として得られた式であると考えられていた.

な理由からあまねくオイラーの公式と呼ばれている．オイラーの公式において定数 $p+iq$ を複素変数 z と考えれば，勝手な複素数 z に対して別の複素数 $w:=e^z$ が——ある定まった方法によって——一意的に決まる．複素指数関数と呼ぶべきこの関数については次節で詳しく論じる．

話の流れには直接関係しないがこの機会に，次のことに注意しよう．

例 2.1 実変数の複素数値関数については平均値の定理は成り立たない．たとえば，$z = \zeta(t) = t^2 + it^3, 0 \leq t \leq 1$ において $\zeta(1) - \zeta(0) = 1+i$ であるから，平均値の定理が成り立つとすれば $1+i = \zeta'(t_0)(1-0) = 2t_0 + 3t_0^2 i$ を満たす t_0 が存在する．すなわち $2t_0 = 1, 3t_0^2 = 1$ を満たす t_0 が存在する．これは矛盾である．

2.4 指 数 関 数

オイラーの公式を用いて定義される複素変数の複素数値関数
$$\mathbb{C} \ni z = x + iy \mapsto e^z = e^x(\cos y + i \sin y) \in \mathbb{C}$$
を [複素] 指数関数 ([complex] exponential function) と呼ぶ．実解析の場合と同じく e^z を $\exp z$ とも記す．その基本的な性質をまず述べる．

定理 2.1　　1) $e^0 = 1$．
2) $e^z \neq 0 \quad (\forall z \in \mathbb{C})$．
3) $|e^z| = e^{\operatorname{Re} z}, \quad \arg(e^z) = \operatorname{Im} z$．
4) $\operatorname{Re}[e^z] = e^{\operatorname{Re} z} \cos(\operatorname{Im} z), \quad \operatorname{Im}[e^z] = e^{\operatorname{Re} z} \sin(\operatorname{Im} z)$．
5) $\overline{e^z} = e^{\bar{z}}$．
6) $e^{z+2k\pi i} = e^z \quad (\forall z \in \mathbb{C}, \forall k \in \mathbb{Z}) \quad$(周期性)．
7) $e^{z_1} e^{z_2} = e^{z_1 + z_2} \quad$(加法定理)．

[証明] 最後の 1 つを除き，定義から直接確かめられる．加法定理に関しては，定義と 3 角関数の加法定理から，$z_k = x_k + iy_k \ (k=1,2)$ に対して $e^{z_1} e^{z_2} = e^{x_1} e^{x_2} (\cos y_1 + i \sin y_1)(\cos y_2 + i \sin y_2) = e^{x_1 + x_2} \{\cos(y_1 + y_2) + i \sin(y_1 + y_2)\} = e^{z_1 + z_2}$． 　　　　　　　　　　　　　　　　　　　　　　　　　(証明終)

問 2.3　　定理 2.1 の主張 1)–6) を証明せよ．

例 2.2 $e^{-2+\frac{\pi}{4}i} = e^{-2}\left(\sqrt{2}/2 + i\sqrt{2}/2\right) = (1+i)/(\sqrt{2}e^2).$

問 2.4 $\exp(1 + 4\pi i/3)$ を求めよ．

定理 2.2 複素数 $\omega \neq 0$ が性質 "任意の複素数 z に対して $e^{z+\omega} = e^z$ が成り立つ" をもつならば，適当な整数 k によって $\omega = 2k\pi i$ と書ける．

[証明] 指数関数の加法的性質によって $e^\omega = 1$ であるから，$\omega = s + it$ とおくと $e^s = |e^\omega| = 1$，すなわち $s = 0$．このとき $\cos t + i\sin t = 1$ だから，$t = 2k\pi, k \in \mathbb{Z}$ である．したがって $\omega = 2k\pi i, k \in \mathbb{Z}$． (証明終)

複素数 $2\pi i$ は指数関数の**基本周期** (fundamental period)，整数 $k(\neq 0)$ を用いて作られる数 $2k\pi i$ は指数関数の**周期** (period) と呼ばれる．

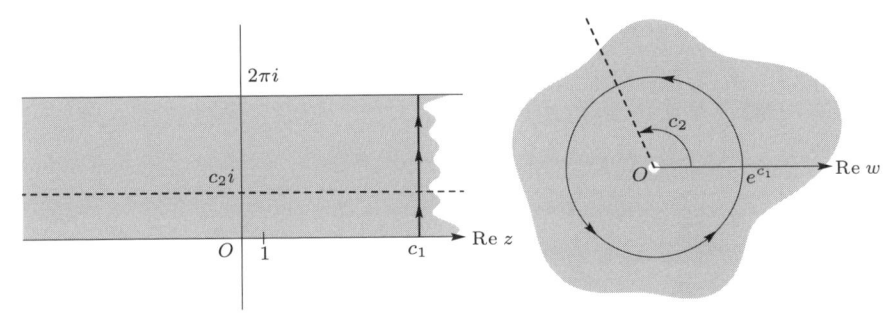

図 2.1 複素指数関数 $z \to e^{iz} := w$

指数関数 $w = e^z$ の定義域は全平面であるが，周期性によって実際にはたとえば $F := \{z \in \mathbb{C} \mid 0 \leq \mathrm{Im}\, z < 2\pi\}$ だけを考えれば十分である (図 2.1)．この集合は z の虚部を規定する不等式の一方に等号が入り他方には等号が入っていないので，開集合でも閉集合でもないが，指数関数の値域を調べるためには適切な集合 (の 1 つ) である．実際，各定数 $c_1 \in \mathbb{R}$ について，F 内の線分 $\{x = c_1, 0 \leq y < 2\pi\}$ の像は円周 $\{|w| = e^{c_1}\}$ であり，y が 0 から 2π まで動くときこの円周を反時計回りに 1 周する．また，各定数 $c_2 \in [0, 2\pi)$ について，F 内の直線 $\{-\infty < x < +\infty, y = c_2 (\in [0, 2\pi))\}$ は放射状の半直線 $\{\arg w = c_2\}$ に写る．x が $-\infty$ から $+\infty$ に向かって走るとき，w は原点から出る半直線上を ——原点から遠ざかるように—— 動き，この半直線全体を埋め尽くす．

問 2.5 関数 $w = e^z$ の像領域は原点を除いた w 平面全体であることを示せ．また，任

意の w_0 を値としてとる複素数 z は無限に多く存在することを示せ.

集合 F の像は値域を埋め尽くし,しかも F の任意の 2 点の像は相異なる.このような集合は関数の**基本集合** (fundamental set) と呼ばれている.

2.5　微分方程式の解の一意性について

念のため,本章で考えた 2 階定数係数常微分方程式の初期値問題の解の一意性を示す[*11]. 線形性によって,次の定理が示されれば十分である.

定理 2.3　区間 $I = (t_1, t_2)$ とその 1 点 $t_0 \in I$ に対する初期値問題
$$x'' + ax' + bx = 0, \quad x(t_0) = x'(t_0) = 0 \tag{2.12}$$
の解は $x(t) = 0 \,(\forall t \in I)$ しかない.

[証明]　まず,2.2 節で行ったように $\varphi(t) = e^{-at/2}$ を用いた変換 $x(t) = \varphi(t)y(t)$ を施せば,(2.12) は 1 階導関数の項が現れない方程式
$$y'' - \delta y = 0, \quad y(t_0) = y'(t_0) = 0 \tag{2.13}$$
になる[*12]. ただし,簡単のために
$$\delta := a^2/4 - b \tag{2.14}$$
とおいた. さて,方程式 (2.13) の両辺に y' をかけて $\{(y')^2 - \delta y^2\}' = 0$ を得るから,$(y')^2 - \delta y^2 = \text{const.}$ である. ここで現れた定数は,左辺において $t = t_0$ としてみれば分かるように,0 である. すなわち $(y')^2 - \delta y^2 = 0$ が得られた. ここで,$\delta < 0$ ならば明らかに $y(t) \equiv 0$ である. また,$\delta = 0$ ならば $y'(t) \equiv 0$ だから $y(t)$ は定数関数であり,初期条件から $y(t) \equiv 0$. 残るのは $\delta > 0$ のときであるが,このときには $y' = \pm\sqrt{\delta} y$ であるから,y は定数 c を用いて $y(t) = ce^{\pm\sqrt{\delta}t}$ と書ける. これは $c = 0$ でない限り初期条件を満たし得ない. こうして解の一意性が示された.
　　　　　　　　　　　　　　　　　　　　　　　　　　　　　　　　　　(証明終)

[*11)]　解の存在についての一般論は微分方程式の教科書に譲る.
[*12)]　関数 $\varphi(t) = e^{-at/2}$ は値 0 を決してとらないから,条件 $x(t_0) = x'(t_0) = 0$ は条件 $y(t_0) = y'(t_0) = 0$ と同等である.

本章では 2 階の常微分方程式を通じて "オイラーの公式" に到達した．さらに "複素指数関数" の定義にも触れた．次章では初等的な複素関数を取り上げ，個々の複素関数を ——この分野の本題である複素微分可能性にまでは踏み込まず—— 素朴な立場から論じる．

演 習 問 題

2.1 $e^{\log\sqrt{2}+3\pi i/4}$ および $e^{-\log\sqrt{3}+7\pi i/6}$ の値を求めよ．

2.2 $e^z = \sqrt{2}(1-i)$ を満たすすべての z を挙げよ．

2.3 $|e^z| = 1$ を満たす z の特徴づけを与えよ．

2.4 関数方程式 $f(x+y) = f(x)f(y)$ を満たす非定数実関数 $f(x)$ が $x = 0$ で微分可能ならば，f はある実数 $a \neq 0$ について $f(x) = e^{ax}$ と書けることを示せ．

2.5 実関数 $f(x)$ は，$b := f'(0)$ が存在し，しかも関数方程式 $f(x+y) = f(x)+f(y)$ を満たしているとする．このとき関数 $f(x)$ の形を定め得るか．

第 3 章
基本的な複素関数とそれらの逆関数

CHAPTER 3

第 1 章では複素数を導入し，第 2 章ではオイラーの公式を得た．本章では "複素関数" の基本的な性質を ——一般論を展開するのではなくいくつかの具体的・初等的な関数を通じて—— "位相的なレベルで" 考察する．これらの関数の複素解析的な意味は第 6 章で詳らかになるが，この章の議論はその準備である．直ちに第 6 章に移行し必要に応じて本章を参照することも十分可能である．

3.1 多 項 式

多項式 [関数] (polynomial [function]) とは，非負の整数 n と $(n+1)$ 個の複素数 $a_0, a_1, \ldots, a_n$ を用いて定義される関数

$$P : \mathbb{C} \ni z \mapsto P(z) := a_n z^n + a_{n-1} z^{n-1} + \cdots + a_1 z + a_0 \in \mathbb{C}$$

のことである．無意味な状況を避けるためにふつうは $a_n \neq 0$ と仮定するが，そのほかの n 個の複素数 $a_0, a_1, \ldots, a_{n-1}$ の中には 0 となるものがいくつあってもよい．非負整数 n を P の**次数** (degree) と呼び，$\deg P$ と書くことが多い．

例 3.1 1 次多項式 $f(z) := a_1 z + a_0$ を $\mathbb{C}$ から $\mathbb{C}$ への写像とみるとき，$a_1 = 1, a_0 \neq 0$ のときは**平行移動** (parallel translation)．$a_1 \in \mathbb{R} \setminus \{0, 1\}, a_0 = 0$ のときは (原点を中心とする) **伸縮・拡大** (magnification) を表す．$a_1 \in \mathbb{C} \setminus \{1\}, |a_1| = 1, a_0 = 0$ のときは (原点を中心とした) **回転** (rotation) を表す．

方程式 $P(z) = 0$ の解を P の**零点** (zero) ともいう[*1]．代数学の基本定理は n 次の多項式はちょうど n 個の零点をもつことを主張する[*2]．ただし，重複する零点はその重複の回数だけ繰り返して数える．特に，任意の多項式はその次数に等しい個数の 1 次多項式の積として表示される．

[*1] この語は多項式に限らず用いられる．9.3 節を参照．
[*2] この定理の厳密な証明は後に複素関数論の 1 つの応用として与えられる (定理 7.15)．

例 3.2 2次の多項式 $w = f(z) := z^2 - 1$ の写像としての性質を調べる. 実関数を調べる際には関数を表すグラフを用いることが効果的であった. 複素関数についてはこの方法が直接的には使えない. この困難を回避するための1つの方法はその実部と虚部を調べることである. $z = x + iy$, $w = u + iv$ と書けば $f(z) = (x+iy)^2 - 1 = x^2 - y^2 - 1 + 2ixy$ であるから, $u(x,y) = x^2 - y^2 - 1$, $v(x,y) = 2xy$ である. より直観的に把握するために, たとえば直線 $x = c_1$ の像がどのようであるかを調べると, まず $(-\infty, \infty)$ を動く y を径数とする曲線

$$u = c_1^2 - y^2 - 1, \qquad v = 2c_1 y \tag{3.1}$$

を得る. この式から y を消去して, 直線 $x = c_1$ の像が ——$c_1 = 0$ でない限り—— 放物線 $u = -v^2/(4c_1^2) + (c_1^2 - 1)$ であると知る. この放物線の頂点は $(-1 + c_1^2, 0)$, 焦点は $(-1, 0)$, 準線は $x = -1 + 2c_1^2$ である[*3]. c_1 を動かせば共通の焦点をもった放物線の族が得られる. 除外された $c_1 = 0$ については直接的な考察から $u = -y^2 - 1$, $v = 0$ となる. これは w 平面の集合としては実軸のうちの -1 より左の半直線を表すが, 径数 y の曲線と見て, 半直線を左方の無限に遠い点からやってきて点 $(-1, 0)$ で折り返しふたたび左方の無限に遠くまで戻る (1本の半直線の "両側" を辿る) と考えるのが ——先に得た曲線族 (3.1) において $c_1 \to 0$ としたときの幾何学的状態を考えても—— 自然である. この半直線はいわば放物線の退化したものであるから, 便宜的にこれも放物線の一種とみなせば, w 平面全体が "放物線" (3.1) で埋め尽くされる (任意の点 (u, v) を通る曲線 (3.1) が ——c_1 を上手に選べば—— 描ける (問 3.1). ここではあえて図示を避け, 読者自らが図を描いて考えることを期待する).

同様の推論は直線 $y = c_2$ についても使えて, x を径数とする曲線

$$u = x^2 - c_2^2 - 1, \qquad v = 2c_2 x \tag{3.2}$$

が得られる. これも上と同様に共通の焦点 $(-1, 0)$ をもつ広い意味での "放物線" の族で, 任意の点 (u, v) を通過する放物線 (3.2) を作ることができる.

問 3.1 w 平面の点 (u, v) を1つ与えるとき, この点を通る放物線 (3.1) および放物線 (3.2) を描くために必要な c_1, c_2 を定めよ. この問題の解はいくつあるか.

独立変数と従属変数の立場を入れ替えて, $u(x,y) = c_1$ となる点 (x, y) の全体[*4]が直角双曲線 $x^2 - y^2 = c_1 + 1$ であることを知る.

[*3] 放物線のギリシャ数学的定義は, "1つの定点とその点を通らない1つの直線からの距離が等しい点の軌跡" であった. ここで用いた定点を焦点, 定直線を準線と呼ぶ.

[*4] 実関数 $u(x,y)$ について集合 $\{(x,y) \in \mathbb{R}^2 \mid u(x,y) = c\}$ は, 曲面 $u = u(x,y)$ の平面 $u = c$ による切り口の射影として直感的に理解できるように, "一般に" 曲線を描くと期待される. この曲線を関数 u の等高線 (level curve, niveau line) と呼ぶ. 厳密な主張と証明は定理 9.24.

問 **3.2** 等高線 $v(x,y) = c_2$ について調べよ.

3.2 関数 $z = \sqrt{w}$

前節で述べた多項式の中でもっとも簡単な $w = z^2$ の逆関数は，単純に考えれば $z = \sqrt{w}$ に違いないと思える[*5)]が，事実はさほど簡単ではない；第 1 章で注意したように，複素数の平方根を安易に定義することは ——虚数単位を単純に $\sqrt{-1}$ によって定義することさえ—— 危険であった．ド・モアヴルの公式は任意の複素数 w の n 乗根 $(n \in \mathbb{N})$ をすべて挙げ得ることは保障するが，関数 $w = z^n$ の逆関数を作るために必要な処方箋 "n 個の複素数のどれをどのように w に対応させるべきか" を教えるものではない．この節では，関数 $w = z^2$ の逆関数をどこでどのように定義するのがもっとも適切か，またうまく定義され得たとしてその基本的な性質はどんなものであるか，などを調べる．

与えられた $w \neq 0$ に対して $w = z^2$ を満たす z はちょうど 2 つある．それら 2 つは符号の違いだけだから，$w = z^2$ の逆関数を $w \to z$ のように一意に値をもつように定義したければ，z 平面をたとえば原点を通る直線 L で切ってできる半平面だけを考えることにすればよい．さらに，

$$\text{"}a > 0 \text{ に対して } \sqrt{a} \text{ は } x^2 = a \text{ を満たす実数 } x > 0 \text{ を表す"} \quad (3.3)$$

と約束したことを思い出せば，w 平面の正の実軸には z 平面の正の実軸が対応するようにしたい．話を単純にするために，右半平面 $H_+ := \{\operatorname{Re} z > 0\}$ の上で $w = z^2$ を考えることにしよう．H_+ は関数 $w = z^2$ によって $T_+ := \mathbb{C}_w \setminus \{\operatorname{Re} w \leq 0, \operatorname{Im} w = 0\}$ の上に 1 対 1 に写される (図 3.1)[*6)]．2 つの半直線

$$L_+ := \{\operatorname{Re} z = 0, \operatorname{Im} z > 0\}, \qquad L_- := \{\operatorname{Re} z = 0, \operatorname{Im} z < 0\}$$

は集合としてはともに半直線 $S := \{\operatorname{Re} w < 0, \operatorname{Im} w = 0\}$ に写される[*7)]が，H_+ における連続性を要求すれば L_+ はこの半直線の上岸に，L_- はこの半直線の下岸に，それぞれ写されると考えるのが自然である．

このように半直線 S の上岸と下岸とを区別するためには直交座標系は不適切である；しかし極座標系ならば可能である！——表示 $w = |w|e^{i\theta}$ を用いれば T_+ は

[*5)] 高等学校数学では ——独立変数と従属変数の立場にこだわるあまり—— いったん解いたあとで変数を書き換えて新たな混乱を生み出す．ここではいちいち変数の置き換えを行わない．

[*6)] T_+ は半直線 $\{\operatorname{Re} w \leq 0, \operatorname{Im} w = 0\}$ に沿って w 平面に切れ込みを入れたものである．切れ込みは 截線 (slit) とも呼ばれる．

[*7)] すなわちここでは 1 対 1 が崩れる！

$\{-\pi < \theta < \pi\}$ と表示され，半直線 S の上岸 S_+，下岸 S_- はそれぞれ

$$S_+ = \{\theta = \pi\}, \quad S_- = \{\theta = -\pi\}$$

と明確に区別される．極座標系を用いることによって H_+ と T_+ との対応がその境界まで含めて完全に 1 対 1 両連続に定義された：

$$L_+ \cup H_+ \cup L_- \ni z \longleftrightarrow (|w|, \theta) \in S_+ \cup T_+ \cup S_-. \tag{3.4}$$

これで実数世界の要請 (3.3) を維持しつつ複素数世界へと定義が拡げられはしたが，いくつかの点で不十分さが残る．たとえば，全 z 平面を見ていないし，w 平面の点は半直線 S を越えられない．また，要請 (3.3) の維持は "平方して $a(>0)$ になる 2 つの実数のうちの負の方" の復権は放棄されたままであることを意味する．これらを解決するために H_+ と並んで左半平面 H_- が登場するが，H_- は L_+ に沿って H_+ と繋がる．関数 $w = z^2$ による H_- の像 T_- の極座標表示は $\{\pi < \theta < 3\pi\}$ であるが，この T_- は T_+ と自然に——負の実軸に相当する部分で——繋がる．この段階で (3.4) の定義域および値域をあえて制限して

$$L_+ \cup H_+ \ni z \longleftrightarrow (|w|, \theta) \in S_+ \cup T_+ \tag{3.5}$$

としておくのがより適切である[*8)]ことに私たちは気づく．

H_- は L_- を越えて H_+ に戻るが，T_- は $\{\theta = 3\pi\}$ を越えられない．T_- は T_+ に移るのが自然であるから，T_- の境界である $\{\theta = 3\pi\}$ と T_+ の境界である $S_-(= \{\theta = -\pi\})$ とを同一視する．T_+ と T_- とをこのように同一視することを 2 枚の平面 $\mathbb{C}_w$ を負の実軸に沿って交叉的に繋ぐ (connect crosswise) と表現する．出来上がったものは w 平面を至るところ 2 回ずつ——厳密には原点 $w = 0$ に対応するのは原点 $z = 0$ しかない——覆う [弧状] 連結な集合である．これを $w = z^2$ の [逆関数の] リーマン面 (Riemann surface) と呼ぶ[*9)]．こうしてできたリーマン面の上で考えた関数を $z = \sqrt{w}$ と書き表す．リーマン面を構成するのに用いた T_+, T_- を葉(sheet) と呼ぶ．T_+, T_- の双方から締め出された点 $w = 0$ は，葉の内点とは違って，どんなに小さな近傍をとっても 1 対 1 対応が得られない．このような点を分岐点 (branch point) と呼ぶ．リーマン面全体で，すなわち 2 つの葉と分岐点を併せて，z 平面 1 枚分に相当する．葉 T_+(あるいは T_-) は上の定

[*8)] 定義域や値域の合併をとるとき自然な形で 1 対 1 状態が維持される．
[*9)] 正確には，被覆リーマン面 (covering Riemann surface) と呼び抽象的な多様体論的リーマン面と峻別するのが望ましいが，普通は曖昧にリーマン面と呼ばれている．私たちが作ったのは 1 つの関数とその逆関数に付随したものであるが，一般の (多様体論的) リーマン面の定義にはそのような関数を想定していない．もちろん，被覆リーマン面は多様体論的リーマン面の一種である．

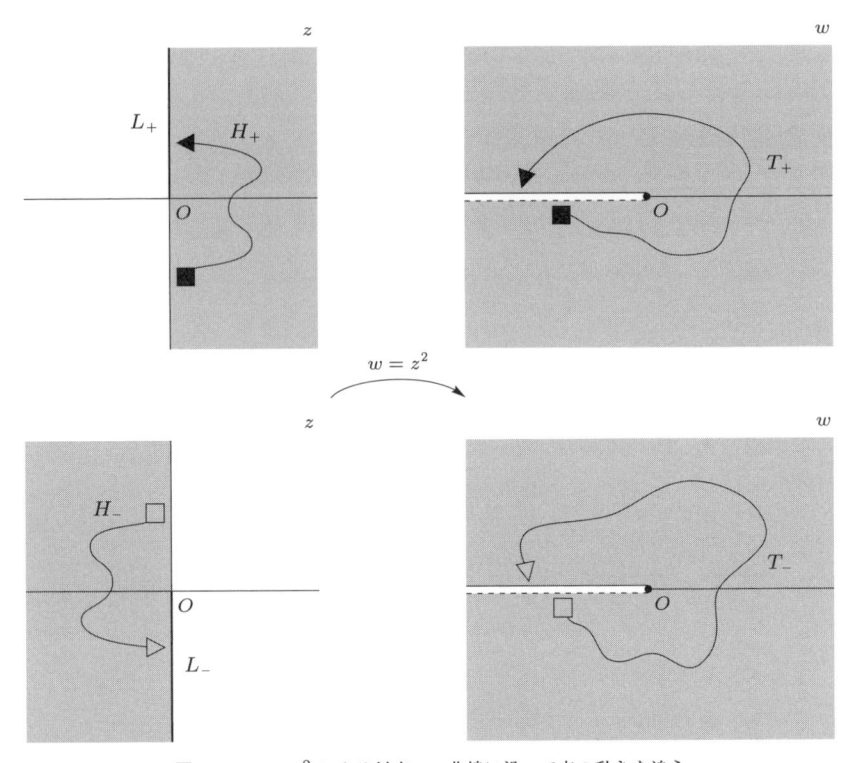

図 3.1 $w = z^2$ による対応——曲線に沿って点の動きを追う

義ではそれぞれ H_+(あるいは H_-) に対応しているが，たとえば葉 T_+ を H_- に対応させることもできる．この場合には葉 T_- は H_+ に対応することになり，上で考えた関数に (-1) をかけたものによって実現される．このような任意性を適宜固定して得られたそれぞれの関数を枝あるいは分枝 (branch) と呼ぶ[*10)]．そのため主値のかわりに主枝 (principal branch) という言葉も使われる．歴史的理由から，(任意の) 分枝を表すのにも式 $z = \sqrt{w}$ が使われる．表記 $z = \sqrt{w}$ においては常に，どのような分枝を考えているかを——たとえば $\sqrt{1} = 1$ となる分枝をとるというように——明記する必要がある．にもかかわらず，次の例の冒頭にあるような表現が用いられる．

[*10)] 葉とか枝とかいっても，枝の先に葉があるわけではない．しかしこれらの言葉は聞くものの脳波を動かすことは確かである．

例 3.3 関数 $z = \sqrt{w}$ は連続である.まず,各点 $w_0 \neq 0$ の適当な近傍では 1 価な[*11]分枝が 2 つある[*12]が,そのどちらも連続である.$w_0 = 0$ の近傍では 1 価な分枝は取り出せないが,w に対応する 2 つの z のいずれを選ぼうとも $|z - 0|^2 = |w| \to 0$ だから,連続と考えてよい.

　関数 $w = z^2$ の逆関数 $z = \sqrt{w}$ を平面の上で考えようとすれば,1 つの w には——ただ 1 つの例外点 $w = 0$ を除いて——常に 2 つの異なる z が対応することを (すなわち 2 価関数を) 受け入れざるを得ない.しかし w 平面の上に 2 葉に拡がるリーマン面の上で考えればこの関数は 1 価である.このリーマン面の上では——注意深い約束の上で—— $z = \sqrt{z^2}$ が成り立っていると考えることができる.このように領域の概念を拡げてリーマン面を考えることは多価関数を扱うための本質的で強力な武器を与える.

3.3 有理関数

3.3.1 有理関数の位数

　2 つの多項式 P, Q の商として定義される関数 $R = P/Q$ を**有理関数** (rational function) と呼ぶ[*13].分子と分母に共通の 1 次因子はあらかじめ割っておいて,最初から P, Q が共通因子をもたないとする.有理関数 R の点 z における値をいつものように $P(z)/Q(z)$ と定義すれば,少なくとも複素平面から有限個の点—— Q の零点——を取り除いた領域で R は連続である.Q の零点 z_0 については $P(z_0) \neq 0$ だから,$\lim_{z \to z_0} |R(z)| = +\infty$ が分かる.したがって,$R(z_0) = \infty$ として,R の値域は平面に限定せずリーマン球面で考える.

　w 平面に無限遠点を加えたからには z 平面をそのままにしておくのは不適切であろう.$z = \infty$ における R の値を定めるために,R の分子・分母が具体的に

[*11] 関数 (あるいは対応や写像) は,その定義によって,定義域内の各点にただ 1 つの値を対応させるから,関数に付けた "1 価な" は本来冗語である.しかし本章の後半で度々遭遇するように,複素関数の内在的な性質を探るためには上のような狭い意味での関数だけではまったく不十分で,値が複数個ある広い意味での関数 ——**多価関数** (multi-valued function)—— を考察対象に入れざるを得ない.多価関数はある種の "集合値" 関数と考えることもできるが,今後登場する関数は多価とは言っても無秩序なものではなく簡潔にして深いある規則に従う.多価ではないことを強調するために普通の関数をわざわざ "**1 価な** (single-valued)" と修飾することもある.

[*12] $w_0 \neq 0$ の近くで分枝を 1 つ固定することは,w_0 に 1 つの z_0 を対応させると同時にその近くの w に対しては z_0 の近くの z を対応させることである.

[*13] P や Q が定数 (ただし Q については 0 ではない定数) に退化した場合も許す.

$$P(z) = a_0 z^m + a_1 z^{m-1} + \cdots + a_m, \quad Q(z) = b_0 z^n + b_1 z^{n-1} + \cdots + b_n$$

と書けているとしよう $(a_0 b_0 \neq 0)$. このとき実関数の場合と同様の議論によって

$$\lim_{z \to \infty} R(z) = \lim_{z \to \infty} \frac{P(z)}{Q(z)} = \begin{cases} 0 & (m < n \text{ のとき}) \\ a_0/b_0 & (m = n \text{ のとき}) \\ \infty & (m > n \text{ のとき}) \end{cases}$$

が分かる[*14]. したがって R は $\hat{\mathbb{C}}$ から $\hat{\mathbb{C}}$ への写像である. さらに[*15]

定理 3.1 有理関数 P/Q はリーマン球面からリーマン球面の上への k 対 1 の写像である. ただし, $k = \max(\deg P, \deg Q)$ である.

[証明] 多項式 P, Q およびそれらの次数 m, n は上と同様とする. まず $m > n$ の場合を考える. 任意の $c \in \mathbb{C}$ を固定するとき, $R(z) = c$ を満たす $z \in \mathbb{C}$ は m 次代数方程式 $a_0 z^m + a_1 z^{m-1} + \cdots + a_m - c(b_0 z^n + b_1 z^{n-1} + \cdots + b_n) = 0$ の解であり逆も正しい. したがって $R(z) = c$ を満たす $z \in \mathbb{C}$ はちょうど m 個ある (重複する解はいつものように繰り返して数える). 他方で, $R(\infty) = \infty \neq c$ である. したがって, $R(z) = c$ となる $z \in \hat{\mathbb{C}}$ は m 個ある. 次に $c = \infty$ について考える. まず, $R(z) = \infty$ となる $z \in \mathbb{C}$ は, Q の零点にほかならないから, $\mathbb{C}$ に n 個ある. また, $R(\infty) = \infty$ であるから, 24 ページで述べたように変換 $Z = 1/z, W = 1/w$ を行って関数 $W = 1/R(1/Z)$ を考察する.

$$W = \frac{Q(z)}{P(z)} = Z^{m-n} \cdot \frac{b_n Z^n + b_{n-1} Z^{n-1} + \cdots + b_1 Z + b_0}{a_m Z^m + a_{m-1} Z^{m-1} + \cdots + a_1 Z + a_0}$$

および

$$\left. \frac{b_n Z^n + b_{n-1} Z^{n-1} + \cdots + b_1 Z + b_0}{a_m Z^m + a_{m-1} Z^{m-1} + \cdots + a_1 Z + a_0} \right|_{Z=0} = \frac{b_0}{a_0} \neq 0, \infty$$

に注意すれば, $Z = 0$ は方程式 $W = 0$ の重複度 $(m - n)$ の解であることが分かる. すなわち, $z = \infty$ は方程式 $R(z) = \infty$ の重複度 $(m - n)$ の解と考えるのが自然である. したがって $R(z) = \infty$ を満たす $z \in \hat{\mathbb{C}}$ は有限な複素数が n 個, 無限遠点が $(m - n)$ 個で, 併せて $n + (m - n) = m$ 個であることが分かった. ゆえに, 任意の $c \in \hat{\mathbb{C}}$ に対して $R(z) = c$ を満たす $z \in \hat{\mathbb{C}}$ は m 個存在する.

上の議論は (わずかな修正を施しさえすれば) $m = n$ のときにもそのまま使える. また, $m < n$ のときには, 同様の考察によって, 任意の $c \in \hat{\mathbb{C}}$ に対して $R(z) = c$

[*14] $m = n$ ときの R の値 a_0/b_0 は 0 でもなければ ∞ でもない.
[*15] 教科書からはしばしば除かれるが, 複素解析の中でも外でも重要で美しい定理の原型である.

を満たす $z \in \hat{\mathbb{C}}$ が n 個存在することが示せる． (証明終)

この定理に基づき次の定義を設ける：有理関数 $R = P/Q$ について，$\max(\deg P, \deg Q)$ を有理関数 R の**位数** (order) と呼ぶ．

3.3.2 メービウス変換

有理関数のもっとも簡単な例として位数 1 の有理関数

$$T(z) := \frac{az+b}{cz+d}, \qquad a,b,c,d \in \mathbb{C}; ad-bc \neq 0 \tag{3.6}$$

を考えよう．ここで付けた条件 $ad-bc \neq 0$ は，T が定数関数になってしまうことを避けるために設けられた自然なものである．このような関数 T はメービウス[*16)]**変換** (Möbius transformation)，**[分数] 1 次変換** ([fractional] linear transformation)，あるいは **1 次分数変換** (linear fractional transformation) などと呼ばれる．

注意 3.1 関数や写像のうちで，特に同じ空間の中への写像を，時にはさらに 1 対 1 である写像を，"変換"と呼ぶことが多い．また，1 次変換という名からは 1 次多項式が想像され易いので注意が必要である．なお 1 次分数変換か分数 1 次変換か，ドイツ語では後者が普通であるが，英語の文献には両者とも登場する．

私たちはさらに $ad-bc=1$ と正規化することができる．実際，$\delta := ad-bc \neq 0$ とするとき，$\tilde{a} := a/\sqrt{\delta}$, $\tilde{b} := b/\sqrt{\delta}$, $\tilde{c} := c/\sqrt{\delta}$, $\tilde{d} := d/\sqrt{\delta}$ を用いて[*17)]作った有理関数 $\tilde{T}(z) := (\tilde{a}z+\tilde{b})/(\tilde{c}z+\tilde{d})$ は，T と同じ関数[*18)]であって，条件 $\tilde{a}\tilde{d}-\tilde{b}\tilde{c}=1$ を満たす．すなわち最初から $\tilde{T}$ を考えてよい．定理 3.1 からただちに

定理 3.2 メービウス変換は 2 つの球面の間の 1 対 1 の写像を定める．

式 (3.6) において $c=0$ ならば $d \neq 0$ であって T は平行移動・回転・伸縮を重ねたものである：$\mathbb{C} \ni z \mapsto az \mapsto az+b \mapsto (az+b)/d$. また，$c \neq 0$ ならば

$$T(z) = \frac{az+b}{cz+d} = \frac{a}{c} - \frac{1}{c^2} \cdot \frac{ad-bc}{z+d/c}$$

であるから，上の 3 つに "単位円周に関する**反転** (inversion)" と呼ばれる変換

[*16)] A. F. Möbius (1790–1868).
[*17)] $\sqrt{\delta}$ は δ の 2 つの平方根のうちいずれをとっても構わないが，1 つを固定しておく必要はある．
[*18)] 任意の $z \in \hat{\mathbb{C}}$ に対して $T(z) = \tilde{T}(z)$ が成り立つこと．

$z \mapsto 1/z$ を含めれば T は合成できる.

平行移動・回転・伸縮はすべて，任意の円周を別の円周に写し直線を直線に写す．反転もまた上の3つと類似の性質をもっている：

命題 3.3 反転 $z \mapsto 1/z$ は円周を円周に写す．ただし，直線は円周の一種とみなす．

[証明] 円周 $C(\alpha, r) : |z - \alpha| = r\ (r > 0)$ を単位円周 $|z| = 1$ に関して反転する．点 $w = 1/z$ は $|1/w - \alpha| = r$ を満たす．これを $|1 - \alpha w|^2 = r^2|w|^2$ と変形して両辺を展開してふたたび整理すれば，$r \neq |\alpha|$ である限り中心 $\bar{\alpha}/(|\alpha|^2 - r^2)$，半径 $r/(||\alpha|^2 - r^2|)$ の円周

$$\left| w - \frac{\bar{\alpha}}{|\alpha|^2 - r^2} \right| = \frac{r}{||\alpha|^2 - r^2|} \tag{3.7}$$

となる．また，除外された場合 $r = |\alpha|$ における像集合は直線 $\mathrm{Re}\,[\alpha w] = 1/2$ である．直線が反転によって広義の円周に写ることも容易に分かる (問 3.3).

(証明終)

以上のことから

定理 3.4 メービウス変換は円周を円周に写す．ただし，直線は円周の一種とみなす．

問 3.3 命題 3.3 の証明 (の末尾) を完成せよ．

例 3.4 $z \in \mathbb{H}$ については $|z - i| < |z - (-i)|$，$z \in \mathbb{R}$ については $|z - i| = |z - (-i)|$ であるという幾何学的考察から容易に分かる通り，メービウス変換

$$w = \frac{z - i}{z + i} \tag{3.8}$$

は $\mathbb{H}_z$ を $\mathbb{D}_w$ の上に1対1に写像する．$z = i$ は原点 $w = 0$ に写される．

例 3.5 点 $z \in \hat{\mathbb{C}}$ のメービウス変換 (3.8) による像を w とすると，実軸に関する z の対称点 $\bar{z}$ の像は $(\bar{z} - i)(\bar{z} + i)^{-1} = \overline{(z + i)(z - i)^{-1}} = 1/\bar{w}$ である[*19]．この事実に基づき，$w \in \hat{\mathbb{C}}$ の単位円周 C に関する対称点を $1/\bar{w}$ と定める．容易に分かるように，C 上の点は，かつ C 上の点だけが，自分自身をその対称点とする．

[*19] 慣例的約束：$1/0 = \infty$，$1/\infty = 0$.

問 **3.4** 変換 (3.8) の代わりに任意の固定された $\zeta \notin \mathbb{R}$ に対して得られるメービウス変換 $T_\zeta : z \mapsto (z-\zeta)/(z-\bar{\zeta})$ を用いても $T_\zeta(\bar{z}) = 1/\overline{T_\zeta(z)}$ が成り立つことを示せ．

一般に，変換 $f : X \to X$ について，$f(\alpha) = \alpha$ を満たす点 $\alpha \in X$ を f の**不動点** (fixed point) と呼ぶ．以下ではメービウス変換 (3.6) の不動点を調べる．

例 **3.6** (3.6) で $c \neq 0$ の場合：$T(\infty) = a/c \neq \infty$ だから ∞ は不動点ではない．一方，有限な不動点は 2 次方程式 $cz^2 + (d-a)z - b = 0$ の解だから高々 2 つ．次に $c = 0$ の場合：仮定から $ad \neq 0$ で $T(z) = (a/d)z + (b/d)$ だから $T(\infty) = \infty$．他方，有限な不動点は 1 次方程式 $(d-a)z - b = 0$ の解だから $a = d, b = 0$ の場合 ($T(z) = z$ の場合) を除けば高々 1 つしか存在しない．以上のことから，恒等変換でないメービウス変換は少なくとも 1 つの，そして高々 2 つの，不動点をもつ．

上の議論からただちに，

定理 **3.5** (異なる) 3 点を不動点としてもつメービウス変換は恒等変換に限る．

メービウス変換と密接な関係にある有用な概念として

定義 **3.1** 順序づけられた異なる 4 点 $z_1, z_2, z_3, z_4 \in \hat{\mathbb{C}}$ に対して，それらの**非調和比** (anharmonic ratio) あるいは**複比** (cross ratio) と呼ばれる量を
$$[z_1, z_2, z_3, z_4] := \frac{z_1 - z_3}{z_1 - z_4} : \frac{z_2 - z_3}{z_2 - z_4} = \frac{(z_1 - z_3)(z_2 - z_4)}{(z_1 - z_4)(z_2 - z_3)} \tag{3.9}$$
によって定義する．ただし，4 点 z_1, z_2, z_3, z_4 の中に無限遠点があるときには極限操作を通して定義する：たとえば $z_4 = \infty$ のときには $[z_1, z_2, z_3, \infty] = \lim_{z_4 \to \infty}[z_1, z_2, z_3, z_4] = (z_1 - z_3)/(z_2 - z_3)$．

この定義における z_4 を z と書き，非調和比の値を w と書いた
$$w = [z_1, z_2, z_3, z] = \frac{(z_1 - z_3)(z_2 - z)}{(z_1 - z)(z_2 - z_3)} \tag{3.10}$$
は z_1, z_2, z_3 をそれぞれ $\infty, 0, 1$ に写す 1 次変換を与える．特に

命題 **3.6** 与えられた異なる 3 点 $\alpha, \beta, \gamma \in \hat{\mathbb{C}}$ をそれぞれ $0, 1, \infty$ に写すメービウス変換がただ 1 つ存在する．

定理 3.7 与えられた異なる 3 点を別の与えられた異なる 3 点に (順序を含めて) 写すメービウス変換が 1 つ, そしてちょうど 1 つ, 存在する.

例 3.7 $\mathbb{H}$ をそれ自身に 1 対 1 に写像するメービウス変換は, $ad - bc = 1$ を満たす実数 a, b, c, d を用いて $z \mapsto (az + b)(cz + d)^{-1}$ で与えられる (上の定理を参照).

定理 3.8 メービウス変換は 4 点の非調和比を保つ. すなわち, メービウス変換 $T(z)$ および異なる 4 点 $z_1, z_2, z_3, z_4 \in \hat{\mathbb{C}}$ に対して, $[T(z_1), T(z_2), T(z_3), T(z_4)] = [z_1, z_2, z_3, z_4]$ が成り立つ.

[証明] 平行移動, 伸縮, 回転, 反転の各々によって非調和比が変わらないことを確かめればよいが, これは容易である. (証明終)

問 3.5 異なる 4 点 $z_1, z_2, z_3, z_4 \in \hat{\mathbb{C}}$ が同一円周上にあるための必要十分条件をこれらの非調和比の言葉で述べよ.

単位円周に関する対称点の定義は例 3.5 において述べた. 任意の円周については

定義 3.2 2 点 z', z'' が円周 $C(a, R)$ について**対称** (symmetric) であるとは,
$$z'' = \frac{R^2}{\overline{z' - a}} + a \tag{3.11}$$
が満たされるときをいう[*20].

命題 3.9 メービウス変換 $S : z \mapsto R^2/\overline{(z - a)} + \bar{a}$ を考えるとき, $C(a, R)$ を実軸に写す任意のメービウス変換 T に対して次が成り立つ:
$$T(\zeta) = \overline{T(\overline{S(\zeta)})}, \qquad \zeta \in \hat{\mathbb{C}}. \tag{3.12}$$

[証明] $\zeta \in C(a, R)$ のとき, $\overline{S(\zeta)} = \zeta$ かつ $T(\zeta) \in \mathbb{R}$ だから式 (3.12) は正しい. $\zeta \notin C(a, R)$ のとき, $z_1 := T^{-1}(\infty)$, $z_2 := T^{-1}(0)$, $z_3 := T^{-1}(1)$ および ζ は互いに異なる 4 点である. 定義 3.1 の直後に注意したように $T(\zeta) = [z_1, z_2, z_3, \zeta]$ であるが, 他方で, 定理 3.8 と $\overline{S(z_k)} = z_k$ ($k = 1, 2, 3$) であることとから

[*20] ここでは円周が直線に退化する場合を除外している. 直線 $\mathrm{Im}\,[\lambda(z - a)] = 0$ ($|\lambda| = 1$) に関する対称性は式 (3.11) を $z'' = \overline{\lambda^2(z' - a)} + a$ で置き換えて定義する.

$$[z_1, z_2, z_3, \zeta] = [S(z_1), S(z_2), S(z_3), S(\zeta)] = \overline{[\overline{S(z_1)}, \overline{S(z_2)}, \overline{S(z_3)}, \overline{S(\zeta)}]} =$$
$\overline{[z_1, z_2, z_3, \overline{S(\zeta)}]} = \overline{T(\overline{S(\zeta)})}$ である．ゆえに $T(\zeta) = \overline{T(\overline{S(\zeta)})}$．　　　(証明終)

定理 3.10　2点 z', z'' が円周 $C(a, R)$ について対称ならば，$C(a, R)$ を実軸に写す任意のメービウス変換 T について $T(z'') = \overline{T(z')}$ が成り立つ．逆に，$C(a, R)$ を実軸に写すあるメービウス変換 T について $T(z'') = \overline{T(z')}$ が成り立つならば，z', z'' は $C(a, R)$ について対称である．

[証明]　前半：z', z'' が $C(a, R)$ に関して対称であるとし，T は $C(a, R)$ を実軸に写すメービウス変換とする．定義により $\overline{S(z')} = z''$ だから，上の命題を用いて $T(z') = \overline{T(\overline{S(z')})} = \overline{T(z'')}$ を得る．後半：2点 z', z'' が $C(a, R)$ を実軸に写すあるメービウス変換 T に対して $T(z') = \overline{T(z'')}$ を満たしたとする．このとき式 (3.12) を使えば $T(\overline{S(z')}) = T(z'')$ が得られるが，T は 1 対 1 写像であるから $z'' = \overline{S(z')}$，すなわち z'' は $C(a, R)$ に関して z' と対称である．　　(証明終)

3.3.3　ジューコフスキー変換

有理関数の中には，ジューコフスキー[*21)]変換 (Joukowski transformation) と呼ばれる重要な関数

$$w = J(z) = z + \frac{1}{z} \tag{3.13}$$

もある．変換とは呼ばれているが，メービウス変換とは違い，$\hat{\mathbb{C}}$ 全体では 1 対 1 ではない．実際，有理関数 J の分母は 1 次多項式であるが分子は 2 次多項式であるから，定理 3.1 によって J は $\hat{\mathbb{C}}$ から $\hat{\mathbb{C}}$ への 2 対 1 の対応である．

例 3.8　$z_1 \neq z_2$ の仮定の下では $J(z_1) = J(z_2) \iff (z_1 - z_2)(1 - 1/(z_1 z_2)) = 0 \iff z_1 z_2 = 1$ であるから，ジューコフスキー変換による像が同じ 2 点は，同一点でない限り，単位円周に関して反転の位置にある[*22)]．

この例に述べたことから，関数 J を調べるためには開単位円板 $\mathbb{D}$ あるいは閉単位円板の外部 $\hat{\mathbb{C}} \setminus \overline{\mathbb{D}}$ だけを考えればよい (図 3.2)．ここでは $\hat{\mathbb{C}} \setminus \overline{\mathbb{D}}$ を考える．一見不釣合いだが $z = r(\cos\theta + i\sin\theta)$, $w = u + iv$ とおけば，$u = (r + 1/r)\cos\theta$, $v = $

[*21)]　N. E. Joukowski (= Zhukovsky) (1847–1921).
[*22)]　逆に，反転の位置にある 2 点が同じ像をもつことはジューコフスキー変換の形から明らかである．

$(r-1/r)\sin\theta$ であるから,z 平面の円周 $C(0,R)\, R>1$ は w 平面では
$$\frac{u^2}{(R+1/R)^2}+\frac{v^2}{(R-1/R)^2}=\cos^2\theta+\sin^2\theta=1 \tag{3.14}$$
となって,像は楕円[*23]に含まれることが分かる.円周の径数 θ を丁寧に追えば z が円周を一巡りするとき w は楕円を一巡りすることが分かる;円周は楕円と 1 対 1 に対応する.

注意 3.2 $R=1$ のときは上の計算は通用しない.このときには $z\bar{z}=|z|^2=1$ だから,$w=z+1/z=z+\bar{z}=2\,\mathrm{Re}\,z$,すなわち単位円周の像は線分 $[-2,2]$ である[*24].単位円周上を z が 1 周するとき像 w は線分 $[-2,2]$ の上を正確に 1 往復する.

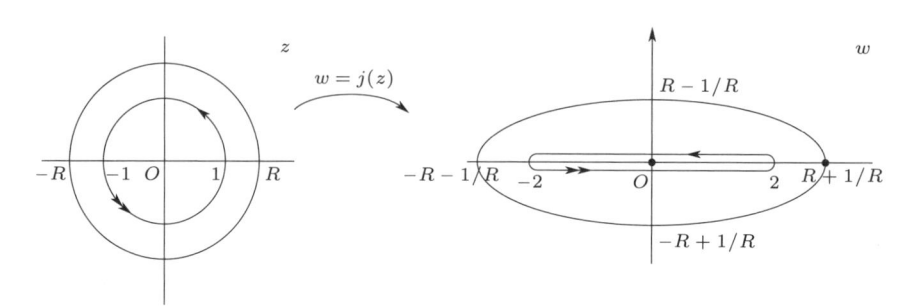

図 3.2 ジューコフスキー変換の $\widehat{\mathbb{C}}_z\setminus\overline{\mathbb{D}}$ での様子

次に,半直線 $\theta=\Theta\,(R>1)$ の像を調べる.
$$\left(\frac{u}{2\cos\Theta}\right)^2-\left(\frac{v}{2\sin\Theta}\right)^2=\frac{1}{4}\left(r+\frac{1}{r}\right)^2-\frac{1}{4}\left(r-\frac{1}{r}\right)^2=1 \tag{3.15}$$
であるから半直線 $\theta=\Theta$ の像は双曲線に含まれる.この半直線の径数 r を追えば像は双曲線の 1 つの枝のちょうど半分であることが分かる.

問 3.6 楕円 (3.14) と双曲線 (3.15) とは直交することを示せ $(R>1,0\leq\Theta<2\pi)$.

問 3.7 ジューコフスキー変換 $w=z+1/z$ について $(w-2)/(w+2)$ を z で表せ.

[*23] 円とはいわず円周というべきとの立場からすれば楕円周というべきとの主張もあろうが,慣用ではない.もともと円や楕円は (2 次) 曲線として定義されたものだから,混乱の原因は円板と呼ぶべきものを単に円と呼び習わしたところにある.

[*24] ここで言及した線分は,厳密には $\{-2\leq\mathrm{Re}\,z\leq 2,\mathrm{Im}\,z=0\}$ と書くべきであるが,実軸上の区間を表す記法を敷衍してこのように表しても誤解はないであろう.

3.4 3角関数

オイラーの公式 $e^{it} = \cos t + i\sin t\,(t \in \mathbb{R})$ から容易に $\cos t = (e^{it} + e^{-it})/2$, $\sin t = (e^{it} - e^{-it})/(2i)$ が得られる．それぞれの式の右辺において変数 t は複素数 z にまで拡げられたから，あらためて

$$\cos z := \frac{e^{iz} + e^{-iz}}{2}, \quad \sin z := \frac{e^{iz} - e^{-iz}}{2i} \qquad (z \in \mathbb{C}) \qquad (3.16)$$

によって $\sin z, \cos z$ を定義し，従来の名前をそのまま用いてこれらを**正弦関数** (sine function), **余弦関数** (cosine function) と呼ぶ．**正接関数** (tangent function) は実関数と同様に ── $\tan z := \sin z/\cos z$ によって── 定義される．

問 3.8 $\tan(\pi/4 - i\log 2)$ の値を求めよ．

定義から ──直接的計算によって── 次の定理を得る．

定理 3.11 (1) 正弦関数も余弦関数も (基本) 周期が 2π の周期関数である．
(2) 余弦関数は偶関数であり，正弦関数は奇関数である．
(3) 任意の複素数 z に対して $\cos^2 z + \sin^2 z = 1$ が成り立つ．
(4) 任意の複素数 z_1, z_2 に対して次が成り立つ (加法定理)：
　　$\cos(z_1 + z_2) = \cos z_1 \cos z_2 - \sin z_1 \sin z_2,$
　　$\sin(z_1 + z_2) = \sin z_1 \cos z_2 + \cos z_1 \sin z_2.$

この定理を知った読者は "複素3角関数は実3角関数と変わるところがない" と思うかも知れない．その是非を確かめる前に次の例を見てみよう．

例 3.9 $z = x + iy$ と書くとき，オイラーの公式によって

$$\sin z = \frac{e^y + e^{-y}}{2}\sin x + i\frac{e^y - e^{-y}}{2}\cos x = \sin x \cosh y + i\cos x \sinh y \qquad (3.17)$$

が得られる．ここで周知の双曲線関数を用いた：$y \in \mathbb{R}$ に対して

$$\cosh y := \frac{e^y + e^{-y}}{2}, \quad \sinh y := \frac{e^y - e^{-y}}{2}. \qquad (3.18)$$

複素3角関数の定義と同じように，式 (3.18) における実変数をそのまま複素変数 z に置き換えて，**[複素] 双曲線関数** ([complex] hyperbolic function)[*25] が得

[*25] [複素] 双曲的正弦および双曲的余弦 ([complex] hyperbolic sine および hyperbolic cosine).

られる．関係式 $\cosh^2 z - \sinh^2 z = 1\, (z \in \mathbb{C})$ が容易に確かめられる．

問 3.9 複素数 z に対して次を示せ．$\cosh(iz) = \cos z,\ \sinh(iz) = i \sin z$.

問 3.10 前問を用いて $\cos(x+iy) = \cos x \cosh y - i \sin x \sinh y$ および $\sin(x+iy) = \sin x \cosh y + i \sinh y \cos x$ を示せ $(x, y \in \mathbb{R})$．

問 3.11 実数 x, y に対して等式 $2|\sin(x+iy)|^2 = \cosh(2y) - \cos(2x)$ を示せ．

注意 3.3 不等式 $|\sin z| \leq 1$ がすべての点 $z \in \mathbb{C}$ で成り立つわけではない．実際，前問において得られた等式は，$x = \pi/2$ のときには $|\sin z| = (e^y + e^{-y})/2 \geq 1$ であることを示している．しかも $y = 0$ でない限り等号は成り立たない．

複素正弦関数 $w = \sin z$ の写像としての性質を調べるには，いつものように $z = x+iy, w = u+iv$ とおき，写像 $(x,y) \mapsto (u,v) = (\sin x \cosh y, \cos x \sinh y)$ を調べればよい．まず周期性によって定義域を帯状領域 $\{z \in \mathbb{C} \mid -\pi < \operatorname{Re} z \leq \pi\}$ に制限してよい (図 3.3)．さらに性質 $\sin(z+\pi) = -\sin z = \sin(-z)$ に注意すれば，$H_0 := \{z \in \mathbb{C} \mid -\pi/2 < \operatorname{Re} z \leq \pi/2, \operatorname{Im} z > 0\}$ を考えるだけで十分である．

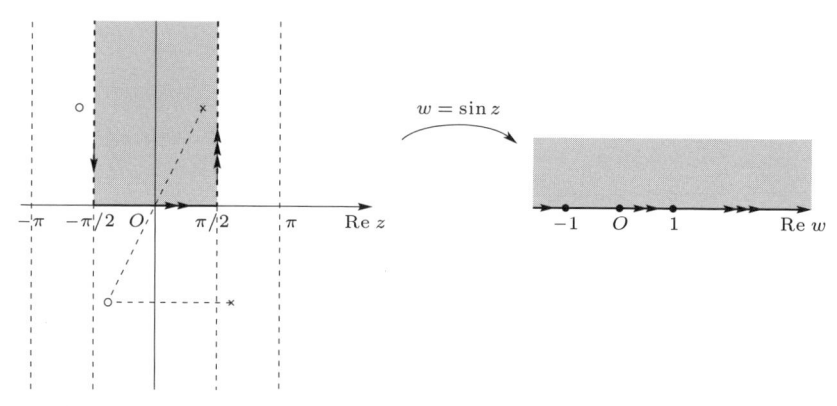

図 3.3 $w = \sin z$ による写像 (2 点 × は上半平面の 1 点に，2 点 ○ は下半平面の 1 点に写される．2 つの像点は原点に関して対称である)

x 軸上を $x = -\pi/2$ から $x = \pi/2$ まで動くとき，$\sin z$ は u 軸上を $u = -1$ から $u = 1$ まで動く．点 $z = \pi/2$ で直角に曲がり辺 $x = \pi/2, y \geq 0$ を走ると，$u = \sin x \cosh y = \cosh y$ であるから $y \geq 0$ が大きくなるとき u は 1 を越えて増

大し続ける．他方で $v = \cos x \sinh y$ は 0 に留まる．すなわち，像点 w は $w = 1$ を越えてさらに右に限りなく直進し続ける．半直線 $x = \pi/2, y \geq 0$ は w 平面では u 軸の区間 $[1, \infty)$ に対応することが分かった．同じ議論によって，半直線 $x = -\pi/2, y \geq 0$ は w 平面では u 軸の区間 $(-\infty, -1]$ に対応することが分かる．半直線 $x = 0, y \geq 0$ の像は正の v 軸全体である．

直線 $x = a$ $(-\pi/2 < a < \pi/2)$ の像は，$\cosh y = u/\sin a, \sinh y = v/\cos a$ と関係式 $\cosh^2 y - \sinh^2 y = 1$ に注意すれば，$(\pm 1, 0)$ を焦点とする双曲線

$$\frac{u^2}{\sin^2 a} - \frac{v^2}{\cos^2 a} = 1 \tag{3.19}$$

(の1つの枝) に含まれることが分かる (図 3.4)．実際には直線 $x = a$ の $y > 0$ にあたる部分だけの像なので，像曲線は双曲線のうちの $v > 0$ の部分だけである．同様に，線分 $-\pi/2 < x < \pi/2, y = b (> 0)$ は $(\pm 1, 0)$ を焦点とする楕円

$$\frac{u^2}{\cosh^2 b} + \frac{v^2}{\sinh^2 b} = 1 \tag{3.20}$$

の $v > 0$ にあたる曲線に写されることが分かる．

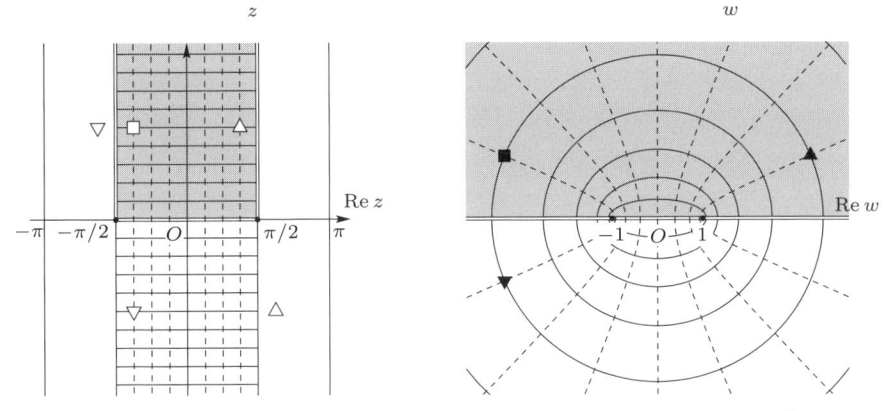

図 3.4　直線 $\{x = a, y \in \mathbb{R}\}$ および線分 $\{-\pi/2 < x < \pi/2, y = b\}$ の像 $(-\pi/2 < a < \pi/2, b \in \mathbb{R})$

問 3.12　双曲線 (3.19) と楕円 (3.20) とはたがいに直交することを示せ．

対 (a, b) を集合 $(-\pi/2, \pi/2) \times (0, \infty)$ の中で動かせば，$\mathbb{H}_w$ を覆い尽くす双曲線と楕円 (それぞれ部分弧) の対が動く；a, b の対から双曲線と楕円の対へのこの対応は 1 対 1 である．

正弦関数が奇関数であることからただちに

定理 3.12 関数 $w = \sin z$ は z 平面の一部 $S_0 := \{-\pi/2 < \operatorname{Re} z < \pi/2\}$ を w 平面から $\mathbb{R}$ 上の 2 つの半直線 $(-\infty, -1]$ および $[1, +\infty)$ を取り去った領域 $T_0 := \mathbb{C}_w \setminus ((-\infty, -1] \cup [1, +\infty))$ の上に 1 対 1 に写す.

取り去った 2 つの半直線は,それぞれ $L^- := \{\operatorname{Re} z = -\pi/2, \operatorname{Im} z \leq 0\}$ および $L^+ := \{\operatorname{Re} z = \pi/2, \operatorname{Im} z \geq 0\}$ の像として得られるから,

定理 3.13 正弦関数はすべての複素数を値として無限回とる.すなわち,任意の複素数 w_0 に対して方程式 $\sin z = w_0$ は無数の解をもつ.

指数関数について 34 ページで用いた言葉を使えば,$L^- \cup S_0 \cup L^+$ は関数 $w = \sin z$ の 1 つの基本集合である.

3.5 逆 3 角 関 数

前節では,正弦関数 $w = \sin z$ が帯状領域 S_0 を切れ込みの入った平面 T_0 の上に 1 対 1 に写し,T_0 の上では $w = \sin z$ の逆関数 $z = \sin^{-1} w$ が定義されて[*26)]その値域が S_0 であることを知った.この操作は実関数 $y = \sin x$ の逆関数の主値を考えたことに相当する.それゆえここでも同じく主値と呼び[*27)].$z = \operatorname{Sin}^{-1} w$ で表す.これが逆正弦関数を考える 1 つの方法である.

しかし,さらに進んで次のような考察が可能である.まず,S_0 と同様に各 $n \in \mathbb{Z}$ について帯状領域 $S_n := \{(n - 1/2)\pi < \operatorname{Re} z < (n + 1/2)\pi\}$ を考える.S_0 内を動いていた点 z が L^+ を越えて S_1 に入ったとしよう.このとき $w = \sin z$ の虚部は正から負に変わるが,もはや T_0 内に留まるとは考えない方がよいであろう.実際,T_0 の点はすでに S_0 からの像としていわば予約されてしまっていて,S_1 の像となるのは不自然である.同じことは L^- を越えて S_{-1} に出た場合にも起こる.そこで,T_0 とまったく同じものをさらに 2 つ用意して,1 つは T_1 もう 1 つは T_{-1} と名づけ,L^+ を越えたときには T_1 へ,L^- を越えたときには T_{-1} へと繋がるようにする.このようにして截線の入った平面の無限列

$$\ldots, T_{-2}, T_{-1}, T_0, T_1, T_2, \ldots$$

[*26)] $z = \arcsin w$ とも書かれる.記号 $\sin^{-1} z$ の -1 は逆関数を表す一般的記号であって,慣用の記号 $\sin^2 w$ の 2 の使い方とはまったく異なる.混乱し易いので注意が必要である.
[*27)] 主値——あるいは一般に分枝——を考えることは適切な基本集合を考えることにほかならない.

ができる (図 3.5) が，ここで続いて現れる 2 枚は半直線 $(-\infty, -1]$ または半直線 $[1, \infty)$ (のどちらか一方だけ) に沿って交叉状に繋がれ，T_k と T_{k+1} が $(-\infty, -1]$ に沿って繋がれているとすると T_{k-1} と T_k，および T_{k+1} と T_{k+2} はそれぞれ $[1, \infty)$ に沿って繋がれている．そして，全体としては 1 つの弧状連結な集合を構成する．この集合を "正弦関数の [逆関数の] リーマン面" と呼ぶ．葉，枝などの用語もこれまでと同様である．分岐点は $w = 1, w = -1$ にある．これらの点のごく近くを 2 周すると，もとの葉に戻る．これは $w = z^2$ における $w = 0$ とそっくりの状況で，特に位数 (order) が 2 の分岐点と呼ばれる．

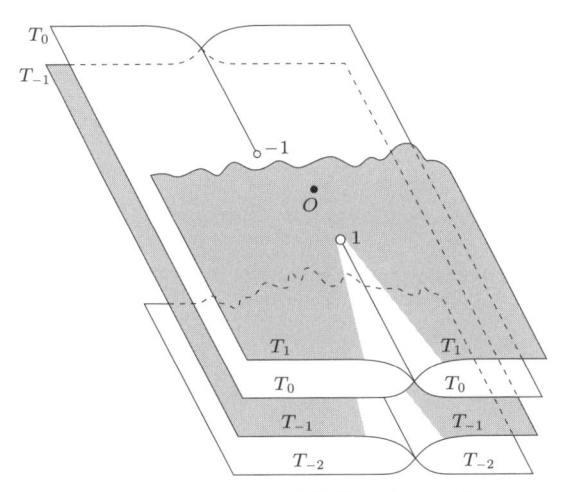

図 3.5 $w = \sin z$ の [逆関数の] リーマン面

問 3.13 余弦関数 $w = \cos z$ の適切な基本集合を 1 つ選び，逆関数 $w = \cos^{-1} z$ の主値を定義せよ．また，この関数のリーマン面を構成せよ．

3.6 対 数 関 数

指数関数 $w = e^z$ の写像としての性質を丁寧に調べれば，その逆関数——実関数の用法を踏襲して $z = \log w$ と書いて**対数関数** (logarithmic function) と呼ぶ——を構成することができる．今回は，z 平面の帯状領域 $S_0 := \{-\pi < \text{Im } z < \pi\}$ を考えるのが 1 つの自然な方法であろう．この帯状領域は負の実軸 $(-\infty, 0] = \{\text{Re } z \leq 0, \text{Im } z = 0\}$ に沿って切れ込みを入れた w 平面 $T_0 := \mathbb{C}_w \setminus (-\infty, 0]$ の上に 1 対 1 に写される．前節と同様に，T_0 と同じものを無限個用意して重ね合

わせ

$$\ldots, T_{-2}, T_{-1}, T_0, T_1, T_2, \ldots$$

とする (図 3.6). T_k の境界のうちの $(-\infty, 0]$ を上から越えるときは T_{k+1} に繋ぎ, $(-\infty, 0]$ を下から越えるときは T_{k-1} に繋ぐことによって, (弧状) 連結な集合ができる. これが指数関数の逆関数のリーマン面である. 葉, 枝などこれまでと同様に定義されるが, この場合の分岐点 $w = 0$ は, そのごく近くを回るとき 2 度と同じ葉には戻らず, これまで考えた平方根や逆 3 角関数などの分岐点とは性質を異にする. 対数関数の分岐点は**対数分岐点** (logarithmic branch point), これまで考察した分岐点は**代数分岐点** (algebraic branch point) と呼ぶ.

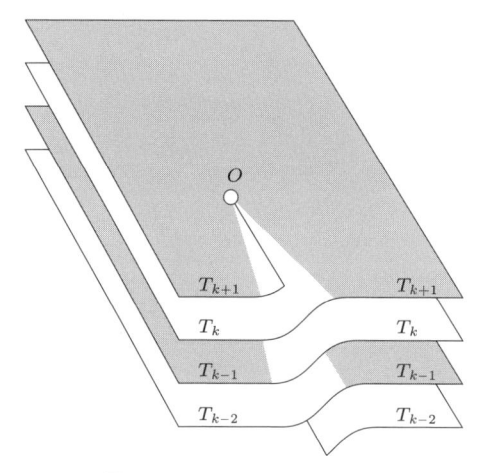

図 3.6 $w = \log z$ のリーマン面

対数関数の具体的な形は $w = e^z$ を z について解くことにより得られる. すなわち, いつものように $z = x + iy, w = u + iv$ とすれば, $|w| = \sqrt{u^2 + v^2} = e^x$, $\arg w = y$ だから $z = \log |w| + i \arg w$ である. したがって実用的には——ただし偏角には十分の注意を払って——次の定義を用いることができる.

定義 3.3 上に述べた w 平面 (の上に拡がったリーマン面) から z 平面への対応を対数関数と呼ぶ. 局所的には $\log w = \log |w| + i \arg w$ によって与えられる.

例 3.10 定義から $\log i = \log |i| + i \arg i = i(1/2 + 2k)\pi$ である $(k \in \mathbb{Z})$.

問 3.14 $\log (1 + i)$ の値のうちで絶対値がもっとも小さいものを求めよ.

対数関数の値を S_0 にのみ制限したものは対数関数の主値と呼び，$\mathrm{Log}\, w$ のように書き表す．しかしわざわざ大文字で始まる記号を使わないで ——たとえば "$\log 1 = 0$" となる (1 価な) 分枝をとる" と表現することによって—— 主値を表すことも多いので注意を要する．見かけは実対数関数と同じ公式が成り立つ：

定理 3.14 $\log(z_1 z_2) = \log z_1 + \log z_2$, $\log(z_1/z_2) = \log z_1 - \log z_2$. ただし，両辺に $2k\pi i \, (k \in \mathbb{Z})$ を加える自由度を許した上での等号である．

例 3.11 任意の点 $z_0 \neq 0$ で対数関数 $w = \log z$ は連続である．より正確にいえば，z_0 の適当な近傍でとった任意の 1 価な分枝は z_0 で連続である．これを示すために勝手な $\varepsilon > 0$ を与える．$\varepsilon < \pi$ と仮定しても何ら差支えはない．さらに，$\theta_0 := \arg z_0$ を 1 つ決める．このとき，不等式 $\delta < \min(|z_0| \sin(\varepsilon/2), |z_0| (1 - e^{-\varepsilon/2}))$ を満たす $\delta > 0$ をとり，複素数 z は不等式 $|z - z_0| < \delta$ を満たすとする．

まず，$\delta < |z_0| \sin(\varepsilon/2) < |z_0|$ であることから円板 $\mathbb{D}(z_0, \delta)$ は原点を含まない．この円板は原点を通過する直線によって定まるある半平面内にあるから，円板内の任意の z に対してはその偏角 $\theta := \arg z$ を，$|\theta - \theta_0| < \pi$ であるように，一意に決めておくことができる．原点と z とを結ぶ直線に z_0 から垂線をおろしその足を z' と書けば，
$$\sin |\theta - \theta_0| = \frac{|z' - z_0|}{|z_0|} \leq \frac{|z - z_0|}{|z_0|} \leq \frac{\delta}{|z_0|} < \sin(\varepsilon/2)$$
であるから，$|\arg z - \arg z_0| < \varepsilon/2$ が成り立つ[*28]．

次に，$x > 0$ に対して成り立つ一般的な不等式 $\sin x < e^x - 1$ に注意しよう．この不等式から $\delta < |z_0| \sin(\varepsilon/2) < |z_0| (e^{\varepsilon/2} - 1)$ が得られるので，
$$\frac{|z|}{|z_0|} \leq \frac{|z - z_0| + |z_0|}{|z_0|} < \frac{\delta}{|z_0|} + 1 < e^{\varepsilon/2} \tag{3.21}$$
であることが分かる．他方で，$\delta < |z_0| (1 - e^{-\varepsilon/2})$ だから
$$\frac{|z|}{|z_0|} \geq \frac{|z_0| - |z - z_0|}{|z_0|} \geq 1 - \frac{\delta}{|z_0|} > e^{-\varepsilon/2} \tag{3.22}$$
である．不等式 (3.21) および (3.22) から $|\log |z| - \log |z_0|| < \varepsilon/2$ を得る．

以上のことより，$|z - z_0| < \delta$ である限り $|\log z - \log z_0| \leq |\log |z| - \log |z_0|| + |\arg z - \arg z_0| < \varepsilon/2 + \varepsilon/2 = \varepsilon$ が成立する．すなわち，対数関数の z_0 における連続性が示された．

問 3.15 3 角関数が指数関数で表されることと指数関数の逆関数は対数関数であることから，逆 3 角関数が対数関数で表されると予想されるであろう．関数 $w = \sin^{-1} z$ についてこの予想を ——特に多価性に注意を払って—— 具体的に確かめよ．

[*28] ここでの偏角の計算は，2π の整数倍の加減を許すものではなく "確定した" 値を用いている．

3.7 べき乗

指数関数と対数関数を用いて，0 ではない複素数 z のべき乗 (power)

$$z^\alpha = e^{\alpha \log z} \tag{3.23}$$

を定義する．今しばらくの間 α は実数とする (α が一般の複素数の場合も，計算は複雑になるが，事情は同様である)．z に対して $\log z$ は 1 つの値ではなく，代表的に 1 つとった値 Λ に $2k\pi i$ を加減することが自由にできた．したがって e の肩にあるのは $\alpha(\Lambda + 2k\pi i) = \alpha\Lambda + 2k\alpha\pi i$ である．指数関数は基本周期が $2\pi i$ であるから，αk が整数であれば指数関数によってこの項が吸収される[*29)]し，整数でなければ吸収は起こらない．α が整数ではない有理数 p/q ($p, q \in \mathbb{Z}$ は互いに素) の場合，$z^{p/q} = (z^{1/q})^p = (z^p)^{1/q}$ であることも分かる (ただし等号は，各辺に相応の複素数を乗じれば等しいという意味である)．

定理 3.15 α が有理数であれば z^α は有限個の異なる値をとるが，α が無理数であれば z^α は無限に多くの異なる値をとる．

例 3.12 $i^{1/3}$ は，べき関数の定義によって (さまざまな) 整数 k を用いて

$$i^{1/3} = \exp\left(\frac{1}{3}\log i\right) = \exp\left[\frac{i}{3}\left(\frac{\pi}{2} + 2k\pi\right)\right] = \exp\left[\left(\frac{\pi}{6} + \frac{2k\pi}{3}\right)i\right]$$

と書けるが，最終項は $\cos(\pi/6 + 2k\pi/3) + i\sin(\pi/6 + 2k\pi/3)$ と書きかえられ，これは $k = 0, 1, 2$ にしたがって $(\sqrt{3} + i)/2, (-\sqrt{3} + i)/2$ および $-i$ を表す．任意の整数 k に対する値はこれら 3 つの場合に帰する (上の方法は定義を確認するために敢えて丁寧に計算していて，実をいうとかなり回りくどい．実際にはもっと単純な方法がある．たとえば，ド・モアヴルの公式を使えば，3 乗根の定義あるいは幾何学的な意味にしたがって容易に計算できる)．

問 3.16 i^i を求めよ．

[*29)] α 自身が整数のときには従来の定義に落ち着く．

本章では馴染み深い実関数を用いて多くの複素関数を拡張的に定義したが，そこで出発点とした実関数はいずれも"式で表現された"微分可能"な関数であり，複素関数への拡張の多くは実変数 x をそのまま複素変数 z に置き換えるもの —— z が実数に退化すれば旧知の実関数に帰するもの —— であった．この考察から予想されるのは，本章で定義したさまざまな複素関数はいずれも"複素変数の関数として微分可能である"ことであろう．この見通しの厳密な確認はしばらく先に送り，次章では別の側面 —— 流体の 2 次元の運動 —— から物理的に意味のある関数として"複素変数の微分可能な関数"が登場する様子を見る．

演 習 問 題

3.1 3 次多項式 $g(z) = z^3$ について例 3.2 と同様の考察を行え．

3.2 メービウス変換の全体は，写像の合成を積と考えることによって，非可換な群をなすことを示せ．単位元，逆元などについても考察せよ．

3.3 メービウス変換の全体はしばしば Möb で記される．Möb は射影特殊線形群 (projective special linear group) $PSL(2,\mathbb{C}) := SL(2,\mathbb{C})/\{\pm I\}$ に同型であることを示せ．ただし，$I = \begin{pmatrix} 1 & 0 \\ 0 & 1 \end{pmatrix}, -I = \begin{pmatrix} -1 & 0 \\ 0 & -1 \end{pmatrix}$ である．

3.4 メービウス変換 $T(z) = (az+b)/(cz+d)$ の不動点の個数と $\tau := a+d$ との間の関係を調べよ．ただし $ad-bc = 1$ とする．τ を T の跡あるいはトレース (trace) と呼ぶ．

3.5 異なる 2 点 $\alpha, \beta \in \mathbb{C}$ を不動点とする（自明ではない）メービウス変換 $z \mapsto w = T(z)$ は適当な $\mu \in \mathbb{C} \setminus \{0,1\}$ を選んで $(w-\alpha)/(w-\beta) = \mu(z-\alpha)/(z-\beta)$ と書けることを示せ．$\beta = \infty$ の場合はどのように考えればよいか．

3.6 前問題の T について，そのトレース τ と μ との関係を調べよ．

3.7 問 3.5 を利用して定理 3.4 を証明せよ．

3.8 $a > 0$ であるとき，円周 $K_{ia} := C(ia, \sqrt{1+a^2})$ の上（あるいは下）半平面内にある円弧 K_{ia}^+（あるいは K_{ia}^-）のジューコフスキー変換による像を求めよ．

3.9 値 $\cos(\pi/6 + i)$ を求めよ．

3.10 双曲線関数に対する加法定理 $\cosh(z_1+z_2) = \cosh z_1 \cosh z_2 + \sinh z_1 \sinh z_2$ および $\sinh(z_1+z_2) = \sinh z_1 \cosh z_2 + \cosh z_1 \sinh z_2$ を示せ．

3.11 関数 $w = \tan^{-1} z$ の $\tan^{-1} 0 = 0$ となる分枝を対数関数を用いて表せ．

3.12 $(-i)^{-i}$ を求めよ．

3.13 $(1+\sqrt{3}i)^{\pi i/\log 2}$ は無限に多くの値をもつこと，それらがすべて実数であることを示せ．また，値として可能な実数を 1 つ挙げよ．

第 4 章
2 次元の流れ

CHAPTER 4

前 3 章において複素関数に関する基本的な知識を得た．本章では平面領域での流れ現象[*1)]を複素数や複素関数を用いて表現し，登場する複素関数が著しい数学的性質——正則性——をもつことを明らかにする．本章は第 10 章への準備でもあるが，正則関数の性質を実体的・歴史的に把握する上でも重要な章である．

4.1 速度場と質量保存則

平面領域[*2)] G における流れを直感的に把握する 1 つの方法は G の各点 P で流体粒子がどのように動こうとするかを記述することであるが，より抽象的にはベクトル場を——すなわち各点 $P \in G$ に対してその点を始点とするベクトル $v = v(P)$ が与えられた状況を——考えればよい．ベクトル $v(P)$ を点 P における**速度** (velocity)，対応 $G \ni P \mapsto v(P)$ を G 上の**速度場** (velocity field)，G を**流れの領域** (flow domain) と呼ぶ[*3)]．

注意 4.1 "流体"，"流れ (の場)"，"速度場" などの語は誤解を招き易い．物理的な響きをもつこれらの言葉が実在する流体の流れを直接的に記述するわけではない；以下での "流体" はいわゆる**完全流体** (perfect fluid)[*4)]を意味する．

(完全流体の) 流れを記述するベクトル場がどのような制限を受けるかを調べるために，平面にデカルト座標系を導入して点 P を座標 (x, y) によって表す．さらに "流れの領域の様子は時間の経過とともに変わることがない" と仮

[*1)] 本章では流体の運動をモデルとしているが，電磁場や熱伝導に言い換えることもできる．
[*2)] もちろん平面全体であってもかまわない．
[*3)] 速度がベクトルであることを強調して "速度ベクトル"，"速度ベクトル場" と呼ぶこともある．また，"流れの領域" の代わりに "流れの場" も用いられる．
[*4)] **理想流体** (ideal fluid) とも呼ばれ**粘性** (viscosity) をもたない流体を意味するが，本章のためには粘性が何かを述べる必要がない．第 10 章で航空機の翼の揚力を論じる際にも ——粘性の意味と影響を折々参考にはするが—— 空気の粘性が無視できることを基本的に用いる．

定する．このような流れは定常的 (steady) と呼ばれる．このとき，速度場は $\boldsymbol{v}(P) = \boldsymbol{v}(x,y) = [p(x,y), q(x,y)]$ と表される．

さて，流れの領域 G 内にあって各辺が x 軸または y 軸に平行な任意の長方形 R を考えて，(単位時間当たりに) R から出入りする流体の質量を測る．具体的に $R = \{(x,y) \mid a < x < b, c < y < d\}$ とし，4 つの頂点を $A(a,c)$, $B(b,c)$, $C(b,d)$, $D(a,d)$ と書く．一般に点 $P(x,y)$ での流体の密度を $\rho(x,y)$ で記すとき，

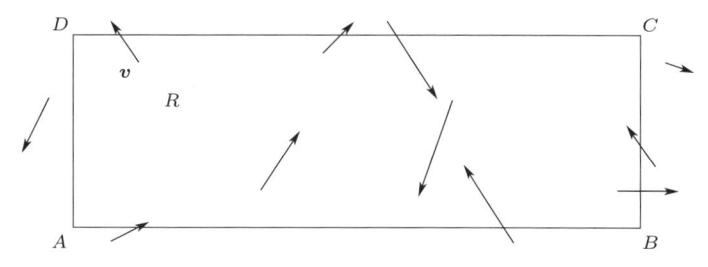

図 4.1 長方形 R を通過する流れ

辺 BC を越えて単位時間当たりに流れ出る流体の質量および辺 AD を越えて (単位時間当たりに) R に流れ入る流体の質量は，それぞれ

$$\int_c^d \rho(b,y) p(b,y) \, dy \qquad \text{および} \qquad \int_c^d \rho(a,y) p(a,y) \, dy$$

で与えられる．残る 2 つの辺 AB および CD についても同じように計算できるから，結局，(単位時間当たりに) R から流れ出る流体の質量は

$$\int_c^d \rho(b,y) p(b,y) \, dy - \int_c^d \rho(a,y) p(a,y) \, dy$$
$$- \int_a^b \rho(x,c) q(x,c) \, dx + \int_a^b \rho(x,d) q(x,d) \, dx$$

で与えられることが分かった．本章では，流体の密度が至るところ同一であると仮定する[*5]．このような流体は**縮まない流体** (incompressible fluid) と呼ばれる．さらに $\rho = 1$ と正規化すると，上の式は

$$\int_c^d (p(b,y) - p(a,y)) \, dy + \int_a^b (q(x,d) - q(x,c)) \, dx \tag{4.1}$$

と書き換えられる．

次に，関数 p, q が G において偏微分可能で偏導関数がすべて連続である[*6]と

[*5] この仮定を満たさない場合については後の注意 4.2 を参照．
[*6] 短く "$\boldsymbol{v}$ は C^1 級である" あるいは "$\boldsymbol{v}$ は連続的微分可能である" とも表現される．

仮定すれば, 微分積分学の基本定理[*7)]によって

$$p(b,y) - p(a,y) = \int_a^b \frac{\partial p}{\partial x}(x,y)\,dx, \qquad c \leq y \leq d \tag{4.2}$$

$$q(x,d) - q(x,c) = \int_c^d \frac{\partial q}{\partial y}(x,y)\,dy, \qquad a \leq x \leq b \tag{4.3}$$

であるから, R の周から単位時間内に流れ出る流体の質量 (4.1) は

$$\iint_R \left(\frac{\partial p}{\partial x}(x,y) + \frac{\partial q}{\partial y}(x,y) \right) dxdy \tag{4.4}$$

であることが分かる[*8)]. (今後は偏微分係数 [あるいは一般に偏導関数] を表す慣用の記号 $p_x(x,y)$, $q_y(x,y)$ なども適宜用いる. 注意：(p が C^2 級であるとき) 2 階偏導関数 p_{xy} は $(p_x)_y$ の意味, すなわち $p_{xy} = \partial/\partial y(\partial p/\partial x) = \partial^2 p/\partial y \partial x$.)

さて, 質量保存則に従う速度場においては (4.4) で与えられる量は任意の R について 0 であるが, このことをより直截的に p, q の言葉で表現しよう. R をどんどん 1 点 (x_0, y_0) に縮めてゆけば, 式 (4.4) の値は——したがってその面積平均もまた——当然 0 に留まるが, 他方でこの面積平均は $p_x(x_0, y_0) + q_y(x_0, y_0)$ に近づくと期待される. 実際, $f(x,y) := p_x(x,y) + q_y(x,y)$ は (x_0, y_0) で連続であるから, 任意に与えられた $\varepsilon > 0$ に対し (x_0, y_0) を中心とする十分小さな半径の円板 D をとれば, 任意の $(x,y) \in D$ について $|f(x,y) - f(x_0, y_0)| < \varepsilon$ が成り立つ. R の面積および f の R 上での面積平均をそれぞれ

$$|R| := \iint_R dxdy, \qquad I_R := \frac{1}{|R|} \iint_R f(x,y)\,dxdy$$

と書くと, R がその周ともども D に含まれる限り,

$$|I_R - f(x_0, y_0)| = \left| \frac{1}{|R|} \iint_R (f(x,y) - f(x_0, y_0))\,dxdy \right|$$

$$\leq \frac{1}{|R|} \iint_R |f(x,y) - f(x_0, y_0)|\,dxdy < \frac{1}{|R|} \cdot \varepsilon |R| = \varepsilon$$

である. 以上のことから

命題 4.1 (縮まない流体の) 流れの速度場 $\boldsymbol{v} = [p, q]$ は次式を満たす：

$$\frac{\partial p}{\partial x} = -\frac{\partial q}{\partial y}. \tag{4.5}$$

[*7)] それぞれ y あるいは x をとめて考える.
[*8)] 繰り返し積分は指定された積分の順序に従って求めるのが本来であるが, 多くの場合その積分順序が交換できて結局は重積分として書ける. この事実を保証する被積分関数や積分域についての条件や主張の正確な証明については, たとえば[2], p.134 あるいは[7], p.36 などを見よ.

一般に，領域 G 上のベクトル場 $\boldsymbol{v}$ が偏微分可能であるとき，G 上の関数
$$\operatorname{div} \boldsymbol{v} := \frac{\partial p}{\partial x} + \frac{\partial q}{\partial y}$$
を $\boldsymbol{v}$ の**発散** (divergence) と呼び，G 上で $\operatorname{div} \boldsymbol{v} = 0$ を満たす $\boldsymbol{v}$ を**管状** (solenoidal)[*9]ベクトル場と呼ぶ．この用語を用いて命題 4.1 を述べれば：

命題 4.2 (縮まない流体の) 流れの速度場は管状ベクトル場である．

今後は，言葉の複雑さと曖昧さを避けるために，ベクトル場のうちで C^1 級でかつ管状なものに限って (流れの) 速度場と呼ぶことにする．

問 4.1 ベクトル場 $\boldsymbol{v}_1 := [-y, x]$, $\boldsymbol{v}_2 := [x+y, x-y]$, および $\boldsymbol{v}_3 := [ax, by]$ ($a, b \in \mathbb{R}$) の発散を求め，流れの速度場になり得ないものを特定せよ．

問 4.2 $p(x,y) = x(x^2+y^2)^\lambda$, $q(x,y) = y(x^2+y^2)^\lambda$ とするとき，穴あき平面 $\mathbb{R} \setminus \{(0,0)\}$ における $\boldsymbol{v} := [p(x,y), q(x,y)]$ が管状ベクトル場であるように実数 λ を選べ．また，選ばれた λ について，ベクトル場 $\boldsymbol{v}$ の概略を図示せよ．

先に行った議論とその結果を次の数学的な形に抽出しておく．

命題 4.3 平面領域 G で連続な関数 $f(x,y)$ について次の 2 つは同値である．
(1) 任意の長方形 $R \subset G$ に対して $\iint_R f(x,y)\,dxdy = 0$.
(2) G 上で恒等的に $f(x,y) = 0$.

[証明] (1) $\Rightarrow$ (2) を背理法を用いて示そう．主張に反して G 内のある点 (x_0, y_0) で $f(x_0, y_0) \neq 0$ であったとする．たとえば $f(x_0, y_0) > 0$ であったとする[*10]．このとき，f が G で連続であるとの仮定から，(x_0, y_0) のある近傍でも $f(x,y) > 0$ が成り立つ[*11]．この近傍内にすっぽりと収まる長方形 R をとると $\iint_R f(x,y)\,dxdy > 0$ となって矛盾．(2) $\Rightarrow$ (1) は明らかである． (証明終)

[*9] 湧き出しなしと呼ばれることもある．質量保存則により流れの領域のどこでも流体が増えたり減ったりすることはない．これが "湧き出しなし" と呼ばれる所以である．しかし，後述する (65 ページの例 4.2 参照) ように，"湧き出し" は "吸い込み" と並んで別個の概念を表し得るので，本書では "管状" を用いる．ソレノイドは管やチューブ状のものを意味する．

[*10] いうまでもなく，負であったとしても以下の議論は並行に進められる．

[*11] この論法は連続性の基本的な性質に基づく．[5], p.43 を参考にされたい．

注意 4.2 本節では計算を簡単にするために早い段階で縮まない流体に限ったが, 流体の密度 ρ が一定ではなくても, 定常的な流れに対しては $\mathrm{div}\,(\rho\boldsymbol{v}) = 0$ であることが分かる. これをオイラーの連続の方程式 (Euler's equation of continuity) と呼ぶ.

さらには, 定常的な流れでない場合にも, 単位時間当たりの ∂R からの流出質量は R での流体質量の時間的減少であることを考えれば,

$$\iint_R \left(\frac{\partial(\rho p)}{\partial x} + \frac{\partial(\rho q)}{\partial y}\right) dxdy = -\frac{d}{dt}\iint_R \rho\, dxdy = -\iint_R \frac{\partial \rho}{\partial t}\, dxdy$$

であるので, 命題 4.3 によって $\partial \rho/\partial t + \mathrm{div}\,(\rho\boldsymbol{v}) = 0$ が得られる.

4.2 渦と湧き出し・吸い込み

流れの領域 G 内の (任意に固定された) 点 $P_0(x_0, y_0)$ に十分近い点 $P(x, y)$ が P_0 の周りに回転するか否かを調べる. 速度を $\boldsymbol{v} = [p, q]$ と書けば, 点 P が点 P_0 に対してもつ相対的な速度は $\Delta\boldsymbol{v} := \boldsymbol{v}(x, y) - \boldsymbol{v}(x_0, y_0) = [\Delta p, \Delta q]$ である ; ただし $\Delta p := p(x, y) - p(x_0, y_0)$, $\Delta q := q(x, y) - q(x_0, y_0)$. 点 P_0 と点 P を両端とする (仮想的な短い) 棒を考える (図 4.2). 棒が実軸となす傾きが θ であったとする.

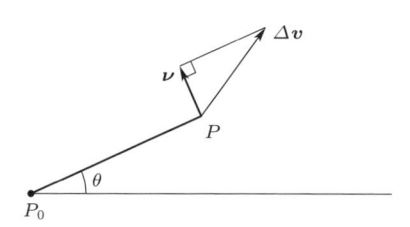

図 4.2 流れの中に置かれた短い棒の回転

反時計回りを正の方向と定めると, $\Delta\boldsymbol{v}$ の棒に垂直な成分は, 棒に垂直な単位ベクトル $\boldsymbol{\nu} := [-\sin\theta, \cos\theta]$ を用いて

$$\Delta\boldsymbol{v}\cdot\boldsymbol{\nu} = -\Delta p\sin\theta + \Delta q\cos\theta \tag{4.6}$$

と計算される. ここで $\Delta p, \Delta q$ を (x_0, y_0) でテイラー展開する ; 簡単のために

$$A := p_x(x_0, y_0),\ B := p_y(x_0, y_0);\ C := q_x(x_0, y_0),\ D := q_y(x_0, y_0)$$

とおいて $r := \sqrt{(x-x_0)^2 + (y-y_0)^2}$ に関する 2 次以上の項を無視すれば,

$$\Delta p = A(x-x_0) + B(y-y_0) = r(A\cos\theta + B\sin\theta) \tag{4.7}$$

$$\Delta q = C(x-x_0) + D(y-y_0) = r(C\cos\theta + D\sin\theta) \tag{4.8}$$

と書ける．棒が (反時計回りに) 回転する角速度[*12]は，(4.7) および (4.8) を (4.6) に代入してさらに r で割った

$$\Omega(\theta) := C\cos^2\theta + (D - A)\sin\theta\cos\theta - B\sin^2\theta \qquad (4.9)$$

である．したがって，点 P_0 の周りの平均角速度は

$$\frac{1}{2\pi}\int_0^{2\pi}\Omega(\theta)\,d\theta = \frac{1}{2}(C - B) = \frac{1}{2}\{q_x(x_0, y_0) - p_y(x_0, y_0)\} \qquad (4.10)$$

であることが分かる．こうして次の定理が証明された．

定理 4.4 平面領域 G 上の速度場 $\boldsymbol{v} = [p, q]$ においては，点 $(x_0, y_0) \in G$ を中心とした回転運動の平均角速度は $(q_x(x_0, y_0) - p_y(x_0, y_0))/2$ である．

例 4.1 上半平面 $\mathbb{H}$ における速度場 $\boldsymbol{v}(x, y) = [y, 0]$ の点 $(x, y) \in \mathbb{H}$ での回転平均角速度は $-1/2(\neq 0)$ である．このベクトル場の概念図 (図 4.3) を描けば流れがどこかの点をぐるぐると回っているようには思えないであろう．実際，上の考察は点 P_0 がどのような運動をしているかは問題にしていなかった (問 4.9，問 4.10 なども参照)．

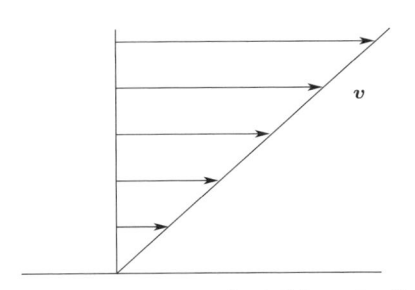

図 **4.3** 上半平面における非回転的なベクトル場

定理 4.4 に基づき，ベクトル $\boldsymbol{\omega} := (q_x - p_y)\boldsymbol{k}$ を点 (x_0, y_0) における渦度 (vorticity) と呼ぶ[*13]．流れの領域のどの点でも $\boldsymbol{\omega} = \boldsymbol{O}$ である流れは非回転的 (irrotational)[*14]と呼ばれる．

[*12)] θ の時間微分のこと．その r 倍は棒の先端が動く速さに等しい．
[*13)] $\boldsymbol{k}$ については 7 ページ参照．
[*14)] 渦なし (vortex-free) と呼ばれることも多い．しかし，"湧き出しなし"を——例 4.2 で登場する語との関連で——避けて"管状"を用いたように，"渦なし"もまた避けて"非回転的"と呼ぶことにしよう．"湧き出しなし"や"渦なし"において「なし」と表現されているものは (言葉の上では)"湧き出し"や"渦"であるが，これらは例 4.2 で定義する"渦"や"湧き出し" (あるいは"吸い込み") とは異なる概念である．実際，速度場 [の各成分] は前者では [偏] 微分可能であるのに対し，後者においては連続ですらない．

定理 4.5 平面領域 G での縮まない流体の非回転的な速度場 $\boldsymbol{v} = [p, q]$ は，G において等式 (4.5) に加えて次の等式も満たす[*15]：

$$\frac{\partial q}{\partial x} = \frac{\partial p}{\partial y}. \tag{4.11}$$

前節における (4.2), (4.3) から 2 重積分 (4.4) への変形を思い起こせば容易に

命題 4.6 平面領域 G 上の非回転的な流れ $\boldsymbol{v} = [p, q]$ は，その周も内部も完全に G に含まれる任意の長方形 R について次式を満たす．

$$\int_{\partial R} p(x,y)\, dx + q(x,y)\, dy = 0. \tag{4.12}$$

式 (4.12) の右辺および式 (4.1) に関連して次の定義をおく．領域 G 上のベクトル場 $\boldsymbol{v} = [p, q]$ と (区分的に C^1 級の) 単純閉曲線 γ に対し，線積分[*16]

$$\int_\gamma p\, dx + q\, dy = \int_\gamma \boldsymbol{v} \cdot \boldsymbol{t}\, ds, \qquad \int_\gamma -q\, dx + p\, dy = \int_\gamma \boldsymbol{v} \cdot \boldsymbol{n}\, ds \tag{4.13}$$

は閉曲線 γ に沿う**循環** (circulation) ならびに閉曲線 γ を横切る**流束**あるいは**フラックス** (flux) と呼ばれる．ここで，$\boldsymbol{t}$ は γ の単位接ベクトル，$\boldsymbol{n}$ は γ の (γ を左から右へと横切る) 単位法線ベクトル，また ds は長さの要素である．

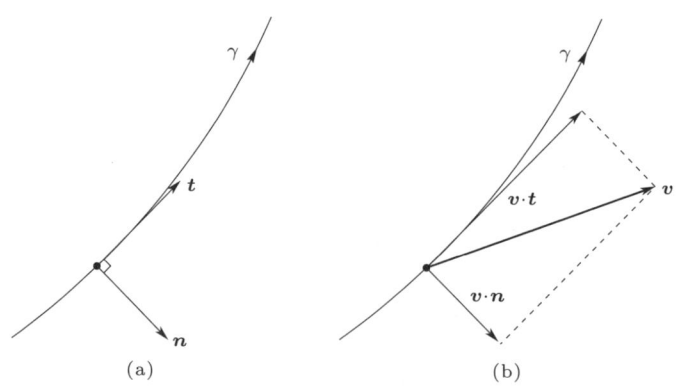

図 4.4 (a) 平面曲線の単位接ベクトル $\boldsymbol{t}$ と単位法線ベクトル $\boldsymbol{n}$．(b) 速度 $\boldsymbol{v}$ の分解

命題 4.7 平面領域 G の流れ $\boldsymbol{v}$ が非回転的であるならば，G 内にあって G の部

[*15] (4.5) と (4.11) を併せた偏微分方程式系をときにダランベール・オイラーの関係式 (d'Alembert–Euler relations) と呼ぶことがある．J. R. d'Alembert (1717–1783).

[*16] 線積分については既知としてよいであろうが，[7], p.56 などを参照することもできる．

分領域を囲む*17)任意の円周 γ に沿う循環は 0 である.

問 4.3 問 4.1 の $\boldsymbol{v}_1, \boldsymbol{v}_2, \boldsymbol{v}_3$ について,単位円周 C に沿う循環を求めよ.また,C を横切る流束を求めよ.

重要な概念を記述する例を 2 つ述べてこの節を終える.

例 4.2 $G := \mathbb{R}^2 \setminus \{(0,0)\}$ 上の非回転的な管状ベクトル場 $\boldsymbol{v} = [p, q]$ は各点 (x, y) において位置ベクトル $\boldsymbol{r} = [x, y] = [r\cos\theta, r\sin\theta]$ に平行とする.速さ $\sigma(r, \theta) := \|\boldsymbol{v}\|$ を用いれば $p = \sigma(r,\theta)\cos\theta$, $q = \sigma(r,\theta)\sin\theta$ と書けるから,
$$p_x = \sigma_r \cos^2\theta - \frac{\sigma_\theta}{r}\cos\theta\sin\theta + \frac{\sigma}{r}\sin^2\theta,$$
$$q_y = \sigma_r \sin^2\theta + \frac{\sigma_\theta}{r}\cos\theta\sin\theta + \frac{\sigma}{r}\cos^2\theta,$$
となる.管状であるとの仮定から $0 = \mathrm{div}\,\boldsymbol{v} = \sigma_r + \sigma/r$ を得るが,これより $\sigma(r,\theta) = k(\theta)/r$ であることが分かる.非回転的であることからも同様にして $\sigma_\theta(r,\theta)/r = 0$, すなわち $k(\theta)$ が定数 k であることが分かる.したがって
$$p = \frac{k}{r}\cos\theta = \frac{kx}{x^2+y^2}, \qquad q = \frac{k}{r}\sin\theta = \frac{ky}{x^2+y^2}$$
と書ける.このとき,反時計回りに回る円周 $C(0, R)$ を横切る流束は
$$\int_{C(0,R)} -q\,dx + p\,dy = \int_0^{2\pi}\left[-\frac{k\sin\theta}{R}(-R\sin\theta) + \frac{k\cos\theta}{R}(R\cos\theta)\right]d\theta = 2\pi k$$
である.

上の例における原点を,k が正であるか負であるかにしたがって**湧き出し** (source) あるいは**吸い込み** (sink) と呼び,$|k|$ をその**強さ** (strength) と呼ぶ (図 4.5).$\boldsymbol{v}$ は G の各点で $\mathrm{div}\,\boldsymbol{v}=0$ を満たすが,原点では微分可能でないから発散を考えることはできない*18).湧き出しあるいは吸い込みの強さは $C(0, R)$ を横切る流束の大きさによって測ることができる.

例 4.3 G, $\boldsymbol{v}$, $\boldsymbol{r}$ および σ は例 4.2 と同様とする.もしも $\boldsymbol{v}$ が G の各点において $\boldsymbol{r}$ に垂直であるならば,$p = -\sigma(r,\theta)\sin\theta$, $q = \sigma(r,\theta)\cos\theta$ と書けるから,例 4.2 と同様の議論によって $\sigma = k/r$ ($k \in \mathbb{R}$) であることが,すなわち

---

*17) γ を境界とする閉円板が G に含まれること (21 ページ参照).
*18) したがって,湧き出しや吸い込みは流れの領域には属さない点であるが,便宜上 "特異点" として領域に含めることもある.

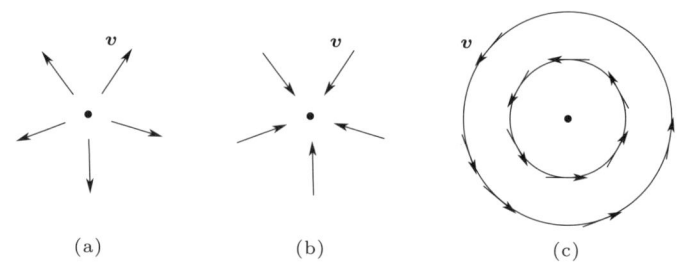

図 4.5 (a) 湧き出し，(b) 吸い込み，(c) 渦

$$p = -\frac{k}{r}\sin\theta = \frac{-ky}{x^2+y^2}, \qquad q = \frac{k}{r}\cos\theta = \frac{kx}{x^2+y^2}$$

と書けることが分かる．このとき，$C(0,R)$ に沿う循環は次式で与えられる：

$$\int_{C(0,R)} p\,dx + q\,dy = \int_0^{2\pi}\left[-\frac{k\sin\theta}{R}(-R\sin\theta) + \frac{k\cos\theta}{R}(R\cos\theta)\right]d\theta = 2\pi k.$$

例 4.3 における流れ v は原点に渦 (vortex) をもつという．渦の強さは $C(0,R)$ に沿う循環の大きさによって測られる．G の各点で渦度は $\boldsymbol{O}$ であるが，原点では v は微分可能でないから $\boldsymbol{\omega}$ を考えることはできない．湧き出しや吸い込みの場合と同じく原点は流れの特異点である．

4.3 速度ポテンシャルと流れ関数

流れの領域 G の中に点 $P_0(x_0,y_0)$ を1つ固定するとき，P_0 を中心とする十分小さな半径 (>0) の円板 D_{P_0} は，その周ともども，G に完全に含まれる．任意の点 $P_1(x_1,y_1) \in D_{P_0}$ に対して2つの定積分

$$I_1 := \int_{x_0}^{x_1} p(x,y_0)\,dx + \int_{y_0}^{y_1} q(x_1,y)\,dy,$$

$$I_2 := \int_{y_0}^{y_1} q(x_0,y)\,dy + \int_{x_0}^{x_1} p(x,y_1)\,dx$$

を考える．これらの差 $I_1 - I_2$ は，4点 $(x_0,y_0),(x_1,y_0),(x_1,y_1),(x_0,y_1)$ で作られる長方形 R の周に沿う線積分であるから，流れが G で非回転的であるとの仮定があれば0に等しい．したがって，I_1, I_2 に共通の値が得られるが，さらに (x_1,y_1) を D_{P_0} 内で動かせばその上の関数 $u(x,y)$ が得られる．

十分小さい実数 h に対し，I_2 に積分学の平均値の定理を適用して

$$\frac{u(x_1+h,y_1)-u(x_1,y_1)}{h} = \frac{1}{h}\int_{x_1}^{x_1+h} p(x,y_1)\,dx = p(x_1+\xi h,y_1)$$

を満たす ξ ($0 < \xi < 1$) を見つけることができる．ここで $h \to 0$ とした極限を考えれば，u が x について偏微分可能で $u_x(x_1, y_1) = p(x_1, y_1)$ であることが分かる．積分 I_1 を用いて同様の議論を行なえば，u が y について偏微分可能で $u_y(x_1, y_1) = q(x_1, y_1)$ であることが分かる．

上で示したことは，領域 G の各点 (x_0, y_0) を中心とする小さな開円板 D_{P_0} 内では1回偏微分可能な関数 u が構成できることおよびその関数が $u_x = p$, $u_y = q$ を満たすことであって，G 全体については何ら言及していない．そもそも $P_0(x_0, y_0)$ から G の任意の点 $P_1(x_1, y_1)$ に至るまで G 内を通る高々2つの線分からなる折れ線で I_1 や I_2 のような積分が考えられるとは限らない．しかしこれら2つの型の混合した積分は可能であろう：点 P_1 が点 P_0 から遠く離れていても G 内を走る階段状の折れ線でこれら2点をつなぐことはできる．その際，この種の2つの折れ線が十分近ければ，最終的に得られる値は同一であることが上の議論から分かる (命題 4.6 参照)．問題となるのは2つの折れ線が十分近いとは判断できない場合であるが，一方を G 内で徐々に ——階段状の折れ線であることを保ったまま—— 変形して他方に一致するようにできるときには最終的な値は同じである．

始点と終点が同じである任意の2つの階段状の折れ線が G 内で徐々に変形されて互いに近づくとき (図 4.6)，領域 G は**単連結** (simply connected) であるといわれる．G が単連結であることは G に穴があいていないことを意味する[*19)].

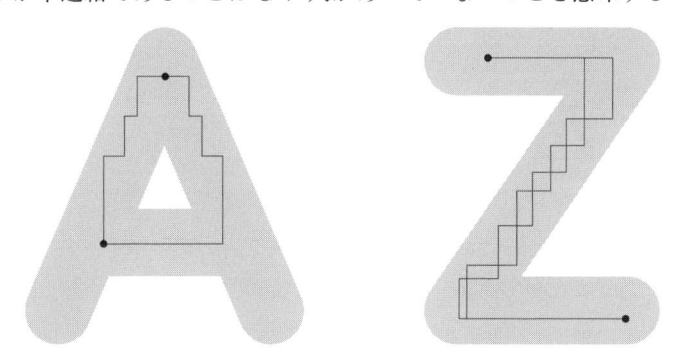

図 4.6 2点を結ぶ折れ線が領域内で変形可能でない例 (A) と変形可能な例 (Z)

命題 4.8 単連結領域 G 上の非回転的な速度場 $\boldsymbol{v} = [p, q]$ に対して，
$$\frac{\partial u}{\partial x} = p, \qquad \frac{\partial u}{\partial y} = q \tag{4.14}$$

[*19)] ここで言う "穴" はただ1点からなる場合も含む．

および
$$\frac{\partial v}{\partial x} = -q, \qquad \frac{\partial v}{\partial y} = p \qquad (4.15)$$
を満たす G 上の関数 u, v が存在する.

[証明] 前半はすでに証明した. 後半も同様に示される. (証明終)

関数 u は速度の積分に相当するものなので,これを**速度ポテンシャル** (velocity potential) と呼ぶ. また, v を**流れ関数** (stream function) と呼ぶ. これらの関数には定数を加減する任意性が常にある. 速度ポテンシャル u は——定数の選び方には関係なく—— 2 階偏微分方程式
$$\frac{\partial^2 u}{\partial x^2} + \frac{\partial^2 u}{\partial y^2} = 0 \qquad (4.16)$$
を満たす[20]. 実際,命題 4.2 によって $u_{xx} + u_{yy} = p_x + q_y = 0$ が成り立つ. 流れ関数 v もまた同じ方程式を満たす: $v_{xx} + v_{yy} = (-q)_x + p_y = 0$.

一般に,方程式 (4.16) は**ラプラス**[21]**の方程式** (Laplace's equation) と呼ばれ,数学においても物理学においても重要な方程式の 1 つである. ラプラスの方程式を満たす C^2 関数を**調和関数** (harmonic function) と呼ぶ. また,
$$\triangle := \frac{\partial^2}{\partial x^2} + \frac{\partial^2}{\partial y^2} \qquad (4.17)$$
を**ラプラス作用素**,**ラプラシアン** (Laplacian) などと呼ぶ.

問 4.4 平面上の関数 $u_1(x,y) = x^2 - y^2$ は調和関数であるが関数 $u_2(x,y) = x^2 + y^2$ は調和関数ではないことを示せ. 関数 $u_3(x,y) = xy$ はどうか.

命題 4.9 単連結領域 G における非回転的な速度場の速度ポテンシャルおよび流れ関数は G で 1 価調和である.

例 4.4 原点を含まない任意の開円板 G 上のベクトル場 $(x,y) \to [-y/(x^2+y^2), x/(x^2+y^2)]$ は管状ベクトル場である (問 4.2 参照). 直接的な計算から分かるように非回転的でもある. G 上での速度ポテンシャルは $\tan^{-1}(y/x) + \text{const.}$ であって,これは G 上で 1 価調和な関数である. 同様に, G 上の速度場 $(x,y) \to [x/(x^2+y^2), y/(x^2+y^2)]$ の流れ関数は G で調和な $\tan^{-1}(y/x) + \text{const.}$ である.

---

[20] 60 ページの仮定 "v は C^1 級" により u は C^2 級である.
[21] P. S. de Laplace (1749–1827).

上の例における2つの速度場は $\mathbb{R}^2 \setminus \{(0,0)\}$ で考えられるが，速度ポテンシャルや流れ関数は $\mathbb{R}^2 \setminus \{(0,0)\}$ においては1価ではなく多価な関数である[*22)]．これまでは u や v を流れの領域全体で1価な関数として定めるために単連結な領域に限った．一般な領域においては，上の例が示すように，u や v は（通常の1価関数としては）"局所的に" 存在するだけで領域全体では多価関数であるが，その場合でも "速度ポテンシャル" あるいは "流れ関数" の呼称を使い続け，次のような表現を許容する[*23)]．

定理 4.10 非回転的な速度場の速度ポテンシャル，流れ関数は調和関数である．

速度ポテンシャルあるいは流れ関数の等高線をそれぞれ**等ポテンシャル線** (equipotential line)，**流線** (stream line, streamline) と呼ぶ．速度 $\boldsymbol{v}$ が $\boldsymbol{0}$ となる点を**淀み点** (stagnation point) と呼ぶ．淀み点が互いに孤立する ——1つの淀み点の十分近くには他の淀み点が現れない—— ことや淀み点ではない点を通ってただ1本の流線が引けることなどの正確な証明は第9章で述べることとし，ここでは直観的に議論を進めよう．

定理 4.11 淀み点を除いた領域内の各点で流線と等ポテンシャル線とは直交する．流体は，淀み点を除いた領域内を流線に沿って，しかも速度ポテンシャルが増大する方向に，流れる．

[証明] 淀み点ではない点では $p^2 + q^2 \neq 0$ である．等ポテンシャル線 $u(x,y) =$ const. に沿っては $0 = du = p\,dx + q\,dy$ であるから等ポテンシャル線 (の接ベクトル) はベクトル $[p,q]$ に直交する．同様に，流線 $v(x,y) =$ const. は $[-q,p]$ に直交する．$[p,q]$ と $[-q,p]$ とは直交するから，等ポテンシャル線と流線とは直交し，$\boldsymbol{v} = [p,q]$ は流線に平行である．時刻 t における速度ポテンシャルの値は $u(x(t),y(t))$ であるが，$u(x(t_2),y(t_2)) - u(x(t_1),y(t_1))$ は

$$\int_{t_1}^{t_2} \frac{du(x(t),y(t))}{dt}\,dt = \int_{t_1}^{t_2} \left(\frac{\partial u}{\partial x}\frac{dx}{dt} + \frac{\partial u}{\partial y}\frac{dy}{dt}\right) dt = \int_{t_1}^{t_2} (pp + qq)\,dt$$

と書き直せて[*24)]しかも最終辺の被積分関数は正である．したがって，$t_2 > t_1$ の

[*22)] 1価関数および多価関数については 41 ページの脚注を参照．
[*23)] 多価関数とはいっても局所的には定数差を除いて定まり，しかもラプラシアンの下で定数差は消滅するから調和性が矛盾無く定義される．
[*24)] 速度の定義：$dx/dt = p, dy/dt = q$．

とき $u(x(t_2),y(t_2)) - u(x(t_1),y(t_1))$ は正である. (証明終)

4.4 複素速度と複素速度ポテンシャル

流体力学の概念として得られた2つの関数 u,v は数学的にみても著しい性質をもっている. まず,実解析学において学んだように, u,v の差分 $\Delta u, \Delta v$ は

$$\sqrt{(\Delta x)^2 + (\Delta y)^2} \to 0 \quad \text{のとき} \quad \frac{\varepsilon_k}{\sqrt{(\Delta x)^2 + (\Delta y)^2}} \to 0$$

を満たす $\varepsilon_k = \varepsilon_k(x,y;\Delta x,\Delta y)\,(k=1,2)$ を用いて

$$\Delta u = p(x,y)\Delta x + q(x,y)\Delta y + \varepsilon_1, \tag{4.18}$$

$$\Delta v = -q(x,y)\Delta x + p(x,y)\Delta y + \varepsilon_2 \tag{4.19}$$

と書き表される. ここで $\varepsilon := \varepsilon_1 + i\varepsilon_2$ とおき,さらに $\Delta z = \Delta x + i\Delta y$ に注意すれば, 複素関数

$$\Phi = u + iv \tag{4.20}$$

の差分 $\Delta \Phi = \Phi(x+\Delta x, y+\Delta y) - \Phi(x,y) = \Delta u + i\Delta v$ は

$$\Delta \Phi = [p(x,y) - iq(x,y)]\Delta x + [q(x,y) + ip(x,y)]\Delta y + (\varepsilon_1 + i\varepsilon_2)$$

$$= [p(x,y) - iq(x,y)]\Delta x + i[p(x,y) - iq(x,y)]\Delta y + \varepsilon$$

$$= [p(x,y) - iq(x,y)]\Delta z + \varepsilon$$

となる. ところが,

$$\left|\frac{\varepsilon}{\Delta z}\right| = \frac{\sqrt{\varepsilon_1^2 + \varepsilon_2^2}}{\sqrt{(\Delta x)^2 + (\Delta y)^2}} \leq \frac{|\varepsilon_1|}{\sqrt{(\Delta x)^2 + (\Delta y)^2}} + \frac{|\varepsilon_2|}{\sqrt{(\Delta x)^2 + (\Delta y)^2}}$$

であるから, $\Delta z \to 0$ のとき $|\varepsilon/\Delta z| \to 0$ である. したがって

$$\lim_{\Delta z \to 0} \frac{\Delta \Phi}{\Delta z} = p(x,y) - iq(x,y) \tag{4.21}$$

である[*25]. 式 (4.21) は次の主張の妥当性を示唆する:複素関数 Φ は複素変数 z によって微分可能でその導関数は $p - iq$ である. すなわち次式が成り立つ.

$$\frac{d\Phi}{dz} = p - iq. \tag{4.22}$$

注意 4.3 上の議論では,流体力学から数学への橋を架けるために,"複素変数によって微分可能" とか "その導関数" などを微分学発祥の時点でのごく直観的な意味合いの

[*25] 極限値が存在して右辺で与えられること.

ものとして用いている．これらの厳密な定義と確認，意味付けなどは複素関数論の出発点ともいうべきものであるが，それらは次々章であらためて述べる．

次の定義は式 (4.22) に物理的・数学的な意味づけを与える：

定義 4.1 速度 $\boldsymbol{v} = [p, q]$ に対し関数

$$\varphi = p - iq \tag{4.23}$$

を**複素速度** (complex velocity) と呼び，(4.20) で定義された関数 Φ を**複素 [速度] ポテンシャル** (complex [velocity] potential) と呼ぶ．

私たちが ——注意 4.3 に述べた意味で—— 示したことは

定理 4.12 平面領域における非回転的な速度場においては，複素速度ポテンシャルは複素変数 $z = x + iy$ によって微分することができて，その導関数は複素速度である[*26]．

さらに，先ほどと類似の変形を行えば[*27]，$d\varphi = dp - idq$ は

$$(p_x dx + p_y dy) - i(q_x dx + q_y dy) = p_x(dx + idy) + p_y(dy - idx)$$
$$= (p_x - ip_y)dz$$

と書き直せることも分かる．すなわち，

定理 4.13 非回転的な速度場においては，複素速度 $\varphi = p - iq$ もまた複素変数 z の微分可能な関数である．

容易に確かめられるように，速度ポテンシャル u と流れ関数 v の間には

$$\frac{\partial u}{\partial x} = \frac{\partial v}{\partial y}, \qquad \frac{\partial u}{\partial y} = -\frac{\partial v}{\partial x} \tag{4.24}$$

が成り立つ．これを**コーシー・リーマンの関係式** (Cauchy-Riemann relations) と

[*26)] すなわち，前節において"速度ポテンシャル"が"速度のポテンシャル"であったのと同じ意味で，"複素速度ポテンシャル"は文字通り"複素速度のポテンシャル"である．
[*27)] こんどは差分を計算して極限をとる代わりに (練習の意味合いをこめて) 最初から微分を用いて計算してみよう．困難を感じる読者は先ほどの議論を繰り返すことによって同じ結果に到達できることを確かめられたい．

呼ぶ．関係式 (4.24) は，見かけは速度 $[p, q]$ について示されたダランベール・オイラーの関係式 ((4.5) と (4.11)) に本質的に同じで，しかも半世紀以上も遅れて登場したものではあるが，現代の数学ではもっぱら "コーシー・リーマンの関係式" という語が用いられる．一般に，2 つの調和関数 u, v がコーシー・リーマンの関係式を満足するとき，v を u の共役 (conjugate) 調和関数と呼び，u^* で書き表す．v の共役調和関数は $-u$，すなわち $(u^*)^* = -u$ である．

命題 4.14 流れ関数は速度ポテンシャルの共役調和関数である．

これまでに得た結果の逆ともいえる次の定理は明らかであろう．

定理 4.15 領域 G 上の調和関数 u とその共役調和関数 v に対して $\Phi := u + iv$ は G 上の (縮まない流体の) 非回転的な流れの複素速度ポテンシャルを表す．この流れの速度場は $(x, y) \to [u_x, u_y]$ で与えられる．

注意 4.4 速度の 2 つの成分 p, q を用いて複素関数を作る際に $p + iq$ ではなく $\varphi = p - iq$ とおいたことは一見不自然に見えるが，この定義によって $\varphi = p + i(-q)$ の実部と虚部もまたコーシー・リーマンの関係式を満たすことになる．

4.5 典型的な流れの例

しばらく一般論から離れ，典型的な流れの速度場，等ポテンシャル線や流線の形状，複素速度，複素速度ポテンシャルなどをさまざまな方法で調べ，流れの具体的な様子を理解しながら第 10 章への準備をしよう．

例 4.5 速度ポテンシャルが定数関数の場合．流れの領域の全体で $p = q = 0$ であるから，流体は静止している．

例 4.6 $G = \mathbb{C}$ で速度ポテンシャルが $u(x, y) = ax + by$ ($a, b \in \mathbb{R}$, $a^2 + b^2 \neq 0$) のとき，速度はいたるところ $[a, b]$ に等しい．このような流れは**一様流** (uniform flow) と呼ばれる．等ポテンシャル線は直線 $ax + by = c'$ である．流れ関数 v は $v_x = -b$, $v_y = a$ で定義されたから，$v(x, y) = -bx + ay$ となり[*28)]，流線は直線 $-bx + ay = c''$ であ

[*28)] 定数を加える自由度はあるが，流線を考える際には無視してよいであろう．

る．複素速度は $a-ib$, 複素速度ポテンシャルは $(ax+by)+i(-bx+ay)=(a-ib)z$ である．図 4.7(a) にも示すように，どの等ポテンシャル線も任意の流線に直交する．流体は流線に沿って矢印で示される方向に流れる．

例 4.7 $G=\mathbb{C}$ かつ速度ポテンシャルが $u(x,y)=x^2-y^2$ であるとき，速度場は $\mathbb{C} \ni (x,y) \mapsto [2x,-2y]$ であって，このベクトル場は図 4.7(b) のようになる．複素速度は $2x+2iy=2z$ である．また，流れ関数は $v(x,y)=2xy$ となるから，複素速度ポテンシャルは $u+iv=(x^2-y^2)+2xyi=z^2$ である．等ポテンシャル線は定義から $x^2-y^2=c'$ であり，これは直角双曲線あるいは直線 $x+y=0$, $x-y=0$ である．流線は $xy=c''$ で定義されるので，c'' が 0 であるかどうかにしたがって，直角双曲線あるいは座標軸である．任意の等ポテンシャル線と任意の流線が互いに直交する．この例は，たとえば第 1 象限の中で，座標軸を壁とする流れを記述している．

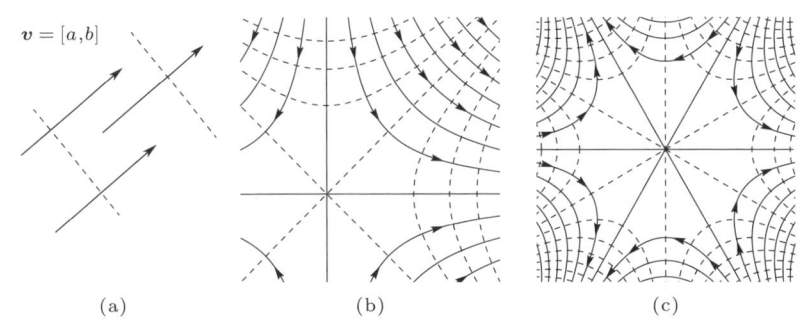

図 4.7 等ポテンシャル線 (破線)，流線 (実線) および速度場 (矢)——(a) $u(x,y)=ax+by$, (b) $u(x,y)=x^2-y^2$, (c) $u(x,y)=x^3-3xy^2$

例 4.8 速度場を実定数倍する操作は自然に定義されるが，与えられた複素速度ポテンシャルの i 倍を新たな複素速度ポテンシャルと見ることもできる．関数 $u(x,y)=2xy$ を速度ポテンシャルとする $\mathbb{C}$ 上の流れの速度場は $[2y,2x]$, 流れ関数 v は $v(x,y)=-x^2+y^2$ である．上の例における等ポテンシャル線と流線の役割が入れ替わる．

問 4.5 例 4.8 における流れを，例 4.7 にならって調べよ．

2 つの速度場 $\boldsymbol{v}_1, \boldsymbol{v}_2$ から，各点でのベクトルの和を考えることによって，$\boldsymbol{v}_1, \boldsymbol{v}_2$ の重ね合わせ (superposition) と呼ばれる新しい流れ $\boldsymbol{v}_1+\boldsymbol{v}_2$ が生み出される．この新しい流れの速度ポテンシャル (あるいは流れ関数) は $\boldsymbol{v}_1, \boldsymbol{v}_2$ それぞれの速度ポテンシャル (あるいは流れ関数) の和である．

例 4.9 一般に x,y の 3 次同次実多項式 u は実数 $\alpha,\beta,\gamma,\delta$ を用いて $u(x,y)=\alpha x^3+\beta x^2 y+\gamma xy^2+\delta y^3$ と書けるが,これを速度ポテンシャルとする流れを考察しよう.まず,$u(x,y)$ が調和関数であることが必要であるから $0=\triangle u=(6\alpha x+2\beta y)+(2\gamma x+6\delta y)=(6\alpha+2\gamma)x+(2\beta+6\delta)y$,すなわち $\gamma=-3\alpha,\beta=-3\delta$ を得る.すなわち速度ポテンシャルとしての一般形は $u(x,y)=\alpha(x^3-3xy^2)+\delta(y^3-3x^2y)$ $(\alpha,\delta\in\mathbb{R})$ である.したがって,2 つの速度ポテンシャル $u_1(x,y):=x^3-3xy^2$, $u_2(x,y):=y^3-3x^2y$ を独立に考察して重ね合わせればよい.前者について考えよう.等ポテンシャル線は $x^3-3xy^2=c\,(\text{const.})$ によって定義される曲線であるが,これは $c=0$ である場合には著しく簡単になる:$x(x^2-3y^2)=0$ から,原点を通る 3 つの直線 $x=0, x\pm\sqrt{3}y=0$ が得られる.一般の c に対して等ポテンシャル線を見出すために,極座標系を用いて $x=r\cos\theta, y=r\sin\theta$ を代入すれば $r^3(\cos^3\theta-3\cos\theta\sin^2\theta)=c$ すなわち $r^3\cos 3\theta=c$ を得る.したがって等ポテンシャル線は図 4.7(c) のようになる.

問 4.6 例 4.9 で考えた $u_2(x,y):=y^3-3x^2y$ を速度ポテンシャルとする流れの等ポテンシャル線,流線を描け.

問 4.7 例 4.9 の複素速度と複素速度ポテンシャルを $z=x+iy$ を用いて表せ.

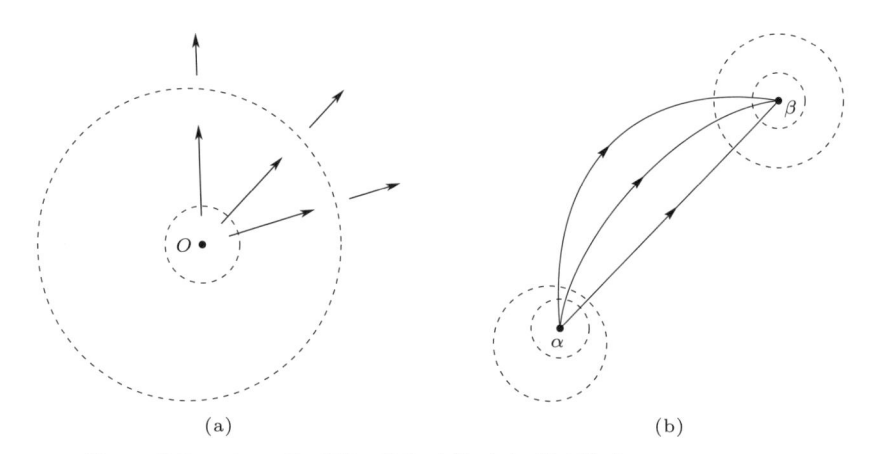

図 4.8 等ポテンシャル線 (破線),流線 (実線) および速度場 (矢)——(a) $u(x,y)=\log|z|$, (b) $u(x,y)=\log|(z-\alpha)/(z-\beta)|$ $(z=x+iy)$

例 4.10 原点に湧き出しあるいは吸い込みをもつ非回転的な流れは,例 4.2 で見たように,本質的には (定数 k を 1 と正規化して) 速度場が $[x/(x^2+y^2), y/(x^2+y^2)]$ で与えられた.その速度ポテンシャルは $\log\sqrt{x^2+y^2}=\log|z|$ であり,流れ関数は多価関数 $\arg z$ である.複素速度は $(x-iy)/(x^2+y^2)=1/z$,複素速度ポテンシャルは

$\log|z| + i\arg z = \log z$ である[*29].

例 4.11 異なる 2 点 $\alpha, \beta \in \mathbb{C}$ に同じ強さ 1 の湧き出しと吸い込みをもつ非回転的な速度場の速度ポテンシャルは，例 4.10 と重ね合わせの原理によって $u(x,y) = \log|(z-\alpha)/(z-\beta)|$ であり，等ポテンシャル線はいわゆるアポロニウスの円[*30]である．

例 4.12 $a > 0$ とする．点 $(a, 0)$ に強さ $(2a)^{-1}$ の湧き出しを，また $(-a, 0)$ に同じ強さ $(2a)^{-1}$ の吸い込みをもつ流れの速度 $\boldsymbol{v}_a$ は例 4.10 からも分かるように
$$\left[\frac{1}{2a}\left(\frac{x-a}{(x-a)^2+y^2} - \frac{x+a}{(x+a)^2+y^2}\right), \frac{1}{2a}\left(\frac{y}{(x-a)^2+y^2} - \frac{y}{(x+a)^2+y^2}\right)\right]$$
である．ここで $a \to 0$ とすると，第 1 成分については微分演算における初等的知識[*31]を用いることによって，また第 2 成分については直接的に，
$$-\frac{\partial}{\partial x}\frac{x}{x^2+y^2} = \frac{x^2-y^2}{(x^2+y^2)^2} \quad \text{および} \quad \frac{2xy}{(x^2+y^2)^2}$$
にそれぞれ近づくことが分かる．このときベクトル場
$$\mathbb{C} \ni (x,y) \to \boldsymbol{v} := \left[\frac{x^2-y^2}{(x^2+y^2)^2}, \frac{2xy}{(x^2+y^2)^2}\right] \tag{4.25}$$
は非回転的な速度場を表す．実際，$u(x,y) := -x/(x^2+y^2)$, $v(x,y) := y/(x^2+y^2)$ は
$$\frac{\partial u}{\partial x} = \frac{\partial v}{\partial y} = \frac{x^2-y^2}{(x^2+y^2)^2}, \quad \frac{\partial u}{\partial y} = -\frac{\partial v}{\partial x} = \frac{2xy}{(x^2+y^2)^2} \tag{4.26}$$
を満たす調和関数であるから，定理 4.15 によって $u+iv$ はある流れを表す．速度は $\boldsymbol{v} = [u_x, u_y]$ であるから複素速度および複素速度ポテンシャルはそれぞれ
$$\varphi(z) := \frac{x^2-y^2}{(x^2+y^2)^2} - i\frac{2xy}{(x^2+y^2)^2} = \frac{(x^2-y^2)-2xyi}{(x^2+y^2)^2} = \frac{\bar{z}^2}{z^2\bar{z}^2} = \frac{1}{z^2} \tag{4.27}$$
$$\Phi(z) := u(x,y) + iv(x,y) = \frac{-x+iy}{x^2+y^2} = -\frac{\bar{z}}{z\bar{z}} = -\frac{1}{z} \tag{4.28}$$
である．"複素関数 $1/z$ が微分できて導関数が $-1/z^2$ である" ことが推察される．

この流れにおける原点を **2 重湧き出し** (doublet) あるいは **2 重極** (dipole) と呼び，ベクトル $[2a, 0]$ をこの 2 重湧き出しの軸の方向と呼ぶ．図 4.9(b) 参照．

問 4.8 速度 (4.25) を線積分することによって複素速度ポテンシャル (4.28) を構成的に見いだせ．

[*29] 複素関数 $\log z$ が z について微分可能で導関数は $1/z$ であることがここで示唆される！
[*30] 2 定点からの距離の比が一定である点の軌跡．Apollonius (of Perga) (262?–190? B.C.).
[*31] 点 $t = t_0$ で微分可能な関数 $f(t)$ について $\lim_{h \to 0} \dfrac{f(t_0+h) - f(t_0-h)}{2h} = f'(t_0)$.

(a)   (b)   (c)

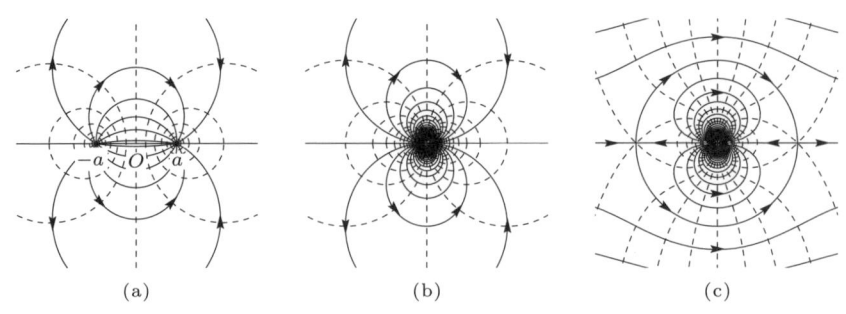

図 4.9 等ポテンシャル線 (破線), 流線 (実線) および速度場 (矢)——(a) 湧き出しと吸い込みの対 ($\Phi(z) = \log(z+a) - \log(z-a)$), (b) 2 重湧き出し ($\Phi(z) = 1/z$), (c) 2 重湧き出しと一様流の重ね合わせ ($\Phi(z) = z + 1/z$)

例 4.13 ジューコフスキー変換 (3.13) は一様流と [実軸負方向が軸の方向である] 2 重湧き出しをもつ流れの重ね合わせの複素速度ポテンシャルであり, その流線と等ポテンシャル線は図 4.9(c) のようである. これは円板の外部での一様流, あるいは静止流体の中を一定速度で進む円板の周りでの流れを表すが, 詳細は 10.1 節で述べる.

ここで, 今後も度々登場する便利な概念とその記号を導入する. 不等式 $0 \leq R_1 < R_2 \leq +\infty$ を満たす R_1, R_2 および $z_0 \in \mathbb{C}$ に対して, 集合

$$\mathbb{A}(z_0; R_1, R_2) := \{ z \in \mathbb{C} \mid R_1 < |z - z_0| < R_2 \} \tag{4.29}$$

を点 z_0 を中心とする [同心] 円環 [領域] ([concentric] ring domain, annulus) と呼ぶ. $\mathbb{D}(z_0, \infty) = \mathbb{C}$, $\overline{\mathbb{D}}(z_0, 0) = \{z_0\}$ と約束しておけば, $\mathbb{A}(z_0; R_1, R_2) = \mathbb{D}(z_0, R_2) \setminus \overline{\mathbb{D}}(z_0, R_1)$ である.

問 4.9 円環領域 $\mathbb{A}(0; R_1, R_2)$ における 3 つのベクトル場 $[-y(x^2+y^2)^\lambda, x(x^2+y^2)^\lambda]$ ($\lambda = 0, -1/2, -1$) について, 管状であるかどうか, あるいは非回転的であるかどうかを調べよ. また, 速度ポテンシャルと流れ関数について考察せよ.

次の問題を述べるだけの準備は済ませているが, その解答は第 6 章であらためて考えることにしよう (例 6.8 参照).

問 4.10 円環領域 $\mathbb{A}(0; R_1, R_2)$ における非回転的な速度場の流線がすべて原点を中心とする同心円周であるならば, その速度場は $c\,[-y/(x^2+y^2), x/(x^2+y^2)]$ に限ることを示せ. ここで c は実数 ($\neq 0$) である.

問 4.11 速度場が $[-y/(x^2+y^2),\ x/(x^2+y^2)]$ であるとき,その複素速度ポテンシャルは $i\log z$ であることを示せ.

本章で論じた 2 次元の流体力学は ——熱の伝導現象や電磁気学などとともに—— 複素関数論の "応用" として記述されることが多いが,本書では逆に,流体の運動が ——前章で行った初等関数の導入と並んで—— "複素微分可能性" への契機を与えることを見た.実際に複素微分可能性あるいは正則性を論じることは次々章まで待ち,次章ではまず,より実関数的な調和性について述べる.実解析学に馴染みがあればただちに次々章に進んでも差支えない.

演 習 問 題

4.1 円板 $D := \mathbb{D}(0, \sqrt{3})$ と長方形 $R := \{-2 < x < 2,\ -1 < y < 1\}$ について次の線積分の値を求めよ.

(1) $\displaystyle\int_{\partial D} x\,dx + y\,dy$, (2) $\displaystyle\int_{\partial D} -y\,dx + x\,dy$, (3) $\displaystyle\int_{\partial D} x^2 y\,dx - xy^2\,dy$,

(4) $\displaystyle\int_{\partial R} x\,dx + y\,dy$, (5) $\displaystyle\int_{\partial R} -y\,dx + x\,dy$, (6) $\displaystyle\int_{\partial R} x^2 y\,dx - xy^2\,dy$.

4.2 原点を中心とした半径 $\sqrt{2}$ の円周を反時計回りに回る曲線を γ とするとき,$\displaystyle\int_\gamma y\,dx = -\int_\gamma x\,dy$ であることを示せ.また,この値を求めよ.

4.3 領域 G 上のベクトル場について,G 内にある任意の長方形の周を横切る流束が 0 ならば管状であることを示せ.逆は成り立つか.

4.4 (1) 極座標系 (r,θ) による偏微分とデカルト座標系 (x,y) による偏微分との間の次の関係式を示せ.
$$\frac{\partial}{\partial x} = \cos\theta \frac{\partial}{\partial r} - \frac{\sin\theta}{r}\frac{\partial}{\partial \theta},\qquad \frac{\partial}{\partial y} = \sin\theta\frac{\partial}{\partial r} + \frac{\cos\theta}{r}\frac{\partial}{\partial\theta}.$$

(2) ラプラシアンを極座標系によって表せば
$$\frac{\partial^2}{\partial r^2} + \frac{1}{r}\frac{\partial}{\partial r} + \frac{1}{r^2}\frac{\partial^2}{\partial \theta^2} \tag{4.30}$$

となることを示せ.

4.5 平面の全体もしくは一部分における (実数値) 調和関数で,原点からの距離だけに依存した値をとるものはどのようなものか.

4.6 4.2 節前半と同様の方法によって,点 (x,y) において (x_0, y_0) を基点とした動径方向に沿って (x_0, y_0) から遠ざかる相対的な速さを求め,点 (x_0, y_0) を中心とする円周上のこの速さの平均値を計算せよ.この値の物理的な意味を探れ.

4.7 速度ポテンシャルが $u(x,y) = x^2 + y^2$ となる $\mathbb{C}$ 上の (縮まない流体の非回転的な) 流れは存在しない.なぜか.

第 5 章
調 和 関 数

CHAPTER 5

前章では流体の運動の初等的な考察を通して"複素速度ポテンシャル"を得た．それは，コーシー・リーマンの関係式を満たす 1 対の調和関数 ——速度ポテンシャルと流れ関数—— によって構成された．本章では，複素関数論においても多くの物理現象においても重要な役割を果たす調和関数について，ベクトル解析と並行に，やや系統的かつ詳細に調べる．

5.1 ガウスの発散定理とグリーンの定理

2 次元の流れ現象を調べる過程で私たちは重要な方法に気づいた．すなわち，流れの場にある長方形の周から流れ出る流体の質量がその長方形の内部全体での発散の総量として得られることを知り，本質的に同じ手法を用いて非回転的な流れを特徴づけた．この手法を一般化したものはグリーンの定理，ガウスの発散定理，ストークスの定理[*1)]などの名で知られ，今日の解析学や幾何学において重要な役割を果たす．まずグリーンの定理[*2)]を証明なしで述べる[*3)]．

定理 5.1 (グリーンの定理) 　有限個の区分的に C^1 級の単純閉曲線によって囲まれた (有界) 領域 G とその境界 ∂G を含む領域で C^1 級の関数 f, g に対して[*4)]次の等式が成り立つ．

$$\int_{\partial G} f(x,y)\,dx + g(x,y)\,dy = \iint_G \left(\frac{\partial g}{\partial x} - \frac{\partial f}{\partial y}\right) dxdy. \tag{5.1}$$

グリーンの定理は，計算上の有用性からだけではなく，その思想的内容のゆえ

[*1)] G. Green (1793–1841), G. G. Stokes (1819–1903).
[*2)] ここで述べる等式をグリーンの公式と呼ぶこともある．他方で，この等式から導かれるいくつかの等式に限ってグリーンの公式と呼ぶ流儀もある (注意 5.5 を参照)．
[*3)] 証明は，たとえば[2], p.196,[7], p.61, p.122 など多数の教科書にある．前章では特に G が長方形である場合に実質的に証明を与えていたことに注意しよう．
[*4)] これらの仮定のそれぞれはさまざまな視点から弱めることができるが，簡単な記述と容易な理解のためにこの形での仮定を設ける．注意 5.2 参照．

にこそ重要な位置を占める：よく知られた"微分積分学の基本定理"

$$\int_a^b f'(x)\,dx = f(b) - f(a)$$

によって区間 $[a,b]$ 全体にわたる f' の定積分がその両端 a,b における f の値で表されたのと同様に，領域 G での面積分がその境界での線積分によって表される．換言すればグリーンの定理は微分積分学の基本定理の 2 次元版である．同じく 3 次元版はガウスの**発散定理** (Gauss divergence theorem) として知られている．翻って，グリーンの定理は 2 次元での発散定理にほかならない[*5)]．

注意 5.1 具体的に G が N 個の曲線 $\Gamma_0, \Gamma_1, \Gamma_2, \ldots, \Gamma_{N-1}$ で囲まれていて，Γ_0 が外境界であるときには，グリーンの定理の左辺は

$$\int_{\Gamma_0} f(x,y)\,dx + g(x,y)\,dy - \sum_{n=1}^{N-1} \int_{\Gamma_n} f(x,y)\,dx + g(x,y)\,dy$$

と書ける．これは，18 ページで述べた曲線の和の概念を敷衍して $\partial G = \Gamma_0 - \sum_{n=1}^{N-1} \Gamma_n$ と書き，線積分を加法的に拡張したものと考えることができる．

注意 5.2 定理の仮定はかなり弱められる．たとえば，f の仮定として，G (の内部) で C^1 級で，境界 ∂G まで含めて——すなわち $\bar{G}$ で—— 連続であれば十分である．これを確認するためには，G を内部から近似する (区分的に C^1 級の有限個の単純閉曲線で囲まれた) 領域の列 $(G_n)_{n=1,2,\ldots}$ を考え，各 $\bar{G}_n$ の上で定理を適用し，最後に極限移行すればよい．

5.2　ベクトル解析の復習

ここでベクトル解析との関係を見ておくことは復習としても好個の機会である．7 ページで行ったように (x,y) 平面の x 軸，y 軸が単位ベクトル $\boldsymbol{i}, \boldsymbol{j}$ に対応するとしよう．$\boldsymbol{k}$ に対応するものとして z 軸を考え[*6)]，$\mathbb{R}^3$ でのベクトル場 $\boldsymbol{V} = \boldsymbol{V}(x,y,z)$ を 3 つの関数 $X(x,y,z), Y(x,y,z), Z(x,y,z)$ を用いて

$$\boldsymbol{V} = [X, Y, Z] = X\,\boldsymbol{i} + Y\,\boldsymbol{j} + Z\,\boldsymbol{k}$$

と書くとき，$\boldsymbol{V}$ の**発散** (divergence) および**回転** (rotation, curl) はそれぞれ

$$\operatorname{div} \boldsymbol{V} := \frac{\partial X}{\partial x} + \frac{\partial Y}{\partial y} + \frac{\partial Z}{\partial z} \tag{5.2}$$

[*5)]　式 (5.1) の右辺の 2 重積分の被積分関数は 2 次元ベクトル場 $[g, -f]$ の発散である．
[*6)]　ここで登場する z は複素数の表記 $z = x + iy$ に用いられたものとはまったく異なる．

および
$$\mathrm{rot}\,\boldsymbol{V} := \left[\frac{\partial Z}{\partial y} - \frac{\partial Y}{\partial z},\ \frac{\partial X}{\partial z} - \frac{\partial Z}{\partial x},\ \frac{\partial Y}{\partial x} - \frac{\partial X}{\partial y}\right] \tag{5.3}$$
で定義されるのであった．第4章で考えた速度 $\boldsymbol{v} = [p, q]$ とベクトル $p\,\boldsymbol{i} + q\,\boldsymbol{j} = [p, q, 0]$ とを同一視すれば
$$\mathrm{div}\,\boldsymbol{v} = \frac{\partial p}{\partial x} + \frac{\partial q}{\partial y}, \qquad \mathrm{rot}\,\boldsymbol{v} = \left[0, 0, \frac{\partial q}{\partial x} - \frac{\partial p}{\partial y}\right]$$
であり，すでに前章で見たように，(5.2) や (5.3) は発散や回転の名に相応しい[*7]．

注意 5.3 グリーンの定理は ——流れの場が $\bar{G}$ を含む限り——
$$\iint_G \mathrm{rot}\,\boldsymbol{V}\cdot\boldsymbol{k}\,dxdy = \int_{\partial G} \boldsymbol{V}\cdot\boldsymbol{t}\,ds \tag{5.4}$$
と書くことができる[*8]．流れの場を平面領域から ($\mathbb{R}^3$ 内の) 向きづけ可能な曲面 S への一般化としてストークスの定理を得る．ただし，$\boldsymbol{k}$ は S の裏から表に向かう単位法線ベクトルによって，また $dxdy$ は S の面積要素によって，それぞれ置き換える．

もう1つの重要な作用素である**勾配** (gradient) は $\mathbb{R}^3$ では次のように定義される：1回偏微分可能な任意の関数 $f(x, y, z)$ に対して
$$\mathrm{grad}\,f = \left[\frac{\partial f}{\partial x},\ \frac{\partial f}{\partial y},\ \frac{\partial f}{\partial z}\right]. \tag{5.5}$$

問 5.1 C^2 級関数 f について，$\triangle f$ は $\mathrm{div}\,(\mathrm{grad}\,f)$ と書けることを示せ．

4.3節で登場した速度場 $\boldsymbol{v}$ の速度ポテンシャル u は $\mathrm{grad}\,u = \boldsymbol{v}$ を満たす関数であった．一般に，ポテンシャルをもつベクトル場は**保存的** (conservative) と呼ばれること，またベクトル場 $\boldsymbol{v}$ が保存的であることの**必要条件**として $\mathrm{rot}\,\boldsymbol{v} = \boldsymbol{O}$ があったことなども思い出しておこう．

関連する重要な概念として方向微分がある．関数 $f(x, y, z)$ とその定義域内の1点 (x_0, y_0, z_0)，単位ベクトル $\boldsymbol{e} = [\xi, \eta, \zeta]$ に対して，
$$\frac{f(\boldsymbol{x_0} + h\boldsymbol{e}) - f(\boldsymbol{x_0})}{h} = \frac{f(x_0 + h\xi, y_0 + h\eta, z_0 + h\zeta) - f(x_0, y_0, z_0)}{h}$$

[*7] 63 ページで考察した平均角速度はスカラーであったが，平面を $\mathbb{R}^3$ に埋め込んで考えれば，平面流の渦は本来は流れの場に垂直なベクトルとして測るのが適切であることが分かる．この理由で，$\mathrm{rot}\,\boldsymbol{v}$ を渦度ベクトルと呼ぶ．これは前章で与えた渦度の定義と整合的である．
[*8] 言うまでもなく，$\boldsymbol{t}$ は境界 ∂G の単位接ベクトル，s は境界曲線の長さによる径数である．

の $h \to 0$ とした極限値が存在するとき[*9], この極限値を f の点 (x_0, y_0, z_0) にお
ける e 方向微[分]係数 (directional derivative) といい,

$$\frac{\partial f}{\partial e}(\boldsymbol{x}_0), \quad \left(\frac{\partial f}{\partial e}\right)_{\boldsymbol{x}_0}, \quad \left.\frac{\partial f}{\partial e}\right|_{\boldsymbol{x}_0}$$

等と表すのであった[*10]. いわゆる鎖の法則から容易に分かるように,

$$\left(\frac{\partial f}{\partial e}\right)_{\boldsymbol{x}_0} = \xi\left(\frac{\partial f}{\partial x}\right)_{\boldsymbol{x}_0} + \eta\left(\frac{\partial f}{\partial y}\right)_{\boldsymbol{x}_0} + \zeta\left(\frac{\partial f}{\partial z}\right)_{\boldsymbol{x}_0} = \boldsymbol{e} \cdot (\operatorname{grad} f)_{\boldsymbol{x}_0} \quad (5.6)$$

が成り立つ.

ナブラ (nabla) と呼ばれる形式的ベクトル ∇ を

$$\nabla := \left[\frac{\partial}{\partial x}, \frac{\partial}{\partial y}, \frac{\partial}{\partial z}\right] \quad (5.7)$$

によって定義すれば, ベクトル場 $\boldsymbol{V}$ およびスカラー場 (関数) f に対して

$$\operatorname{div} \boldsymbol{V} = \nabla \cdot \boldsymbol{V}, \quad \operatorname{rot} \boldsymbol{V} = \nabla \times \boldsymbol{V}, \quad \operatorname{grad} f = \nabla f \quad (5.8)$$

と統一的に書き表せたこと, $\triangle = \nabla \cdot \nabla$ であることなども思い出しておく.

問 5.2 上で述べたことと問 5.1 の主張との関係を明らかにせよ.

5.3 グリーンの公式

この節ではグリーンの定理から得られるいくつかの結果を述べる. それらの有用性は著しい. 定理を述べるために微分[形式]について簡単に復習する.

一般に, 関数 f の全微分 $df = f_x dx + f_y dy$ に対して

$$-f_y dx + f_x dy \quad (5.9)$$

はしばしば $(df)^*$, df^*, $^*df$, $*df$ 等と記され, df の共役微分[形式] (conjugate differential [form]) と呼ばれる[*11]. 本書では誤解の惧れが無い限り[*12]記号 df^*

[*9] 表記の簡明化を図るために, $[x, y, z]$, $[x_0, y_0, z_0]$, $f(x, y, z)$ を $\boldsymbol{x}$, $\boldsymbol{x}_0$, $f(\boldsymbol{x})$ 等と書いた.
[*10] 記号に関する注意. $\partial f/\partial \boldsymbol{e}$ ではなく単に $\partial f/\partial e$ と書くことも多い.
[*11] 微分形式という言葉に馴染みのある読者は, (関数に由来する完全微分 (exact differential) に対してだけではなく) 一般の微分形式 $a(x, y)dx + b(x, y)dy$ に対してその共役微分形式が $-b(x, y)dx + a(x, y)dy$ によって定義されていたことを思い出せるであろう.
[*12] どういうときに誤解が起こるかを見ておくのは意味深いことであろう. 私たちはすでに, f が調和関数である場合にその共役調和関数を f^* で示した (この記法自体が広く使われる一般的なものである). したがって $d(f^*)$ は共役調和関数の[全]微分としての意味をもち, それもまた簡潔に df^* で示され得るが, これは ——定義の上では—— 本文で述べた $df^* = (df)^*$ と同じではない. しかし実際には, 次の問にあるように, 大きな混乱は生じない.

を用い，注意が必要な際には記号 $(df)^*$ を用いることにする．

問 5.3 調和関数 f の (局所的に定義された) 共役調和関数 (の 1 つ) f^* について，$d(f^*) = (df)^*$ が成り立つことを示せ．

問 5.4 第 4 章で述べた速度ポテンシャル u と流れ関数 v について，$(du)^* = dv$，$(dv)^* = -du$ であることを確かめよ．

定理 5.2 有限個の区分的に C^1 級の単純閉曲線で囲まれた領域 G があるとき，$\bar{G}$ を含む領域 G' において C^2 級の関数 $f(x,y), g(x,y)$ に対し次が成り立つ．
$$\int_{\partial G} f\, dg^* = \iint_G \operatorname{grad} f \cdot \operatorname{grad} g\, dxdy + \iint_G f\triangle g\, dxdy. \tag{5.10}$$

[証明] 積の微分法による等式 $(fg_x)_x = f_x g_x + f g_{xx}$, $(fg_y)_y = f_y g_y + f g_{yy}$ に注意してグリーンの定理を適用すればただちに示される． (証明終)

注意 5.4 曲線 ∂G の左側から右側へと向かう単位法線ベクトルを $\boldsymbol{n}$ とし[*13]，∂G の線素を ds とすれば，$df^* = -f_y dx + f_x dy$ は $[dy, -dx] = [dy/ds, -dx/ds]ds = \boldsymbol{n}ds$ と $[f_x, f_y] = \operatorname{grad} f$ との内積であるから，式 (5.6) によって
$$df^* = \frac{\partial f}{\partial n} ds \tag{5.11}$$
が成り立つ．これは実際の計算に有用である．

系 5.1 定理と同じ仮定の下で，
$$\int_{\partial G} f\, dg^* - g\, df^* = \iint_G (f\triangle g - g\triangle f)\, dxdy \tag{5.12}$$
が成り立つ．さらに関数 f, g がともに G で調和ならば次が成り立つ：
$$\int_{\partial G} f\, dg^* = \int_{\partial G} g\, df^* \quad \text{および} \quad \int_{\partial G} df^* = 0. \tag{5.13}$$

[証明] 式 (5.10) における関数 f, g の立場を入れ替えた式を (5.10) から辺々ひけば，対称な関係式 (5.12) が得られる．(5.13) の第 1 式は定理から直接的であり，g として定数関数 $g(x,y) \equiv 1$ を選べば第 2 式が得られる． (証明終)

[*13] $\boldsymbol{n}$ を G の外向き単位法線ベクトル (unit exterior normal [vector], unit outward normal) と呼ぶことがある．

注意 5.5　すでに注意したように，定理 5.1 を単にグリーンの公式と呼ぶこともある．また，式 (5.10) および式 (5.12) をそれぞれグリーンの第 **1** 公式 (Green's first formula) およびグリーンの第 **2** 公式 (Green's second formula) と呼ぶことがある．

注意 5.6　関数 u が $\mathbb{D}(0,R)$ 全体ではなく穴あき円板 $\mathbb{D}^*(0,R)$ で調和である場合には，円周上での積分 $\int_{C(0,\rho)} du^*$ $(0<\rho<R)$ は半径 ρ に依存しない定数である．

5.4　平均値の定理

　表題から連想されるもっとも馴染み深いものはいわゆる "微分学における平均値の定理" や "積分学における平均値の定理" であろう．ここで扱うのはいずれとも異なり，正確には "調和関数に対する平均値の定理" あるいは "ガウスの平均値定理" と呼ばれる．まず，$\mathbb{D}^*(0,R)$ で調和な関数

$$v(x,y) := \log\sqrt{x^2+y^2} = \frac{1}{2}\log(x^2+y^2) \tag{5.14}$$

を考える．円周 $C(0,\rho)$ に沿っては

$$\begin{cases} v_x &= x/(x^2+y^2) = \rho^{-1}\cos\theta, \\ v_y &= y/(x^2+y^2) = \rho^{-1}\sin\theta \end{cases} \quad \text{および} \quad \begin{cases} dx &= -\rho\sin\theta\,d\theta, \\ dy &= \rho\cos\theta\,d\theta \end{cases}$$

が成り立つから $dv^* = -v_y\,dx + v_x\,dy = d\theta$ である．

　関数 $u(x,y)$ は開円板 $\mathbb{D}(0,R)$ で調和とする．任意の実数 ρ_1,ρ_2 $(0<\rho_1<\rho_2<R)$ について u と v は円環領域 $\mathbb{A}(0;\rho_1,\rho_2)$ の閉包を含む集合 (たとえば $\mathbb{D}^*(0,R)$) で調和であるから，系 5.1 前半によって

$$\int_0^{2\pi} u(\rho_2\cos\theta,\rho_2\sin\theta)\,d\theta - \int_0^{2\pi} u(\rho_1\cos\theta,\rho_1\sin\theta)\,d\theta \tag{5.15}$$

$$= \log\rho_2\int_{C_{\rho_2}} du^* - \log\rho_1\int_{C_{\rho_1}} du^*$$

であるが，系 5.1 後半によって右辺の各項は 0 である．ゆえに円周 $C(0,\rho)$ に沿う u の積分は半径 ρ に依存しない．ここで $\rho\searrow 0$ とすれば，この定数は $2\pi u(0,0)$ に等しいことが分かる[*14]．よって

$$\frac{1}{2\pi}\int_0^{2\pi} u(\rho\cos\theta,\rho\sin\theta)\,d\theta = u(0,0), \quad 0<\rho<R. \tag{5.16}$$

ここで考えた原点は容易に任意の点に置き換えられて

[*14]　60 ページで行った議論を参照．

定理 5.3 (平均値の定理, mean value theorem)　調和関数の定義域の任意の点での値は, その点を中心とする (十分小さな任意の半径の) 円周上でとった平均値に等しい:

$$\frac{1}{2\pi}\int_0^{2\pi} u(x_0+\rho\cos\theta, y_0+\rho\sin\theta)\,d\theta = u(x_0,y_0). \tag{5.17}$$

問 5.5　穴あき円板 $\mathbb{D}^*(0,R)$ で調和な関数 $u(x,y)$ はある定数 α,β に対して

$$\frac{1}{2\pi}\int_0^{2\pi} u(r\cos\theta, r\sin\theta)\,d\theta = \alpha\log r + \beta, \qquad 0<r<R. \tag{5.18}$$

を満たすことを示せ.

5.5　最大値の原理

流体が (流線に沿いながら) 速度ポテンシャルが増加する方向に流れること (定理 4.11) は, 速度ポテンシャルが流れの場において極大値も極小値もとれないことを示唆する. 3 次元の静電場におけるこの種の現象は電位に関して 1842 年に述べられ, アーンショウ[*15)]の定理の名で知られているが, 2 次元の場合には "調和関数の最大値の原理" と呼ばれ平均値の定理を用いて証明される[*16)].

定理 5.4 (最大値の原理, maximum principle)[*17)]　非定数調和関数はその定義域の内部において最大値をとらない.

注意 5.7　関数の最大値とは関数の値の集合の最大なものを意味する. 開集合で定義された関数の値の集合は有界閉集合とは限らないので, 値の集合に最大なものがあるとは限らない. 定理が最大値について言及しているのはその存在を認めたかのように見えるが, そうではない. 誤解を避けるためには, "非定数調和関数はその定義域 [の内部] で値の上限を達成することがない" と述べるのが望ましい (値の上限は ($+\infty$ を許せば) 常に存在する. 上限が無限大ならばもちろん定義域の内部で達成されることはない. 他方で, 有限な上限は, もしそれがある内点で達成されることがあれば, それはまさにその関数の最大値であるが, この状況は定理によって否定されている).

[*15)]　S. Earnshaw (1805–1888).
[*16)]　アーンショウの定理や最大値の原理にしばしば付される直観的な説明には興味深い点もあるが, 淀み点も含めた微妙な場合を排除していて厳密な意味での証明ではない (章末問題 5.6 参照).
[*17)]　**最大・最小値の原理** (Maximum and minimum principle) と呼ばれる. 調和関数はその符号を変えても (-1 を掛けても) 調和であるから, 最小値に関しても同様に主張されるからである.

[証明] 非定数調和関数 $u(x,y)$ が点 (x_0, y_0) でその最大値 M をとったとする．議論と記号を明確にするために，十分小さな任意の ρ を 1 つとめて $u_\rho(\theta) := u(x_0 + \rho\cos\theta, y_0 + \rho\sin\theta)$ とする．まず，$u_\rho(\theta) = M\,(0 \leq \theta < 2\pi)$ が成り立つことを示す．もしも主張に反してある $\theta_0\,(0 \leq \theta < 2\pi)$ で $u_\rho(\theta_0) < M$ であったとすれば，連続性によって θ_0 のある近傍でも ——たとえば $\theta_0 \neq 0$ の場合には[*18]十分小さなある $\varepsilon\,(0 < \varepsilon \leq \pi)$ によって決まる区間 $I := \{\theta \mid \theta_0 - \varepsilon < \theta < \theta_0 + \varepsilon\}$ の上で—— 不等式 $u_\rho(\theta) < M$ が成り立つ．よって

$$\frac{1}{2\pi}\int_0^{2\pi} u_\rho(\theta)\,d\theta = \frac{1}{2\pi}\left(\int_I u_\rho(\theta)\,d\theta + \int_{[0,2\pi]\setminus I} u_\rho(\theta)\,d\theta\right)$$
$$< \frac{1}{2\pi}\{2\varepsilon M + (2\pi - 2\varepsilon)M\} = M$$

を得るが，平均値の定理によって左辺は M に等しいから $M < M$ となって矛盾に陥る．したがって十分小さなすべての ρ について $u_\rho(\theta) = M\,(0 \leq \theta < 2\pi)$ が成り立つ．いったんとめた正数 ρ は小さな範囲を任意に動けるから，点 $(x_0, y_0) \in G$ を中心とするある [開] 円板の上で $u(x,y) \equiv M$ であること，すなわち集合 $\mathfrak{M} := \{(x,y) \in G \mid u(x,y) = M\}$ は G の開集合であることが分かった．他方で，$\mathfrak{M}$ は連続関数 u が定数をとる点の集合であるから G の閉集合であって，しかも $\mathfrak{M} \neq \emptyset$ である．G は連結であるから $\mathfrak{M} = G$ でなければならない．すなわち G 全体で $u \equiv M$ である． (証明終)

最大値の原理は，少し制限された ——しかし積極的な主張の—— 次の形でよく用いられる．

定理 5.5 有界な領域 G で調和な関数 u が G の (集合論的) 境界 ∂G にまで連続に拡張されるなら，u の最大値および最小値は ∂G でとられる．

系 5.2 有界領域 G で調和，その閉包 $\bar{G} = G \cup \partial G$ では連続な関数 u が ∂G 上では定数であるなら，u は G 上で定数である．

問 5.6 平面領域 G 上の縮まない流体の非回転的な流れは，実際に動いているかぎり，流線が単純閉曲線となってかつその内部がすっかり G に含まれてしまうことはない．これを示せ．等ポテンシャル線についての同様の主張について考察せよ．

[*18] $\theta_0 = 0$ のときには表現に簡単な修正を施せばよい．

5.6 ポアソン核

平均値の定理は，閉単位円板 $\overline{\mathbb{D}}$ で調和な[*19]円板の中心における $u(x,y)$ の値 $u(0,0)$ が単位円周に沿う積分として表されることを主張する．(原点以外の) 任意の点 $(x_0, y_0) \in \mathbb{D}$ における値も同様に境界上の積分で表示されるだろうか．

平均値の定理の証明においては，関数 $\log\sqrt{x^2+y^2}$ の活躍が著しかった．なかんずく，関数の具体的な表示 $\log\sqrt{x^2+y^2}$ は原点の近くだけで十分であって，それ以外には $\overline{\mathbb{D}} \setminus \{(0,0)\}$ で調和であることと境界 $\partial \mathbb{D}$ の上では恒等的に 0 であることだけが証明に使われた．したがって，次の 3 つの性質をもつ関数 v が作れれば私たちの問題は解決するはずである：

1) v は $\overline{\mathbb{D}} \setminus \{(x_0, y_0)\}$ で調和；
2) $v(x,y) - \log\sqrt{(x-x_0)^2 + (y-y_0)^2}$ は (x_0, y_0) の近くで調和；
3) v は境界 $C = \partial \mathbb{D}$ の上では恒等的に 0．

このような関数を構成するために，前章で得た 2 次元の流れに関する知識を活用しよう．もう 1 つ点 (x_1, y_1) を $\mathbb{D}$ の外部からとって，2 点 (x_0, y_0), (x_1, y_1) に (同じ強さの) 湧き出しと吸い込みをもつ流れを考えれば，その等ポテンシャル線はアポロニウスの円である (例 4.11)．したがって，点 (x_1, y_1) を上手に選んでアポロニウスの円の 1 つが C に一致するようにできれば (図 5.1)，速度ポテンシャル (の $\overline{\mathbb{D}}$ への制限) が期待する関数と定数差しか違わないことになる．

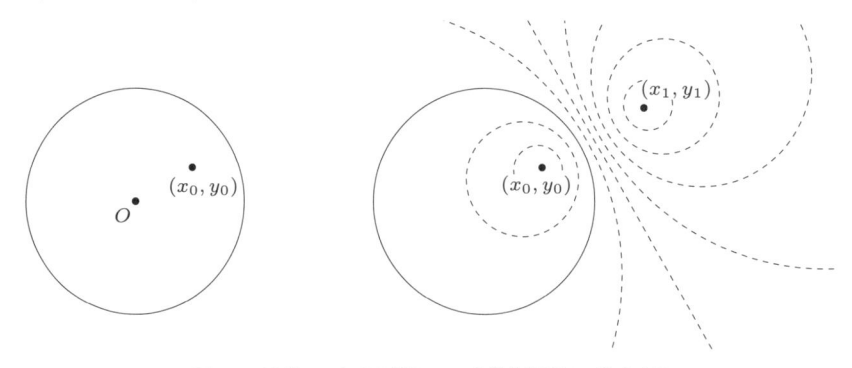

図 5.1 アポロニウスの円の 1 つを単位円周に一致させる

[*19] 調和性は境界にまで及んでいなくても，連続性さえあれば十分であった．しかし記述を簡単にするために以下を通じてこの強い表現を用いる．しかるべき読み換えを行っていただきたい．

5.6 ポアソン核

さて，アポロニウスの円の 1 つが単位円周になるためには，3 つの点 $(0,0), (x_0, y_0), (x_1, y_1)$ が一直線上にあってこの順に並ぶことが必要である．したがって，$x_0 = \rho\cos\varphi, y_0 = \rho\sin\varphi\,(0 < \rho < 1)$ と書けば $x_1 = R\cos\varphi, y_1 = R\sin\varphi$ である．さらに，単位円周がアポロニウスの円 (の 1 つ) であるなら

$$\frac{1-\rho}{R-1} = \frac{\rho+1}{R+1} \quad \text{すなわち} \quad R = \frac{1}{\rho}$$

である．このとき $x_1 = \rho^{-2} x_0, y_1 = \rho^{-2} y_0$ であるから $xx_1 + yy_1 = \rho^{-2}(xx_0 + yy_0)$ である．よって，単位円周の上では

$$\frac{\sqrt{(x-x_0)^2 + (y-y_0)^2}}{\sqrt{(x-x_1)^2 + (y-y_1)^2}} = \frac{\sqrt{1 - 2(xx_0 + yy_0) + \rho^2}}{\sqrt{1 - 2(xx_1 + yy_1) + R^2}} = \rho$$

が成り立つ．以上のことから，探していた関数は

$$v(x,y) = \log\frac{\sqrt{(x-x_0)^2 + (y-y_0)^2}}{\rho\sqrt{(x-x_1)^2 + (y-y_1)^2}} \tag{5.19}$$

であることが分かる．関数 v は単位円周に沿って

$$\frac{\partial v}{\partial r} = \frac{1}{(x-x_0)^2 + (y-y_0)^2}\left\{(x-x_0)\frac{\partial x}{\partial r} + (y-y_0)\frac{\partial y}{\partial r}\right\}$$

$$- \frac{1}{(x-x_1)^2 + (y-y_1)^2}\left\{(x-x_1)\frac{\partial x}{\partial r} + (y-y_1)\frac{\partial y}{\partial r}\right\}$$

$$= \frac{1-\rho^2}{(x-x_0)^2 + (y-y_0)^2} = \frac{1-\rho^2}{1 - 2\rho\cos(\theta-\varphi) + \rho^2}$$

を満たす．この最後に現れた関数

$$P(\rho, \varphi; \theta) := \frac{1-\rho^2}{1 - 2\rho\cos(\theta-\varphi) + \rho^2} \tag{5.20}$$

を単位円板 $\mathbb{D}$ のポアソン[*20]核 (Poisson kernel) と呼ぶ．

閉単位円板 $\overline{\mathbb{D}}$ で調和な任意の関数 u の点 $(x_0, y_0) \in \mathbb{D}$ における値が単位円周上の積分によって表されることを確かめよう．不等式 $0 < \varepsilon < 1 - \rho$ を満たす ε をとり，閉円板 $K_\varepsilon := \{(x-x_0)^2 + (y-y_0)^2 \le \varepsilon^2\}$ を $\mathbb{D}$ からくりぬいて得られる領域を $\mathbb{D}_\varepsilon$ とする．グリーンの第 2 公式 (系 5.1) あるいは式 (5.13) を $\mathbb{D}_\varepsilon$ の閉包での調和関数 u と v とに適用すれば，$\partial\mathbb{D}$ 上で $v = 0$ であるから

$$\int_{\partial\mathbb{D}} u\,dv^* = \int_{\partial K_\varepsilon} u\,dv^* - v\,du^*$$

が得られるが，この左辺は

$$\int_{\partial\mathbb{D}} u\frac{\partial v}{\partial r}\,ds = \int_0^{2\pi} u(\cos\theta, \sin\theta)\frac{1-\rho^2}{1 - 2\rho\cos(\theta-\varphi) + \rho^2}\,d\theta$$

[*20] S. D. Poisson (1781–1840).

と書き換えられ，他方で右辺は，いわゆるランダウ[*21)]の記号 O を用いて

$$\int_0^{2\pi} u(x_0 + \varepsilon\cos t, y_0 + \varepsilon\sin t)\{1/\varepsilon + O(\varepsilon)\}\varepsilon\, dt$$

$$-\int_0^{2\pi} (\log\varepsilon + O(\varepsilon))\left.\frac{\partial u(x_0 + r\cos t, y_0 + r\sin t)}{\partial r}\right|_{r=\varepsilon}\varepsilon dt$$

と書ける[*22)]から，$\varepsilon \to 0$ とすれば $2\pi u(x_0, y_0)$ に近づく．したがって

定理 5.6（ポアソン積分表示，Poisson integral representation） 開単位円板 $\mathbb{D}$ で調和，その閉包 $\overline{\mathbb{D}}$ で連続な関数 $u(x,y)$ があるとき，任意の $(\rho\cos\varphi, \rho\sin\varphi) \in \mathbb{D}$ に対して

$$u(\rho\cos\varphi, \rho\sin\varphi) = \frac{1}{2\pi}\int_0^{2\pi} u(\cos\theta, \sin\theta)\, P(\rho,\varphi;\theta)\, d\theta \tag{5.21}$$

が成り立つ．

問 5.7 θ をとめるとき $P(\rho,\varphi;\theta)$ は単位円板で調和な関数であることを示せ．

本章では，それ自身としても非常に重要な調和関数のごく基本的な性質を述べた．2 次元の調和関数に限ればこれらの性質の多くは正則関数の性質から――たとえばポアソン核は 1 次変換を用いて複素解析的に――も導き出されるが，ここで行ったように調和性から直接導き出すことにも深い意味がある．その過程で垣間見えた正則関数の多くの性質が次章で論じられる．

演 習 問 題

5.1 閉単位円板 $\overline{\mathbb{D}}$ で連続でその内部で調和な関数 u, v の単位円周上の各点での値が一致するならば，$\mathbb{D}$ 全体でも $u = v$ となることを示せ．

5.2 平面の極座標系を (r, θ) とする．閉単位円板 $\overline{\mathbb{D}}$ で連続でその内部では調和な関数 u が単位円周上で次の性質をもつとき u の具体的な形を調べよ．(1) $\cos\theta$ に等しい．(2) $\cos 2\theta + 1$ に等しい．

5.3 閉単位円板 $\overline{\mathbb{D}}$ で連続，穴あき開単位円板 $\mathbb{D}^* = \mathbb{D}\setminus\{(0,0)\}$ で調和であって，しかも単位円周上での値は常に 1 に等しく原点では値 0 をとるような関数 $u(x,y)$ は

[*21)] E. Landau (1872–1938).
[*22)] 私たちは極限操作 $\varepsilon \to 0$ を行おうとしているが，このとき $O(\varepsilon)$ は $O(\varepsilon)/\varepsilon$ が有界に留まる量であることを表す．したがって，たとえば $O(\varepsilon) + O(\varepsilon) = O(\varepsilon)$, $\varepsilon \to 0$ が成り立つ．有界に留まるだけではなく 0 に収束するときには O の代わりに o を用いるのであった；

存在しないことを示せ.

5.4 C^2 級関数 h について, $\Delta(h^2)$ と Δh との関係を明らかにせよ.

5.5 関数 $u(x,y) = x^4 - 6x^2y^2 + y^4$ は平面上の調和関数であることを示せ. また, そのグラフを原点の近くで描け.

5.6 調和関数に対する最大値の原理は時として次のように説明される. 非定数調和関数 $u(x,y)$ が領域内のある点 (x_0, y_0) で極大値をとったとする. 直線 $x = x_0$ 上に制限すれば $u(x_0, y)$ は $y = y_0$ で極大値であるから, $u_{yy}(x_0, y_0) > 0$ が成り立つ. 同じ理由で $u_{xx}(x_0, y_0) > 0$ が成り立つ. したがって, 関数 u にラプラシアンを作用させた Δu の点 (x_0, y_0) における値は正であることを知るが, これは u の調和性に反する. この説明を検証せよ.

5.7 閉円板 $\overline{\mathbb{D}}$ 上で連続, その内部では調和な関数 u に対して

$$\frac{1}{\pi \rho^2} \iint_{x^2+y^2 < \rho^2} u(x,y)\, dxdy = u(x_0, y_0), \qquad 0 < \forall \rho < 1 \tag{5.22}$$

が成り立つ (調和関数の面積平均値の定理). これを示せ.

5.8 5.6 節で述べたポアソン核は $\mathbb{D}$ 上の調和関数を調べる上で非常に重要であった. 一般の領域 G においても類似の関数があれば同様の積分表示が得られると期待されよう. ここでは議論を簡単にするために, G の境界は有限個の円周からなるとしよう[*23]. その内点 (x_0, y_0) を 1 つとめるとき, 次の 3 つの性質をもつ関数を G の [(x_0, y_0) に極をもつ] グリーン関数 (Green's function) と呼ぶ.

1) g は $G \setminus \{(x_0, y_0)\}$ で調和である;
2) G で調和なある関数 h によって (G 上で) $g = \log 1/r + h$ と書ける[*24];
3) g は境界 ∂G (まで連続に拡張されてその) 上では恒等的に 0 である.

このとき, $\overline{G}$ で連続, G で調和な任意の関数 u に対して

$$u(x_0, y_0) = -\frac{1}{2\pi} \int_{\partial G} u(x,y) \frac{\partial g}{\partial n}\, ds \tag{5.23}$$

が成り立つことを示せ: ただし $\partial/\partial n$ は外向き法線微分を表す.

5.9 関数 $u(x,y) = \sqrt{\sqrt{x^2+y^2}+x}$ は $\mathbb{H}$ で調和であることを示せ.

[*23] すなわち図 1.7 における Γ_n がすべて円周であったとする.

[*24] ここでは $r = \sqrt{(x-x_0)^2 + (y-y_0)^2}$ である. $\log r$ ではなく $\log 1/r (= -\log r)$ が用いられていることに注意しよう. 結論の右辺に符号 $(-)$ があらわれるのはこの相違による.

第 6 章
正則関数

CHAPTER 6

私たちは今 2 つの概念の合流点に立つ. 1 つは実数の世界を複素数の世界へと拡張したことに伴って自然に現れた複素関数 (第 2, 3 章) であり, もう 1 つは 2 次元流体力学を記述する 1 対の実関数から作られた複素関数 (第 4 章) である. 本章の主題はこれら 2 つの概念から新しく得られる概念 "正則関数" である. 章の最後では正則性の幾何学的な特性である等角性に言及する.

6.1 複素微分可能性

第 3 章では基本的な複素関数 ——それらは歴史的に "初等関数" と呼ばれる[*1)]—— について考察したが, 登場したどの関数もよく知られた実関数に由来した. のみならず, 実関数としては個々別々であったものが複素関数としては相互に深く関係していること, 指数関数の果たす役割がひときわ大きいことなども知った. 初等関数のように具体的に解析的な式で表現された関数は実際に計算できるところに強みがあるが, これから扱おうとする "正則性" の一般的な性質を知るには式表現を離れた (平面から平面への対応としての) 関数を扱う必要がある. このような関数概念の一般化は現代数学への大きな一歩であった.

平面の開集合 G で定義された関数 f が G の点 z_0 で**複素微分可能** (complex differentiable)[*2)]であるとは, 極限値

$$\lim_{z \to z_0} \frac{f(z) - f(z_0)}{z - z_0} \tag{6.1}$$

が存在するときをいい, その極限値を $f'(z_0)$ と書いて f の z_0 における微 [分] 係数 (differential coefficient) と呼ぶ.

[*1)] 初等関数の正確な定義: 指数関数とその逆関数である対数関数, 3 角関数とその逆関数, 2 変数の既約多項式の解として得られる多価関数 (代数関数) などとこれらの関数の有限回の合成として表される (複素) 関数.

[*2)] 単に "微分可能" ということも少なくないが, "実" 微分可能性との混乱も起こり得るので, 少なくともしばらくは面倒でも "複素" をつけて呼び続けることにする.

例 6.1 次の各関数は $\mathbb{C}$ の各点で複素微分可能である：$f_0(z) = w_0(\text{const.})$, $f_1(z) = z$, $f_2(z) = z^2$. 実際, 任意の $z_0 \in \mathbb{C}$ をとるとき, $(f_k(z) - f_k(z_0))/(z - z_0)$ は $k = 0, 1, 2$ に対してそれぞれ $0, 1, z + z_0$ に等しく, これらは $z \to z_0$ とき $0, 1, 2z_0$ に近づく. すなわち, $f_0'(z_0) = 0, f_1'(z_0) = 1, f_2'(z_0) = 2z_0$ である.

実関数の場合と同じく

定理 6.1 f が点 z_0 で複素微分可能ならば, f は点 z_0 で連続である.

[証明] 定義から次のことが分かる. 与えられた任意の $\varepsilon > 0$ に対して, $\delta > 0$ を十分に小さくとれば
$$\left| \frac{f(z) - f(z_0)}{z - z_0} - f'(z_0) \right| < \varepsilon, \qquad \forall z \in \mathbb{D}(z_0, \delta).$$
ここで見つけた δ は, 必要ならばさらに小さくとって, $\delta < \varepsilon(|f'(z_0)| + \varepsilon)^{-1}$ を満たすとしてよい. このとき, 任意の $z \in \mathbb{D}(z_0, \delta)$ について
$$|f(z) - f(z_0)| \leq \varepsilon|z - z_0| + |f'(z_0)||z - z_0| < (\varepsilon + |f'(z_0)|)|z - z_0| < \varepsilon.$$
これは f が点 z_0 で連続であることを示している. (証明終)

例 6.2 関数 $z \mapsto \bar{z}$ はいかなる点 $z_0 \in \mathbb{C}$ においても複素微分可能ではない. 実際, $z - z_0 = \rho e^{i\varphi}$ とおくと $\bar{z} - \bar{z}_0 = \rho e^{-i\varphi}$ である. よって $(\bar{z} - \bar{z}_0)/(z - z_0) = e^{-2i\varphi}$ は単位円周の上をくまなく動き, $\rho \to 0$ としたときの極限値が存在しない.

問 6.1 関数 $h(z) := r^2(\cos 2\theta + i\sin 2\theta)^{-1}$ が複素微分可能である点の全体を示せ.

次の一連の定理も実関数の場合と同じ方法で証明される.

定理 6.2 $z_0 \in \mathbb{C}$ で複素微分可能な関数 f, g に対して, $f + g, fg$ もまた点 z_0 で複素微分可能で次が成り立つ.
$$(f + g)'(z_0) = f'(z_0) + g'(z_0) \tag{6.2}$$
$$(fg)'(z_0) = f'(z_0)g(z_0) + f(z_0)g'(z_0) \tag{6.3}$$
さらに, もしも $g(z_0) \neq 0$ であるならば, f/g もまた z_0 で複素微分可能で
$$\left(\frac{f}{g} \right)'(z_0) = \frac{f'(z_0)g(z_0) - g'(z_0)f(z_0)}{\{g(z_0)\}^2} \tag{6.4}$$
が成り立つ.

系 6.1 1 点 $z_0 \in G$ で複素微分可能な関数 f と複素数 c に対して，$(cf)'(z_0) = cf'(z_0)$ が成り立つ．特に，関数 g もまた点 z_0 で複素微分可能ならば，$f-g$ も点 z_0 で複素微分可能で $(f-g)'(z_0) = f'(z_0) - g'(z_0)$ が成り立つ．

定理 6.3 関数 $w = f(z)$ が点 z_0 で複素微分可能，関数 $W = g(w)$ が点 $w_0 := f(z_0)$ で複素微分可能であったとすれば，合成関数 $g \circ f$ は点 z_0 で複素微分可能であって，

$$(g \circ f)'(z_0) = g'(w_0) f'(z_0) \tag{6.5}$$

が成り立つ．ここで，左辺の $g \circ f$, 右辺の f に付された $'$ はいずれも変数 z による微分操作であり，右辺の g に付された $'$ は変数 w による微分操作である．

さらに

定理 6.4 関数 $w = f(z)$ が点 z_0 で複素微分可能であって $f'(z_0) \neq 0$ とする．このとき，もし点 $w_0 := f(z_0)$ の近くで f の逆関数 $z = g(w)$ が存在してしかも点 w_0 で連続であるならば[*3]，g は w_0 で複素微分可能な関数であって

$$g'(w_0) = \frac{1}{f'(z_0)} \tag{6.6}$$

が成り立つ．

[証明] 記述を簡略化するために伝統的な記号 $\Delta z = z - z_0, \Delta w = w - w_0$ を用いることにすれば，$\Delta z / \Delta w = (\Delta w / \Delta z)^{-1}$ である．ここで $\Delta w \to 0$ とすれば，g の連続性によって $\Delta z \to 0$ であるから，右辺は ―― $f'(z_0) \neq 0$ に注意すれば分かる通り ―― 有限な値 $(f'(z_0))^{-1}$ に近づく． (証明終)

6.2 コーシー・リーマンの関係式

前節では複素微分可能性の性質として "実微分可能性に類似のもの" ばかりが次々と確かめられたので複素微分可能性が単なる形式的拡張に過ぎないと思われるかもしれない．事実はまったく異なる．両者の関連を調べるために，$z = x + iy, z_0 = x_0 + iy_0, f = u + iv$ とおいて極限値 (6.1) の存在条件を実関数の

[*3] ここでつけた条件「もし…ならば」の必要性については定理 6.13 および定理 9.23 を参照．

6.2 コーシー・リーマンの関係式

言葉で書き表そう.条件 "z が z_0 に近づくとき" とは単に "$|z-z_0| \to 0$" を意味するだけで,それ以上には何ら制限を加えていない.たとえば,$x = x_0, y \to y_0$ であってもよいし,$x \to x_0, y = y_0$ であってもよい.

第1の場合を考えれば,すなわち $x = x_0$ とすれば,

$$\frac{f(z) - f(z_0)}{z - z_0} = \frac{\{u(x_0, y) - u(x_0, y_0)\} + i\{v(x_0, y) - v(x_0, y_0)\}}{i(y - y_0)}$$

$$= \frac{v(x_0, y) - v(x_0, y_0)}{y - y_0} - i\frac{u(x_0, y) - u(x_0, y_0)}{y - y_0}$$

と書き直せる.したがって,複素微分可能性の仮定から

$$\lim_{y \to y_0} \frac{v(x_0, y) - v(x_0, y_0)}{y - y_0}, \qquad \lim_{y \to y_0} \frac{u(x_0, y) - u(x_0, y_0)}{i(y - y_0)}$$

の——すなわち偏微分係数 $u_y(x_0, y_0), v_y(x_0, y_0)$ の——存在と等式

$$f'(z_0) = v_y(x_0, y_0) - iu_y(x_0, y_0) \tag{6.7}$$

の成立が分かる.第2の場合においても同様に,$u_x(x_0, y_0), v_x(x_0, y_0)$ の存在と

$$f'(z_0) = u_x(x_0, y_0) + iv_x(x_0, y_0) \tag{6.8}$$

の成立が分かる.

したがって,$f = u + iv$ が点 $z_0 = x_0 + iy_0$ で複素微分可能であれば,u, v は点 (x_0, y_0) で偏微分可能であって,関係式

$$u_x(x_0, y_0) = v_y(x_0, y_0), \qquad u_y(x_0, y_0) = -v_x(x_0, y_0) \tag{6.9}$$

が成り立つ.(すでに第4章71ページでも触れたように) これらの等式をコーシー・リーマンの関係式 (Cauchy-Riemann relations) と呼ぶ.

ここまでは $z \to z_0$ の特殊な場合について調べた.上で得た主張の逆を述べようとすれば,$x = x_0, y \to y_0$ や $x \to x_0, y = y_0$ などの状況から点 (x_0, y_0) の近傍での様子を知る手だてが必要であり,そのためには u, v の全微分可能性を仮定するのが自然であろう.すなわち,

$$u(x, y) - u(x_0, y_0) = u_x(x_0, y_0)(x - x_0) + u_y(x_0, y_0)(y - y_0) + \varepsilon_1,$$

$$v(x, y) - v(x_0, y_0) = v_x(x_0, y_0)(x - x_0) + v_y(x_0, y_0)(y - y_0) + \varepsilon_2$$

と書けているとしよう.ここで ε_k $(k = 1, 2)$ は

$$\lim_{x \to x_0, y \to y_0} \frac{\varepsilon_k}{\sqrt{(x - x_0)^2 + (y - y_0)^2}} = 0, \qquad k = 1, 2$$

を満たす.このとき,表記を簡明にするために $\varepsilon := \varepsilon_1 + i\varepsilon_2$ とおき,さらに

$$A := u_x(x_0, y_0), \ B := u_y(x_0, y_0), \ C := v_x(x_0, y_0), \ D := v_y(x_0, y_0)$$

とおくと,
$$f(z) - f(z_0) = (A + iC)(x - x_0) + (B + iD)(y - y_0) + \varepsilon$$
であるが，ここでコーシー・リーマンの関係式 $A = D, B = -C$ を用いると，上の最終辺は，たとえば
$$(A+iC)(x-x_0) + (-C+iA)(y-y_0) + \varepsilon = (A+iC)(z-z_0) + \varepsilon$$
と書き直せる．さらに
$$\left|\frac{\varepsilon}{z-z_0}\right|^2 = \frac{\varepsilon_1^2}{(x-x_0)^2+(y-y_0)^2} + \frac{\varepsilon_2^2}{(x-x_0)^2+(y-y_0)^2} \to 0$$
であることに注意すれば，極限値 (6.1) の存在とその値 $u_x(x_0,y_0) + iv_x(x_0,y_0)$ を知る．次の定理は以上のことをまとめたものである．

定理 6.5 複素関数 $f = u + iv$ が点 $z_0 = x_0 + iy_0$ で複素微分可能ならば，u, v はともに (x_0, y_0) で偏微分可能であってコーシー・リーマンの関係式 (6.9) を満たす．逆に，2 つの実関数 u, v が点 (x_0, y_0) で全微分可能でしかもコーシー・リーマンの関係式 (6.9) を満たすならば，複素関数 $f = u + iv$ は点 $z_0 := x_0 + iy_0$ で複素微分可能でその微係数 $f'(z_0)$ は式 (6.8) で与えられる[*4)].

この定理の表現は複雑である；結果は弱くなるが次の形で記憶しても実用上はさほど困らないであろう．

系 6.2 平面領域 G における C^1 級の実関数 u, v と G の 1 点 $z_0 = x_0 + iy_0$ については，複素関数 $f = u + iv$ が z_0 で複素微分可能であることと u, v が (x_0, y_0) でコーシー・リーマンの関係式 (6.9) を満たすこととは同値である．

問 6.2 $f(z) := (x^2 + 2x) + (x^2 - 5xy)i$ が複素微分可能である点をすべて求めよ．

問 6.3 複素関数 $f = u + iv$ に対するコーシー・リーマンの関係式を (x, y) ではなく極座標系 (r, θ) によって表せ $(x = r\cos\theta, y = r\sin\theta)$.

[*4)] コーシー・リーマンの関係式を用いればこのほかにも $f'(z_0) = f_x(z_0) = -if_y(z_0)$ などの表現が可能であり，時にはそれらの表現の方が有用であるが，ここでそれらをいちいち挙げることはしない．

問 6.4 複素関数 $f(z) = Re^{i\Theta}$ に対するコーシー・リーマンの関係式を (x,y) によって表せ $(R = |f(z)|, \Theta = \arg f(z))$.

6.3 正 則 性

領域 G の各点で複素微分可能な関数 f を G で複素微分可能な関数と呼ぶのは実関数の場合とまったく同様の表現方法[*5]であるが，今一つ別の概念と用語を用意する．すなわち，まず G の 1 点での性質として

定義 6.1 複素関数 f が 1 点 z_0 およびその点のある近傍内の任意の点で複素微分可能であるとき f は点 z_0 で**正則** (holomorphic at z_0) であるという．

問 6.5 関数 $h(z) := r^2(\cos 2\theta + i\sin 2\theta)^{-1}$ が正則であるような点は存在するか．

次に集合での性質として

定義 6.2 平面の集合 S で定義された関数 f が S の各点で正則であるとき，f は S で**正則** (holomorphic in S) であるといい，S の各点 z にそこでの微分係数を対応させる関数 $S \ni z \mapsto f'(z) \in \mathbb{C}$ を f の**導関数** (derivative) と呼ぶ．導関数を表すのには記号 f' を使い続ける[*6]．特に，全平面で正則な関数を**整関数** (entire function) と呼ぶ．

例 6.3 多項式は整関数である．多項式に退化しない有理関数は整関数ではない；その分母を 0 にする有限な点では正則にならないからである．

問 6.6 $f(z) := (ax^2 + by^2) + 2xyi$ が整関数となるように複素数 a, b を選べ．

例 6.4 指数関数 e^z は整関数で $(e^z)' = e^z$ が成り立つ[*7]．実際，$z = x+iy$ と書き，オ

[*5] 区間 $[a,b]$ の各点で連続な関数を"区間 $[a,b]$ で連続な関数"と呼ぶなどの定義の仕方．
[*6] 前節では点 z_0 における f の微分係数を $f'(z_0)$ と書いた．そこでは――ここで与えた定義を見越した上でのことだが―― 1 つの纏まった記号としての $f'(z_0)$ が意味をもっていたのであって，関数 f' の z_0 における値と考えていたのではなかった．
[*7] 関数 f（あるいは $f(z)$）の導関数を表すには――これまでそうしてきたように――記号 f', df/dz あるいは $f'(z)$ などを用いるべきで，関数の値と紛らわしい $f(z)$ に「$'$」を付けて $(f(z))'$ などと書くべきでは決してないから，この例や次の例の $(e^z)'$ や $(\sin z)'$ などは本来は記号の誤用であるが，すでに広く用いられている．私たちも肝に銘じつつ，このように特別な記号で書かれた初等関数についてだけ便宜上例外的に用いることにしよう．

イラーの公式 $e^z = e^x(\cos y + i \sin y)$ を考慮して $u(x,y) = e^x \cos y$, $v(x,y) = e^x \sin y$ とおけば, u, v は全微分可能で, しかも $u_x = e^x \cos y = v_y$, $u_y = -e^x \sin y = -v_x$ であるから, u, v の間には (すべての (x, y) において) コーシー・リーマン関係式が成り立つ.

例 6.5 正弦関数 $\sin z$, 余弦関数 $\cos z$ はともに整関数で, $(\sin z)' = \cos z$, $(\cos z)' = -\sin z$ が成り立つ. 実際, たとえば正弦関数については

$$\frac{d}{dz} \sin z = \frac{d}{dz}\left(\frac{e^{iz} - e^{-iz}}{2i}\right) = \frac{ie^{iz} + ie^{-iz}}{2i} = \frac{e^{iz} + e^{-iz}}{2} = \cos z.$$

注意 6.1 S を任意の集合とする. 複素関数 f が S で正則であることは, f が S を含むある開集合 S_f で (定義されていてしかもその各点において) 複素微分可能であることと同値である. 実際, f が S で正則であれば, 定義 6.1 および定義 6.2 によって S の任意の点 z_0 に対して適当な $\varepsilon = \varepsilon(z_0) > 0$ が存在して, f は $\mathbb{D}(z_0, \varepsilon)$ の各点で複素微分可能である. したがって, f は S を含む開集合 $S_f := \cup_{z_0 \in S} \mathbb{D}(z_0, \varepsilon)$ で複素微分可能である. 逆に, f が S を含むある開集合 S_f で複素微分可能であるとする. 任意の点 $z_0 \in S$ をとると, z_0 のある近傍 $U(z_0)$ は S_f に含まれる. f は $U(z_0)$ の各点で複素微分可能であるから, 定義 6.1 によって f は z_0 で正則であり, z_0 は S の任意の点だから定義 6.2 によって f は S で正則である.

今後関数は主として開集合 (特に領域) 上で考えるので, ほとんどの場合次の命題を事実上の定義とみなしても差支えない.

命題 6.6 開集合 G とその上で定義された複素関数については, G で正則であることと G の各点で複素微分可能であることとは同値である.

例 6.6 例 6.2 で考えた関数は平面 $\mathbb{C}$ のいかなる点でも正則ではない. また, 関数 $f(z) = |z|^2$ に対しては, その上で f が正則であるようないかなる領域も存在しない. 実際, $f = u + iv$ と書くならば, $u(x,y) = x^2 + y^2$, $v(x,y) = 0$ は C^1 級の関数であって, $u_x = 2x$, $u_y = 2y$, $v_x = v_y = 0$ である. ただちに分かるように, u, v がコーシー・リーマンの関係式を満たすのは原点においてだけである. 原点では複素微分可能であるが正則ではない.

例 6.7 第 4 章で直観的に知った次の主張は本章の厳密な定義の意味でも正しい：縮まない流体の非回転的な流れの複素速度ポテンシャルと複素速度はともに流れの場における正則関数である.

次に，指数関数や3角関数の逆関数の正則性について調べよう．まず，対数関数 $w = \log z$ は，指数関数 $z = e^w$ の逆関数として定義されたが，もし全 z 平面上で定義しようとすれば多価関数にならざるを得なかった (第3章)．しかし，複素微分可能性あるいは正則性は明らかに局所的な性質であるから，多価関数についてもこれらの性質を論じることが不可能というわけではない．たとえば，点 $z_0 \neq 0$ およびその適当な近傍で定義される対数関数はいくつもの分枝から構成されているが，任意の2つの分枝の差をとると $2\pi i$ の整数倍でしかないから，これらの分枝は同じ導関数をもつ．これを対数関数の導関数と呼んでも何ら差支えはないであろう．次の命題はこの意味で述べられたものである．

命題 6.7 対数関数 $w = \log z$ は穴あき平面 $\mathbb{C}^* = \{0 < |z| < +\infty\}$ で多価正則な関数で，その導関数は $1/z$ である：$(\log z)' = 1/z$.

逆3角関数 $w = \sin^{-1} z$ については，まずその定義域や値域を明確にすることから始めねばならないが，たとえば定理 3.12 において考察したように，定義域を $\mathbb{C}_z \setminus ((-\infty, -1] \cup [1, +\infty))$，値域を $\{-\pi/2 < \mathrm{Re}\, w < \pi/2\}$ とすることができる．このように制限された1価な関数 $w = w(z)$ については逆関数の微分法により $dw/dz = (dz/dw)^{-1} = 1/\cos w$ が成り立つ．ここで定理 3.11 を使うと $\cos w = \pm\sqrt{1 - \sin^2 w} = \pm\sqrt{1 - z^2}$ となり，複号の選択を迫られる．この問題を扱うためにまず実関数 $w = \sin^{-1} z$ について復習する．この場合には，区間 $[-1, 1]$ で単調増加な関数となるように w の範囲をたとえば $[-\pi/2, \pi/2]$ に制限した．このとき $dw/dz > 0$ であって上の複号のうち $(+)$ のみが有効である．複素関数に目を向ければ，z は線分 $\{-1 \leq \mathrm{Re}\, z \leq 1, \mathrm{Im}\, z = 0\}$ を離れるけれども，定義域を $\mathbb{C}_z \setminus ((-\infty, -1] \cup [1, +\infty))$ とする限り値を帯状領域 $S_0 = \{-\pi/2 \leq \mathrm{Re}\, z \leq \pi/2\}$ にもつ1価な関数である[*8]．連続性によって，

$$\frac{d}{dz} \sin^{-1} z = \frac{1}{\sqrt{1 - z^2}} \tag{6.10}$$

とするのが自然である．ただし，複素関数としての平方根関数の2つの分枝を単純に符号によって区別することは本来できないので，次のような注意書きによって分枝を特定する："$\sqrt{1 - z^2}$ は $\sqrt{1} = 1$ である分枝を意味するものとする"．別の分枝を選んだ場合も含めた一般な形でまとめておくと

[*8] 正確には，"1価な分枝を，値が S_0 に属するように，選べる" という主張．

定理 6.8 領域 $\mathbb{C}_z \setminus ((-\infty, -1] \cup [1, +\infty))$ における関数 $\sin^{-1} z$ は正則な1価関数であって，(6.10) が成り立つ．ここで，関数 $\sin^{-1} z$ の主枝をとった (すなわち値を S_0 に選んだ) 場合には $\sqrt{1-z^2}$ は $\sqrt{1} = 1$ を満たす分枝をとる．また，たとえば帯状領域 $\{\pi/2 < \operatorname{Re} w < 3\pi/2\}$ に値をもつ分枝を選んだ場合には，$\sqrt{1-z^2}$ として $\sqrt{1} = -1$ である分枝を選ぶ．

上の定理で除外された z 平面の切れ込み $(-\infty, -1] \cup [1, +\infty)$ の上でも関数 $\sin^{-1} z$ は "局所的に" 定義できる．さらに正則性は局所的な性質であるから，その正則性を調べることもできる[*9]．しかし本書では上の定理で満足しよう．

6.4 一意性定理

コーシー・リーマンの関係式はまた次の2つの一意性定理を導く：

定理 6.9 領域 G で正則な関数 f が $f'(z) = 0, z \in G$ を満たせば f は G 上の定数関数である．

[証明] いつものように $f = u + iv$ と表す．仮定により G 全体で $u_x = u_y = 0, v_x = v_y = 0$ である．したがって G 上で "局所的に" $u(x, y) = \text{const.}, v(x, y) = \text{const.}$，すなわち，各点 $z \in G$ ごとにその近傍で定数の対 $(c_1(z), c_2(z))$ が得られる．G は連結であるからその任意の2点は G 内の折れ線で結べるが，特にその折れ線を構成する各線分は x 軸あるいは y 軸に平行であるとしてよい (図 6.1)．このような折れ線に沿って z が動くとき $(c_1(z), c_2(z))$ はまったく変化しないことが分かった．よって G 上で $f(z) = \text{const.}$ である．　　　　　　(証明終)

注意 6.2 ここで u, v がまずは "局所的に" 定数であることを示したが，いきなり G 全体で定数であるとの主張はできない．その理由は，以下の例が示すように，たとえ G で $u_x = 0$ であっても u が x によらない関数であるとは主張できないからである．

[例] 領域 $G := \mathbb{D} \setminus \{(0, y) \in \mathbb{D} \mid y \geq 0\}$ 上の非定数関数
$$u(x, y) := \begin{cases} 0, & x < 0, y \geq 0 \text{ とき} \\ y^2, & \text{その他のとき} \end{cases}$$

[*9] 実際，たとえばリーマン面の上の関数としては正則である．

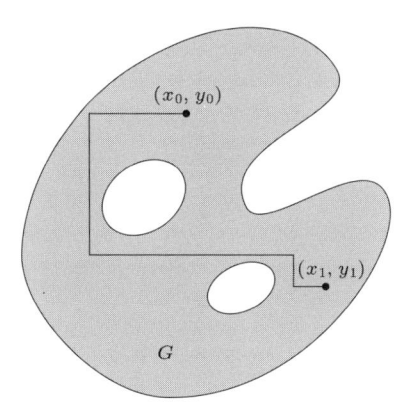

図 6.1　局所的に定数である関数を折れ線に沿って追う

は G 上で C^1 級で，G 全体で $u_x = 0$ を満たす．このようなことが起こる理由は直線 $y = \mathrm{const.}$ が G と交わって得られる集合が連結とは限らないからである．たとえば，c を 1 つの定数 $(-1 < c < 1)$ として，直線 $y = c$ で G を切ったとき，$c < 0$ なら切り口は 1 つの線分でその上で u はたしかに x にはよらない．これに対し $c > 0$ のときには，切り口は E によって 2 つの線分に分けられ，それぞれの上で x にはよらないことは先の場合と同様であるが，たがいの関係をつける情報がない．

上の定理における導関数に関する仮定は関数の絶対値に関する仮定で置き換えることもできる：

定理 6.10　領域 G で正則な関数 f について，$|f|$ が G 上の定数関数ならば f 自身が G 上の定数関数である．

[証明]　ある定数 M によって G 上で $|f| = M$ であるとしよう．$M = 0$ のときには明らかに $f = 0$ である[*10)]から証明は終わる．したがって $M > 0$ としよう．仮定は $f\bar{f} = M^2$ と書ける．この両辺を x, y で偏微分して $f_x \bar{f} + f \bar{f}_x = 0$ および $f_y \bar{f} + f \bar{f}_y = 0$ を得るが，定理 6.5 (およびその脚注) によって $f_x = -i f_y = f'$ であったことを用いれば，これらは $f' \bar{f} + f \bar{f}' = 0$ および $f' \bar{f} - f \bar{f}' = 0$ と書き直せる．これより $f' \bar{f} = 0$ を知る．この両辺に f を掛ければ $M^2 f' = 0$ となるが，$M > 0$ だから $f' = 0$ を得る．前定理から $f = \mathrm{const.}$ である．　　　(証明終)

定理 6.9 から容易に得られる次の定理は定理 6.10 と同じ範疇に属する．

[*10)]　式 $f = 0$ は (G 上の関数として) f が恒等的に 0 であることを意味する．

定理 6.11 実部が定数の正則関数は定数関数に限る.

問 6.7 定理 6.10 を極座標系によって表したコーシー・リーマンの関係式 (問 6.4 参照) を利用して示せ.

ここで，第 4 章で提示した問題 (問 4.10) を解決しよう．流体力学的な問題が複素解析の光の下で効果的に解決されることは注目に値する．

例 6.8 円環領域 $A := \mathbb{A}(0;\rho,R)\,(0 \leq \rho < R \leq +\infty)$ における縮まない流体の非回転的な流れの流線がすべて原点を中心とする同心円周であるとする．速度場を $\boldsymbol{v} = [p(x,y),q(x,y)]$ とすると複素速度 $\varphi(z) = p(x,y) - iq(x,y)$ は $z = x+iy$ の正則関数である．流線に関する仮定は $\mathrm{Re}\,[z\varphi(z)] = 0 \,(z \in A)$ を意味する[*11]．定理 6.11 によって正則関数 $z\varphi(z)$ は定数関数である．この定数は純虚数であるから，ある実数 k によって A 内で $z\varphi(z) = ik$, すなわち $\varphi(z) = ik/z = ik\bar{z}/|z|^2 = ky/(x^2+y^2) + ikx/(x^2+y^2)$ が成り立つ．定数 $-k$ を c と書き換えれば $\boldsymbol{v} = c\,[-y/(x^2+y^2), x/(x^2+y^2)]$ であることが分かった．

6.5　正則関数と調和関数 (I)

すでに第 4 章や第 5 章で見たように，正則関数と調和関数の間には密接な関係がある；正則関数の実部と虚部は (2 変数の) 調和関数であったし，与えられた調和関数 $u(x,y)$ に対してその共役調和関数 $v(x,y)$ が局所的に作られ複素関数 $f := u + iv$ は正則関数になった (ここでは $u, v \in C^2$ を仮定している).

ラプラシアンの線形性を考慮すれば，複素関数に対しても――実部と虚部それぞれにラプラシアンを施すことによって――ラプラシアンを作用させることができる．その意味で正則関数は**複素調和関数** (complex harmonic function) の例である．複素調和関数 h の共役調和関数 h^* を局所的に作ることができる；h をその実部と虚部に分けて $h = \varphi + i\psi$ と表示したとき，h の共役は $h^* = \varphi^* + i\psi^*$ で定義すればよい．このとき $h + ih^* = (\varphi + i\varphi^*) + i(\psi + i\psi^*)$ における $\varphi + i\varphi^*$, $\psi + i\psi^*$ はともに正則関数であるから，$f := h + ih^*$ もまた正則関数である[*12]．

さて，第 1 章で見たように，デカルト座標 (x,y) と複素座標 z とは $z = x+iy$ あるいは $x = (z + \bar{z})/2, y = (z - \bar{z})/(2i)$ によって関連づけられている．した

[*11] 命題 1.2 参照．あるいは，$\boldsymbol{v}$ と $[x,y]$ との直交条件 $px + qy = 0$ からも容易に分かる．
[*12] ただし，$\mathrm{Re}\,f$ が h であるなどとは主張できない．

がって合成関数の微分法を形式的に適用すれば
$$\frac{\partial}{\partial z} = \frac{\partial}{\partial x}\frac{\partial x}{\partial z} + \frac{\partial}{\partial y}\frac{\partial y}{\partial z} = \frac{1}{2}\left(\frac{\partial}{\partial x} - i\frac{\partial}{\partial y}\right)$$
$$\frac{\partial}{\partial \bar{z}} = \frac{\partial}{\partial x}\frac{\partial x}{\partial \bar{z}} + \frac{\partial}{\partial y}\frac{\partial y}{\partial \bar{z}} = \frac{1}{2}\left(\frac{\partial}{\partial x} + i\frac{\partial}{\partial y}\right)$$
を得る. この考察に基づきあらためて次の定義をおく.

定義 6.3 微分作用素 $\partial/\partial z$ および $\partial/\partial \bar{z}$ を
$$\frac{\partial}{\partial z} := \frac{1}{2}\left(\frac{\partial}{\partial x} - i\frac{\partial}{\partial y}\right) \qquad \text{および} \qquad \frac{\partial}{\partial \bar{z}} := \frac{1}{2}\left(\frac{\partial}{\partial x} + i\frac{\partial}{\partial y}\right) \tag{6.11}$$
によって定義する. これらの作用素は簡略な記号 $\partial_z, \partial_{\bar{z}}$ をもって, あるいは $\partial, \bar{\partial}$ をもって表されることもある. 記号 $f_z = \partial_z f$, $f_{\bar{z}} = \partial_{\bar{z}} f$ もまた用いられる.

定理 6.12 偏微分可能な実関数 u, v から作られた複素関数 $f = u + iv$ において, u, v が点 z_0 でコーシー・リーマンの関係式を満たすことと
$$\left(\frac{\partial f}{\partial \bar{z}}\right)_{z=z_0} = 0 \tag{6.12}$$
とは同値である. また, 全微分可能な f が (6.12) を満たすならば, f は z_0 で複素微分可能であって次式が成り立つ:
$$f'(z_0) = \left(\frac{\partial f}{\partial z}\right)_{z=z_0}. \tag{6.13}$$

[証明] 定義 6.3 により $f_{\bar{z}} = (u_x - v_y)/2 + i(v_x + u_y)/2$ であるから前半が証明された. また, 定理 6.5 により前半と f の全微分可能性から f の複素微分可能性と $f_z(z_0) = u_x(x_0, y_0) + iv_x(x_0, y_0) = f'(z_0)$ の成立が分かる. (証明終)

関係式 (6.12) を**複素コーシー・リーマン関係式** (complex Cauchy-Riemann relation) と呼ぶ.

注意 6.3 全微分可能な複素関数[*13] f は $(df)_{z=z_0} = f_z(z_0)\,dz + f_{\bar{z}}(z_0)\,d\bar{z}$ とも書けることに注意すれば, 正則関数に関する定理 6.12 の主張は
$$(df)_{z=z_0} = f_z(z_0)\,dz \tag{6.14}$$
にほかならない. (6.14) あるいは (6.12) 等の式は, f が変数 $\bar{z}$ を含まない関数——単一の変数 z の関数——であることを示したものであると解釈される[*14].

[*13] 実部・虚部がともに x, y の全微分可能な関数.
[*14] これが正則性に関するリーマンの考察の出発点の 1 つでもあった.

例 6.9 関数 $w = |z|^2$ は ($w = z\bar{z}$ と書けば分かるように) $w_{\bar{z}} = z$ を満たすから,原点においてのみコーシー・リーマンの関係式が成り立つ.すなわち——すでに例 6.6 で見たように——原点以外では関数 $z \mapsto |z|^2$ は複素微分可能でない.

問 6.8 f が G で正則であれば,$F(z) := \overline{f(\bar{z})}$ は $\{z \in \mathbb{C} \mid \bar{z} \in G\}$ で正則な関数である.これを示せ.

例 6.10 前章 87 ページで行ったポアソン核 (5.20) の実解析的な計算を複素解析的に扱ってみよう.複素数の計算に慣れるよい機会なので冗長を厭わず丁寧な解説を試みる.開単位円板 $\mathbb{D}$ 内の点 (x_0, y_0) を固定したが,まずこの点の複素数表示を a,極座標表示を $\rho e^{i\varphi}$ としよう[*15)].すると単位円周に関する点 $z_0 = x_0 + iy_0$ の対称点は $\rho^{-1} e^{i\varphi} = a/\rho^2$ である.したがって関数 (5.19) は

$$v(x,y) = \log \frac{1}{\rho} \frac{|z-a|}{|z-a/\rho^2|} = \log \frac{|z-a|}{|\rho z - a/\rho|} = \log \frac{|z-a|}{|(\rho z - a/\rho)e^{-i\varphi}|}$$

$$= \log \frac{|z-a|}{|\bar{a}z - 1|} = \frac{1}{2} \log \left|\frac{z-a}{\bar{a}z - 1}\right|^2 = \frac{1}{2} \left(\log \frac{z-a}{\bar{a}z - 1} + \log \frac{\bar{z}-\bar{a}}{a\bar{z} - 1} \right)$$

と書き直せる.よって

$$\frac{\partial v}{\partial z} = \frac{1}{2} \left(\frac{1}{z-a} - \frac{\bar{a}}{\bar{a}z - 1} \right) = \frac{1}{2} \cdot \frac{1 - |a|^2}{(z-a)(1 - \bar{a}z)}$$

$$= \frac{1}{2} \cdot \frac{1 - |a|^2}{(z-a)(z\bar{z} - \bar{a}z)} = \frac{1}{2} \cdot \frac{1 - |a|^2}{|z-a|^2} \cdot \frac{1}{z}$$

である.同様にすれば

$$\frac{\partial v}{\partial \bar{z}} = \frac{1}{2} \cdot \frac{1 - |a|^2}{|z-a|^2} \cdot \frac{1}{\bar{z}}$$

が分かる.したがって,ポアソン核 $P(\rho, \varphi; \theta) = \partial v / \partial r$ は

$$P(\rho, \varphi; \theta) = \frac{\partial v}{\partial z} \frac{\partial z}{\partial r} + \frac{\partial v}{\partial \bar{z}} \frac{\partial \bar{z}}{\partial r} = \frac{1}{2} \frac{1 - |a|^2}{|z-a|^2} \cdot \left(\frac{e^{i\theta}}{z} + \frac{e^{-i\theta}}{\bar{z}} \right) = \frac{1 - |a|^2}{|z-a|^2} \quad (6.15)$$

である.

問 6.9 式 (6.15) の最右辺の幾何学的解釈を通じて式 (5.20) との比較検討を行え.

C^2 級の複素関数 f に対して

$$\Delta f = 4 \frac{\partial}{\partial z} \left(\frac{\partial f}{\partial \bar{z}} \right) = 4 \frac{\partial^2 f}{\partial z \partial \bar{z}} = 4 \frac{\partial}{\partial \bar{z}} \left(\frac{\partial f}{\partial z} \right) = 4 \frac{\partial^2 f}{\partial \bar{z} \partial z} \quad (6.16)$$

と書けることに注意しよう.式 (6.16) は「正則関数が複素調和関数であること」

[*15)] ρ, φ は 87 ページのものと同一.すなわち,$\rho = |a| = (x_0^2 + y_0^2)^{1/2}, \varphi = \arg a$.

のもう1つの説明を与えている[*16].

例 6.11 複素調和関数 f が正則関数であるための必要条件は $zf(z)$ が複素調和関数であることである．実際，任意の C^2 級複素関数 f に対して
$$\Delta(zf(z)) = 4\frac{\partial}{\partial \bar{z}}\left(f(z) + z\frac{\partial f}{\partial z}\right) = 4\left(\frac{\partial f}{\partial \bar{z}} + z\frac{\partial}{\partial \bar{z}}\frac{\partial f}{\partial z}\right) = 4\frac{\partial f}{\partial \bar{z}} + z\Delta f$$
であるから，複素調和関数 f については "$\Delta(zf(z)) = 0 \iff \partial_{\bar{z}}f = 0$" が成り立つ．

複素関数 f が $\partial_z f = 0$ を満たすならば，$\tilde{f}(z) := \overline{f(z)}$ で定義される関数 $\tilde{f}$ は正則である．このとき f を**反正則関数** (antiholomorphic function) と呼ぶ．

例 6.12 正則かつ反正則な関数は定数関数に限られる．実際，領域 G で定義された正則関数 f について，その反正則性からは $\partial_z f = 0$ が分かる．これは $f'(z) = 0, z \in G$ を意味する．定理 6.9 によって f は G 上の定数関数である．

例 6.13 任意の複素調和関数は局所的に正則関数と反正則関数の和として，定数差を除き一意的に，書ける[*17]．実際，与えられた複素調和関数 h に対して局所的に作った共役調和関数を h^* とすれば，$f := (h + ih^*)/2, g := (h - ih^*)/2$ はそれぞれ正則関数，反正則関数であって $f + g = h$ である．次に，与えられた複素調和関数 h がもし2通りに分解できたとして $h = f_1 + g_1 = f_2 + g_2$ (f_1, f_2 は正則，g_1, g_2 は反正則) とすれば，$f_1 - f_2 = g_2 - g_1$ は正則かつ反正則，すなわち定数関数である．

6.6 単葉な関数と等角写像

6.6.1 単葉な正則関数

逆関数の多価性を調べる際に見られたように，複素関数をリーマン球面 $\hat{\mathbb{C}}$ (の一部) から $\hat{\mathbb{C}}$ (の一部) への写像と考える方法は強力である．この節ではいっそう簡単でかつ有効な例として，1価な逆関数をもつ関数——すなわち1対1写像 (単射) を定める複素関数——を調べる．複素関数論においては伝統的に次の言葉が用いられる．

[*16] 式 (6.16) はまた複素数の範囲での因数分解 $a^2 + b^2 = (a + ib)(a - ib)$ を想起させる．
[*17] 双曲型偏微分方程式を解くためのダランベールの方法を真似ればこの分解は発見的に得られる：複素関数 h を2つの独立変数 $z, \bar{z}$ の関数 $h(z, \bar{z})$ と考え，調和性を $\partial_{\bar{z}}(\partial_z h) = 0$ と書くとき，まず z の任意関数 f (それは正則関数である！) を用いて $\partial_z h = f(z)$ と書ける．もう一度 ($\bar{z}$ について) 積分すれば $\bar{z}$ の任意関数 g (すなわち反正則関数) を得て期待された分解 $h(z, \bar{z}) = f(z) + g(\bar{z})$ に到達する．

定義 6.4 平面領域 G において定義された正則関数[18] f が G で 1 対 1 写像を定めるとき，f は G で**単葉** (univalent, simple, schlicht(独語)) であるという．

例 6.14 1 次多項式は全平面で，また 2 次多項式 $z \mapsto z^2$ は上半平面で，それぞれ単葉な正則関数[19]である．後者は全平面においては単葉でない．指数関数 $w = e^z$ は周期関数であるので全平面で単葉とはならないが，たとえば帯状領域 $\{z \in \mathbb{C} \mid -\infty < \operatorname{Re} z < +\infty, 0 < \operatorname{Im} z < 2\pi\}$ では単葉な正則関数である．

例 6.15 メービウス変換は分母の零点を除いた平面で単葉な正則関数である．

例 6.16 ジューコフスキー変換 $J(z) = z + 1/z$ は $\mathbb{C}$ では単葉な関数ではない．しかし $\mathbb{D}^*$ あるいは $\mathbb{C} \setminus \overline{\mathbb{D}}$ では単葉な正則関数である．

問 6.10 正弦関数 $w = \sin z$ が単葉である範囲を例示せよ．

定理 6.13 複素平面内の 1 点 z_0 で正則な関数 $w = f(z)$ が $f'(z_0) \neq 0$ を満たせば，関数 f は点 z_0 のある近傍で単葉である．逆関数 $z = f^{-1}(w)$ もまた点 w_0 で正則である．

[証明] 後に[20]複素解析的な証明を与えるが，ここでは f が C^1 級であると仮定して多変数実解析学の知識[21]を援用した証明を与える．いつものように $w = u+iv, z = x+iy, z_0 = x_0+iy_0$ とおくと，写像 $F: \mathbb{R}^2 \ni (x, y) \to (u, v) \in \mathbb{R}^2$ のヤコビ行列式[22] $J_F(x, y)$ はコーシー・リーマンの関係式によって

$$\begin{vmatrix} u_x & v_x \\ u_y & v_y \end{vmatrix} = u_x v_y - v_x u_y = (u_x)^2 + (v_x)^2 = |f'(z)|^2 \tag{6.17}$$

と書き換えられるから，仮定によって点 (x_0, y_0) のある近傍で正である．したがって F は点 (x_0, y_0) の近傍で 1 対 1 でその逆写像 F^{-1} もまた C^1 級である．ゆえに，定理 6.4 により，逆関数もまた正則である． (証明終)

---

[18] 定義域あるいは値域に無限遠点を含めて考えることもできるが，ここでは，記述と理解を平明にするために，平面領域上の有限値複素関数に限る．

[19] "単葉な正則関数"は無駄を含む不正確な用語であるが，将来を見越して用いる．第 9 章で定義を拡張して "単葉な有理型関数"なる語が登場すると "単葉な正則関数"もまた市民権を得る．

[20] 定理 9.23 を参照．

[21] たとえば[2], 124 ページにある逆写像定理，あるいは[7], 69 ページの逆関数定理を参照．

[22] ヤコビ行列式とその性質についてはたとえば[7], 13 ページを見よ．C. G. Jacobi (1804–1851).

式 (6.17) から容易に分かる通り

系 6.3 単葉正則関数は向きを保つ写像である；平面の表裏は入れ替わらない[*23].

注意 6.4 $\mathbb{R}^2$ から $\mathbb{R}^2$ への写像においては，ヤコビ行列式が 0 となる点の近くで 1 対 1 であることが起こり得る．実際，写像 $\mathbb{R}^2 \ni (x, y) \to (x^3, y) \in \mathbb{R}^2$ のヤコビ行列式は $3x^2$ であるので原点で 0 である．しかし $\mathbb{R}^2$ 全体で 1 対 1 の写像である．この現象は複素関数においては起こらない．正則関数の美しさの一面を示すこの注意 (実際にはさらに強い主張) の証明は，上の定理の複素解析的証明と併せて定理 9.23 で述べる．

注意 6.5 条件 $f'(z_0) \neq 0$ から導き出される f の単葉性はあくまで局所的であって大域的な結論は得られない．たとえば，円環領域 $A := \{1 < |z| < 2\}$ における関数 $f(z) = z^2$ は A 内至るところで $f'(z) \neq 0$ であるが，f は A 全体では単葉ではない．

6.6.2 等角写像

2 つの平面の座標を容易に把握するために，この小節の中に限って，関数 $w = f(z)$ と書かずに関数 $Z = f(z)$ と書こう．関数 f はその定義域 G 全体で C^1 級であると仮定するが，当面は 1 点 $z_0 \in G$ とその像 $Z_0 = f(z_0)$ に注目する．

点 z_0 において交わる 2 つの C^1 級の曲線 γ_1, γ_2 は点 z_0 において接線が引けているとする．すなわち，$k = 1, 2$ に対して γ_k の径数表示

$$\gamma_k : z = \omega_k(t), \quad -1 \leq t \leq 1 \tag{6.18}$$

は $\omega_k(0) = z_0$, $\omega'_k(0) \neq 0 \,(k=1,2)$ を満たすとしよう[*24]．C^1 級の複素関数 $Z = f(z)$ はこれらの曲線を点 Z_0 において交わる 2 つの C^1 級の曲線 Γ_1, Γ_2 に写すが，$k = 1, 2$ に対して Γ_k の径数表示 (の 1 つ) は

$$\Gamma_k : Z = \Omega_k(t) := f(\omega_k(t)), \quad -1 \leq t \leq 1 \tag{6.19}$$

で与えられる．

もしも f が点 z_0 で複素微分可能であるならば合成関数の微分法によって $\Omega'_k(0) = f'(z_0)\omega'_k(0)$ である．さらに $f'(z_0) \neq 0$ を仮定するならば $\Omega'_k(0) \neq 0$ となるので，曲線 Γ_k にも Z_0 で (退化しない) 接線が引ける (図 6.2)．

[*23] 平面の表裏の決定や写像が向きを保つかどうかなどは，曲面での性質の特殊な場合として扱われたり直観的な定義で満足したりすることが多い．平面の場合の複素解析的に詳しい解説は[14]，第 3 章にある．

[*24] 曲線の径数表示を以前のように $z = \zeta_k(t)$ ではなく $z = \omega_k(t)$ としたのは ζ の大文字が z の大文字と同じになってしまうという単純な理由による．

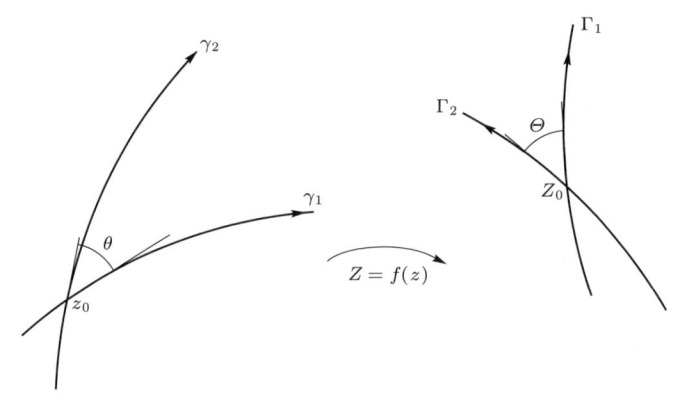

図 6.2 等角写像

この仮定の下で，曲線 γ_1, γ_2 が点 z_0 においてなす角を θ とし，曲線 Γ_1, Γ_2 が点 Z_0 においてなす角を Θ とする．これらの角は，添え字の小さい方から大きい方に向かって反時計回りに測ることにしよう．たとえば θ は点 z_0 の周りを反時計回りに γ_1 の接ベクトルから γ_2 の接ベクトルに向かって測ったものとする．偏角は常に 2π の整数倍を加減する自由度を許して考えることにすれば，$k = 1, 2$ について $\arg \Omega'_k(0) = \arg f'(z_0) + \arg \omega'_k(0)$ であるから，

$$\Theta = \arg \Omega'_2(0) - \arg \Omega'_1(0) = \arg \omega'_2(0) - \arg \omega'_1(0) = \theta$$

が成り立つ．すなわち，点 z_0 で交わる 1 対の曲線のなす角と点 $Z_0 = f(z_0)$ で交わるそれらの像曲線のなす角とが等しい．この性質は "f は z_0 で**等角的** (conformal) である" と表現される[*25]．この用法にしたがえば

定理 6.14 C^1 級の関数 f による写像は，f が点 z_0 で複素微分可能で $f'(z_0) \neq 0$ を満たすならば，z_0 で等角的である．

注意 6.6 関数 $w = z^2$ が原点で角を 2 倍にすることから分かるように，$f'(z_0) = 0$ となる z_0 では等角性は保障されない．実際，$f'(z_0) = 0$ のときには，z_0 のいかに小さい近傍 U をとっても f は U 上で 1 対 1 でないことが後に示される (定理 9.23)．

例 6.17 ジューコフスキー変換 (47 ページ) は $\mathbb{C} \setminus \{\pm 1\}$ の各点で等角的である (問 3.6 も参照)．除外された 2 点では単位円周の接線が引けるのだが，単位円周は線分に，

[*25] 等角的 (conformal) はここでは "角の向きと大きさを保つ" ことを意味するが，次小節で示すように実際には同時にまた別の条件——線分比一定——を満たすこととも本質的に同値である．

また $z = \pm 1$ はその端点に写される．この尖った端点では接線が引けない[*26]．

例 6.18 関数 $Z = e^z$ は平面の任意の点において (局所的に) 等角的である．

次に，点 z_0 で交わる 2 曲線とその像曲線の接ベクトルの長さを，
$$\Omega'_k(0) = \left(\frac{df(\omega_k(t))}{dt}\right)_{t=0} = f'(\omega_k(0))\omega'_k(0) = f'(z_0)\omega'_k(0), \qquad k = 1, 2$$
に注意して比較すれば，仮定 $f'(z_0) \neq 0$ の下では
$$\frac{|\Omega'_2(0)|}{|\Omega'_1(0)|} = \frac{|f'(z_0)||\omega'_2(0)|}{|f'(z_0)||\omega'_1(0)|} = \frac{|\omega'_2(0)|}{|\omega'_1(0)|}$$
を知る[*27]．この事実と前定理とを併せれば次の定理が得られる．

定理 6.15 C^1 級の関数 f が点 z_0 で複素微分可能で $f'(z_0) \neq 0$ であるならば，f は点 z_0 を頂点とする無限小 3 角形をそれに相似な無限小 3 角形に写す．

この定理の骨格は $dZ = f'(z_0)dz$ から $|dZ| = |f'(z_0)| \cdot |dz|$ を導くところにある．結論部分はまた "f は無限小円を無限小円に写す" とも表現できる．

6.6.3 等角写像の複素微分可能性

本節では，定理 6.14 の逆に相当する次の定理を証明する[*28]．

定理 6.16 複素関数 $Z = f(z)$ は平面領域 G で C^1 級であると仮定する．もしも f が z_0 で等角的であるならば，f は z_0 で複素微分可能である．また，f が z_0 で線分比一定であるならば f または $\bar{f}$ は z_0 で複素微分可能である．

[証明] まず，一般論として，$Z = f(z)$ は C^1 級関数であるから全微分可能である．したがって，点 z_0 における z の差分を Δz，関数 f の差分を $\Delta Z = f(z_0 + \Delta z) - f(z_0)$ とすれば，$A := f_z(z_0)$, $B := f_{\bar{z}}(z_0)$ および $\Delta z \to 0$ のとき

[*26] 像点 $w = \pm 2$ では ——関数の右微分係数や左微分係数の言葉遣いに則るなら—— 右接線と左接線の 2 つがあり，それらは一気に π だけ転回する．この状態は接線が引けたとは考えない．

[*27] この性質は点 z_0 で "線分比一定" であると表現される．

[*28] この議論はしばしば省かれるけれども，定理の次のような特殊化だけからもその重要性が容易に理解されるであろう：複素微分可能性，角の保存，線分比一定は本質的に ——向きを保存する C^1 同相写像に関する限り—— 同等である．角の大きさは平面の表裏の特定に依存して定まるのに対し，線分比は長さに関する概念でそこでは向きづけは無視されることに注意しよう．

$|\varepsilon/\Delta z| \to 0$ を満たす複素量 ε を用いて，z_0 の近くでは $\Delta Z = A\Delta z + B\overline{\Delta z} + \varepsilon$ と書ける．Δz の偏角を $\psi \in [0, 2\pi)$ とすれば，

$$\left| \frac{\Delta Z}{\Delta z} - (A + B e^{-2i\psi}) \right| = \frac{|\varepsilon|}{|\Delta z|}$$

が成り立つ．これは，複素量 $\Delta Z/\Delta z$ が中心 A，半径 $|B|$ の円周[*29]上を動き回る複素数 $A + B e^{-2i\psi}$ と少ししか違わないことを主張する．

他方で，点 z_0 で交わる 2 つの C^1 級の曲線 γ_1, γ_2 とその像曲線 Γ_1, Γ_2 とが先程と同様に (6.18) および (6.19) によって与えられているとする．複素数 $\Omega'_k(0), \omega'_k(0)$ はいずれも有限で 0 ではなく，しかもそれぞれは $\Delta\Omega_k/\Delta t$ および $\Delta\omega_k/\Delta t$ によって近似されているから，それらの商 (0 ではない有限な複素数) は $(\Delta\Omega_k/\Delta t)(\Delta\omega_k/\Delta t)^{-1} = \Delta\Omega_k/\Delta\omega_k$ によって近似される．

いま，γ_1, γ_2 のなす角 θ と Γ_1, Γ_2 が点 $Z_0 = f(z_0)$ でなす角 Θ とが等しいと仮定すれば $\arg\Omega'_2(0) - \arg\Omega'_1(0) = \Theta = \theta = \arg\omega'_2(0) - \arg\omega'_1(0)$ が成り立つから，$\arg(\Omega'_k(0)/\omega'_k(0))$ は k によらない．すなわち ——C^1 曲線に沿う限り—— $\arg(dZ/dz)(z_0)$ は (2π を法として) 確定する．$\Delta Z/\Delta z$ は中心 A，半径 $|B|$ の円周のごく近くを動き回るはずだから，それに近い $\arg(dZ/dz)(z_0)$ が定まるためには $B = 0$ であることが必要である．これは点 z_0 におけるコーシー・リーマンの関係式を表すから，f は z_0 で複素微分可能な関数である．

次に，写像 $Z = f(z)$ が線分比一定であると仮定する．この場合には微分商 $|dZ|_{t=0}/|dz|_{t=0} = |(dZ/dz)(z_0)|$ が曲線によらずに定まるが，そのためには中心 A が原点にあるか半径 $|B|$ が 0 であるかのいずれかが必要であるが，後者からは先ほどの角に関する推論と同様に f の点 z_0 での複素微分可能性が従い，前者からは f または $\overline{f}$ が点 z_0 で複素微分可能であることが従う．　　　　(証明終)

定義 6.5 平面領域 D で定義された関数 $Z = f(z)$ は，それが D 全体で 1 対 1 でしかも各点で等角的であるとき D において**等角的** (conformal) であるという．また，f を D から $f(D)$ (の上) への**等角写像** (conformal mapping) と呼ぶ[*30]．

問 6.11 領域 $\{z = x + iy \mid xy > 1, x > 0\}$ は，関数 $w = z^2$ によって，ある半平面の上に 1 対 1 等角に写像されることを確かめよ．また，像領域を特定せよ．

[*29] 便宜上 $B = 0$ の場合も (退化した) 円周と考える．
[*30] 等角写像は全単射について用いられるのが普通であるが，時には全射であると要求しないこともある．これらを区別して "上への等角写像"，"中への等角写像" などという言葉も使われる．

問 6.12 (1) 関数 $w = \sqrt{z}, \sqrt{1} = 1$ は切れ込みの入った平面 $\mathbb{C}_z \setminus \{-\infty < \mathrm{Re}\, z \leq 0, \mathrm{Im}\, z = 0\}$ を右半平面 $\{w \in \mathbb{C} \mid \mathrm{Re}\, w > 0\}$ の上に1対1等角に写像することを確かめよ．(2) 同じ関数は放物線によって作られた領域 $\{z = x + iy \mid x > -y^2/4 + 1\}$ をある半平面の上に1対1等角に写像することを示せ．また，像領域を特定せよ．

問 6.13 対数関数 $w = \log z$ は上半平面 $\mathbb{H}_z$ を帯状領域 $\{w \in \mathbb{C} \mid 0 < \mathrm{Im}\, w < \pi\}$ の上に1対1等角に写像することを確かめよ．

系 9.3 で見るように，正則関数 f が定義域 D 全体で1対1ならば $f'(z) \neq 0$, $z \in D$ が成り立つ．この事実をここでは認めて上の結果をまとめれば

定理 6.17 単葉な正則関数は等角写像であり，逆もまた真である．

次の定理と問に述べるメービウス変換は非常に有用な等角写像である．

定理 6.18 メービウス変換
$$w = e^{it}\frac{z - a}{1 - \bar{a}z} \qquad (a \in \mathbb{D}, t \in [0, 2\pi)) \tag{6.20}$$
は z 平面の単位円板を w 平面の単位円板の上に1対1等角に写す[*31]．

[証明] メービウス変換は1位の有理関数であるから，リーマン球面の間の1対1写像である（定理 3.2）．さらに，容易に確かめられる関係式
$$|w|^2 - 1 = \frac{1 - |a|^2}{|1 - \bar{a}z|^2}(|z|^2 - 1)$$
からただちに分かるように $|w|^2 - 1$ と $|z|^2 - 1$ とは同符号であるから，$\mathbb{D}_z$ と $\mathbb{D}_w$ とが1対1に対応する．したがって上の定理により，変換 (6.20) は単位円板から単位円板の上への1対1等角写像である． (証明終)

問 6.14 メービウス変換
$$w = e^{it}\frac{z - a}{z - \bar{a}} \qquad (\mathrm{Im}\, a > 0, t \in [0, 2\pi)) \tag{6.21}$$
は，上半平面 $\mathbb{H}_z$ を単位円板 $\mathbb{D}_w$ の上に1対1等角に写すことを示せ．パラメータ a, t の果たす幾何学的役割を明らかにせよ．

[*31] 点 $z = a$ は点 $w = 0$ に対応する．径数 t は $\mathbb{D}_w$ を原点を中心に回転させる自由度を表す．

本章では複素微分可能性と正則性が定義され，正則関数の実部と虚部が (C^2 を仮定すれば) 共役な調和関数であることを見た．正則関数の幾何学的特徴 (等角性) も明らかになった．正則性の定義 (定義 6.1) においては，複素微分可能性が要求されているだけで導関数についての条件はなかった．しかし本章では多くの場面において，導関数の連続性や更なる微分可能性までが用いられていたことに注意しよう．このような仮定が実は不要であることを含め正則関数のさまざまな重要な性質が "複素積分を通じて" 次章で明らかになる．

演 習 問 題

6.1 関数 $f(z) := |x^2 - y^2| + 2i|xy|$ が正則である範囲を示せ ($z = x + iy$).

6.2 複素数 λ ($|\lambda| < 1$) について関数 $f(z) := z^2(\lambda z + 1)^{-3}$ は閉単位円板で正則であることを確かめ，導関数 $f'(z), f''(z)$ を求めよ．

6.3 正則関数 $w = f(z)$ のシュヴァルツ微分 (Schwarzian derivative) は

$$\{f, z\} := \frac{f'''}{f'} - \frac{3}{2}\left(\frac{f''}{f'}\right)^2 = \left(\frac{f''}{f'}\right)' - \frac{1}{2}\left(\frac{f''}{f'}\right)^2$$

により定義される．$\{f, z\} = 0$ であるための必要十分条件を求めよ．

6.4 T がメービウス変換ならば，任意の正則関数 f に対して $\{T \circ f, z\} = \{f, z\}$ および $\{f \circ T, z\} = \{f, z\} T'(z)^2$ が成り立つことを示せ．

6.5 等角写像論の立場から問 3.6 に答えよ．

6.6 楕円の外部 $\{z = x + iy \mid x^2/a^2 + y^2/b^2 > 1\}$ を単位円板の上に 1 対 1 等角に写像する関数を探せ．ただし $a > b > 0$ とする．

6.7 帯状領域 $\{z \in \mathbb{C} \mid -1 < \mathrm{Re}\, z < 1\}$ を単位円板の上に 1 対 1 等角に写像する関数を求めよ．

6.8 2つの開円板の共通部分として得られるレンズ形をした領域 $\{z = x + iy \mid x^2 + (y \pm 1)^2 < 3\}$ を単位円板の上に 1 対 1 等角に写像する関数を求めよ．

6.9 立体射影は角の大きさを変えない——しかしその符号を変える——写像であることを証明せよ．

6.10 正則関数が C^2 級であることを認めて次を示せ．正則関数 f が値 0 をとらないならば $\Delta|f| \geq 0$ が成り立つ[*32]．

6.11 2つの実関数 $u(x, y) = \sqrt{\sqrt{x^2 + y^2} + x}$, $v(x, y) = \sqrt{\sqrt{x^2 + y^2} - x}$ から定まる複素関数 $f : z = x + iy \mapsto w = u + iv$ は $\mathbb{H}$ で正則であることを示せ[*33]．

[*32] 一般に $\Delta\varphi \geq 0$ を満たす C^2 級の関数 $\varphi(x, y)$ は劣調和 (subharmonic) と呼ばれる．劣調和性は滑らかさを弱めた関数へと一般化されるがここで詳細に立ち入る余裕はない．

[*33] 問題 5.9 参照．

第 7 章
コーシーの積分定理と積分公式

CHAPTER 7

前章では正則関数の基本的な性質を調べた．正則関数のさらに深い性質は，その定義 ([複素] 微分可能性) から直接に導き出されるのではなく，線積分を通じて得られる．本章では，複素線積分の定義からはじめてコーシーの積分定理と積分公式を証明し，さらに簡単な応用としてリューヴィルの定理と正則関数の導関数の正則性を示す．これらはともに，実関数の世界ではまったく見られなかった性質である．積分定理や積分公式の応用として "留数" が導入され，オイラーやコーシーが複素関数の重要性を強く認識し研究を進める動機の 1 つであった実定積分の値を求める問題が扱われる．

7.1 複 素 線 積 分

C^1 級の平面曲線

$$\gamma : z = \zeta(t) = \xi(t) + i\eta(t), \quad a \le t \le b \tag{7.1}$$

とその上の連続関数 $f(z)$ に対して，f の γ に沿う [複素] 線積分 ([complex] line integral, [complex] curvilinear integral) を次式によって定義する[*1]：

$$\int_\gamma f(z)\,dz := \int_a^b f(\zeta(t))\zeta'(t)\,dt. \tag{7.2}$$

式 (7.1) を $f(z) = u(x,y) + iv(x,y)$ に代入すれば (7.2) は

$$\int_\gamma f(z)\,dz = \int_a^b \{u(\xi(t),\eta(t)) + iv(\xi(t),\eta(t))\}\{\xi'(t) + i\eta'(t)\}\,dt$$

$$= \int_a^b \{u(\xi(t),\eta(t))\xi'(t) - v(\xi(t),\eta(t))\eta'(t)\}\,dt$$

$$\quad + i\int_a^b \{u(\xi(t),\eta(t))\eta'(t) + v(\xi(t),\eta(t))\xi'(t)\}\,dt$$

と書き換えられる．ここで実関数の線積分の定義を思い起こせば，

[*1] 線積分は "すべてを径数 t の世界に移して" 計算される．変数変換の規則あるいは置換積分を受け入れて定義としたもので，スチルチェス積分の一種と言える．(T. J. Stieltjes (1856–1894))．

$$\int_\gamma f(z)\,dz = \int_\gamma u\,dx - v\,dy + i\int_\gamma v\,dx + u\,dy \tag{7.3}$$

を知る．式 (7.2) に換えて式 (7.3) を複素線積分の定義とすることもできる[*2]．

例 7.1 点 $a \in \mathbb{C}$ を中心として半径が $\rho(>0)$ の円周 $C(a,\rho)$ が $z = a + \rho e^{it}$ ($0 \leq t \leq 2\pi$) によって径数表示されているとき，$dz = i\rho e^{it}\,dt$ であるから

$$\int_{C(a,\rho)} \frac{dz}{z-a} = \int_0^{2\pi} \frac{i\rho e^{it}\,dt}{\rho e^{it}} = \int_0^{2\pi} i\,dt = 2\pi i. \tag{7.4}$$

線積分 (7.4) の値が半径 ρ の大きさによらないことは注目すべき性質である．この結果は以後においてきわめて重要な役割を果たす．

問 7.1 原点から点 i に至る線分を γ とするとき線積分 $\displaystyle\int_\gamma z\,dz$ の値を求めよ．

問 7.2 反時計回りに回る円周 $C(0,\sqrt{3})$ について $\displaystyle\int_{C(0,\sqrt{3})} \bar{z}\,dz$ の値を求めよ．

次の定理は非常に重要であるが，証明は難しくない[*3]．

定理 7.1 複素線積分の値は曲線の径数の選び方によらず定まる．

曲線 γ の線素 $|dz|$ や $d\bar{z}$ による線積分も同様に定義されて，

$$\int_\gamma f(z)\,|dz| = \int_a^b f(\zeta(t))\,|\zeta'(t)|\,dt, \qquad \int_\gamma f(z)\,d\bar{z} = \int_a^b f(\zeta(t))\,\overline{\zeta'(t)}\,dt.$$

によって計算される．これらの値もまた曲線の径数の選び方にはよらない．

例 7.2 曲線 (7.1) の線素 ds は径数表示 (7.1) によって $ds = \sqrt{\xi'(t)^2 + \eta'(t)^2}\,dt = |\zeta'(t)|dt = |dz|$ と表され，γ の "長さ" L_γ は線積分 $\displaystyle\int_\gamma |dz|$ である．

以下に述べる一連の定理もまた容易に証明できる．

定理 7.2 C^1 級の曲線 γ が 2 つの曲線 γ_1, γ_2 の和 $\gamma_1 + \gamma_2$ として書けるとき，γ 上の連続関数 f に対して

[*2] 実際の計算には，以下の例にも見られるように，複素数を直接用いた方が単純であることが多い．
[*3] たとえば[5], p.48 を参照．

$$\int_{\gamma_1+\gamma_2} f(z)\,dz = \int_{\gamma_1} f(z)\,dz + \int_{\gamma_2} f(z)\,dz. \tag{7.5}$$

この定理を考慮して,(有限個の) C^1 級の曲線 $\gamma_1,\gamma_2,\ldots,\gamma_N$ の和として書かれた区分的に C^1 級の曲線 γ に沿う線積分を

$$\int_{\gamma} f(z)\,dz := \int_{\gamma_1} f(z)\,dz + \int_{\gamma_2} f(z)\,dz + \cdots + \int_{\gamma_N} f(z)\,dz \tag{7.6}$$

によって定義する.今後は,特に断らない限り,曲線はすべて区分的に C^1 級であるとする.

注意 7.1 曲線 γ_1 の終点と曲線 γ_2 の始点が一致しない——したがってそれらの [以前に述べた意味での] 和が定義されない——場合でも,曲線の和 $\gamma_1+\gamma_2$ を形式的に考えて γ_1 の上でも γ_2 の上でも連続な関数 f に対して線積分を (7.6) を真似て定義することができる.注意 5.1 参照.

定理 7.3 曲線 γ,その上の連続関数 f,g,任意の複素数 λ,μ に対し,

1) $\displaystyle\int_{\gamma}(\lambda f(z)+\mu g(z))\,dz = \lambda\int_{\gamma}f(z)\,dz + \mu\int_{\gamma}g(z)\,dz.$

2) $\displaystyle\int_{-\gamma}f(z)\,dz = -\int_{\gamma}f(z)\,dz.,\quad \int_{-\gamma}f(z)\,|dz| = \int_{\gamma}f(z)\,|dz|.$

3) $\displaystyle\overline{\int_{\gamma}f(z)\,dz} = \int_{\gamma}\overline{f(z)}\,d\bar{z}.$

証明はいずれも容易である.これらの基本的な性質とならんで次の定理はしばしば非常に効果的に用いられる.

定理 7.4 $M_{\gamma}(f) := \max_{\gamma}|f(z)|$ とすれば,

$$\left|\int_{\gamma}f(z)\,dz\right| \leq \int_{\gamma}|f(z)|\,|dz| \leq M_{\gamma}(f)\,L_{\gamma} \tag{7.7}$$

が成り立つ.ここで L_{γ} は曲線 γ の長さを表す (例 7.2 参照).

[証明] 後半は実解析学において周知の "被積分関数に関する定積分の単調性" である.前半を示すために $I := \displaystyle\int_{\gamma}f(z)\,dz$ とおき適当な実数 $\theta\in[0,2\pi)$ を用いて $I = |I|e^{i\theta}$ と書く.このとき $|I| = \mathrm{Re}\,|I| = \mathrm{Re}\,[e^{-i\theta}I]$ である.したがって

$$|I| = \text{Re}\left[e^{-i\theta}\int_a^b f(\zeta(t))\zeta'(t)\,dt\right] = \int_a^b \text{Re}\left[e^{-i\theta}f(\zeta(t))\zeta'(t)\right]dt$$

$$\leq \int_a^b \left|e^{-i\theta}f(\zeta(t))\zeta'(t)\right|dt = \int_a^b |f(\zeta(t))|\,|\zeta'(t)|\,dt = \int_\gamma |f(z)|\,|dz|$$

が成り立つ. (証明終)

問 7.3 単位円周を 1 から i まで反時計回りに回る曲線を γ とするとき, $\displaystyle\int_\gamma z\,d\bar{z}$ および $\displaystyle\int_\gamma \bar{z}\,dz$ の値を求めよ.

問 7.4 反時計回りに回る単位円周 C について, $\displaystyle\int_C z\,d\bar{z} + \int_C \bar{z}\,dz$ の値を求めよ.

7.2 コーシーの積分定理

次の定理は今後の展開にとって核となるものである.

定理 7.5 (コーシーの積分定理, Cauchy integral theorem) 区分的に C^1 級の有限個の単純閉曲線によって囲まれた (有界) 平面領域 G の境界 ∂G は (G に関して) 正の向きに向きづけられているとする. 集合 $\bar{G} = G \cup \partial G$ の上で正則な C^1 級関数 f に対して次が成り立つ[*4)*5] :

$$\int_{\partial G} f(z)\,dz = 0 \tag{7.8}$$

[証明] 複素線積分の定義 (7.3) とグリーンの定理 (定理 5.1) を続けて使えば

$$\int_{\partial G} f(z)\,dz = \int_{\partial G} u\,dx - v\,dy + i\int_{\partial G} v\,dx + u\,dy$$

$$= -\iint_G \left(\frac{\partial v}{\partial x} + \frac{\partial u}{\partial y}\right)dxdy + i\iint_G \left(\frac{\partial u}{\partial x} - \frac{\partial v}{\partial y}\right)dxdy$$

[*4)] 向きづけが G に関して "正" であると要求するのはこの定理においては便宜にすぎない ; 容易に分かるように, たとえ ∂G が負の向きに向きづけられていたとしても式 (7.8) は正しい.

[*5)] この定理 (や後述の積分公式) においては議論を簡単にするために境界上の正則性が仮定されている. しかし, 領域 G を内部から近似する領域列を考えることにより, 内部で正則で境界まで含めて連続というだけで同じ結論が得られる. この結果を "任意の領域 G について" 確認するのはかなり煩雑であるが, G の形状により容易に確かめられることも少なくない (137 ページ脚注 9) を参照).

を得るが，最終辺はコーシー・リーマンの関係式によって 0 に等しい．(証明終)

上の定理の証明ではグリーンの公式が用いられたから，"正則関数 f が C^1 級である" と仮定する必要があった．ところが 1901 年になって同じ結論式 (7.8) が直接的に ――グリーンの定理を使わず導関数の存在だけを用いて―― 得られた (グルサの定理[*6])．さらに，後に定理 7.18 で見るように，導関数の存在だけからその連続性までが分かる．すなわち，最終的に，正則性は "複素微分可能性" によって定義すればよい．このような事情にもかかわらず，入門段階では定義 6.1 より強い次の定義が用いられる．

定義 7.1 複素関数 f が正則 (holomorphic) であるとは，その定義域の各点およびその近傍で[*7)]複素微分可能であって導関数が連続であるときをいう．

問 7.5 反時計回りに向きづけられた単位円周 C について $\int_C z^n \, dz$ の値を求めよ $(n \in \mathbb{N})$．

次の定理はコーシーの積分定理の 1 つの変形にすぎない．

定理 7.6 (コーシーの積分定理の一般化) 平面領域 G は有限個の区分的に C^1 級の単純閉曲線 $\Gamma_0, \Gamma_1, \Gamma_2, \ldots, \Gamma_{N-1}$ で囲まれているとし，各 $\Gamma_n \, (0 \leq n \leq N-1)$ は "単純閉曲線として正の向き" に，すなわち "Γ_n の内部を左側に見る向き" に，向きづけられているとするここで Γ_0 が G の外境界[*8)]であるとする．このとき，関数 f が G の閉包 $\bar{G} = G \cup \partial G$ の上で正則ならば，次式が成り立つ．

$$\int_{\Gamma_0} f(z) \, dz = \int_{\Gamma_1} f(z) \, dz + \int_{\Gamma_2} f(z) \, dz + \cdots + \int_{\Gamma_{N-1}} f(z) \, dz. \tag{7.9}$$

7.3 原始関数

実関数の微分積分学にならって

[*6)] E. J. B. Goursat (1858–1936)．グルサの定理およびその帰結については，[14]や[20]などを参照されたい．

[*7)] "およびその近傍で" という部分は定義域が開集合でない場合には必要であるが，定義域が開集合であるときにはなくても支障はない．

[*8)] 外境界については 21 ページを参照．

定義 7.2 領域 G 上の連続関数 f に対して，$F' = f$ を満たす (G 上で1価な) 関数 F を f の G における**原始関数** (primitive [function]) と呼ぶ．

原始関数は正則関数である．さらに，定理 6.9 から，実関数のときと同様に

命題 7.7 1つの関数の2つの原始関数は互いに定数差しか違わない．

次の命題も実関数の場合と同様に見えるが自明ではない (例 7.3 参照)．

命題 7.8 領域 G で連続な関数 f が原始関数 F をもてば，任意の2点 $z_1, z_2 \in G$ と z_1 から z_2 に至る G 内にある任意の曲線 γ に対して次の等式が成り立つ．
$$\int_\gamma f(z)\,dz = F(z_2) - F(z_1). \tag{7.10}$$

[証明] 曲線 γ の径数表示を式 (7.1) とすれば $F \circ \zeta$ は t の関数で
$$\frac{d(F \circ \zeta)}{dt}(t) = \frac{dF}{dz}(\zeta(t))\frac{d\zeta}{dt}(t) = f(\zeta(t))\zeta'(t) \tag{7.11}$$
である．したがって，微分積分学の基本定理により
$$\int_\gamma f(z)\,dz = \int_a^b f(\zeta(t))\zeta'(t)\,dt = \int_a^b \frac{d(F \circ \zeta)}{dt}(t)\,dt$$
$$= [(F \circ \zeta)(t)]_a^b = F(\zeta(b)) - F(\zeta(a)) = F(z_2) - F(z_1)$$
である． (証明終)

系 7.1 領域 G 上の連続関数 f が原始関数をもてば，
G に含まれる任意の閉曲線 Γ について $\int_\Gamma f(z)\,dz = 0$ が成り立つ． (7.12)

例 7.3 穴あき平面 $\mathbb{C}^*$ における関数 $f(z) = 1/z$ は $\mathbb{C}^*$ の上では原始関数をもたない．点 $z_1 = 1$ から点 $z_2 = -1$ に至る2つの曲線 $\gamma_k : z = e^{(-1)^k it}$, $0 \le t \le \pi$ ($k = 1, 2$) に沿って計算した積分の値は $\int_{\gamma_k} dz/z = (-1)^k \pi i$ となって両者は一致しない．

命題 7.9 領域 G 上の連続関数 f が条件 (7.12) を満たせば f は G 上で原始関数をもつ．

[証明] 1点 $z_0 \in G$ を固定し，点 $z \in G$ と z_0 から z に至る G 内の曲線 γ に対し

$$F_\gamma(z; z_0) := \int_\gamma f(\zeta)\,d\zeta \tag{7.13}$$

とする．このような 2 曲線 γ_1 と γ_2 の差 $\gamma_2 - \gamma_1$ は G 内の閉曲線だから，$F_{\gamma_2}(z; z_0) - F_{\gamma_1}(z; z_0) = \int_{\gamma_2 - \gamma_1} f(\zeta)\,d\zeta = 0$ である．したがって，式 (7.13) で定義された値 $F_\gamma(z; z_0)$ は ——z_0 から z までの経路 γ にはよらず—— 点 z だけで定まる．いちいち $F_\gamma(z; z_0)$ のようには書かず，単に $F(z; z_0)$ あるいはもっと簡単に $F(z)$ と書いてよい．

複素数 h (の絶対値) が十分小さければ，z から $z + h$ へ至る線分 σ は G 内にあるから

$$F(z+h) - F(z) - hf(z) = \int_\sigma f(\zeta)\,d\zeta - \int_\sigma f(z)\,d\zeta = \int_\sigma \{f(\zeta) - f(z)\}\,d\zeta$$

が成り立つ．したがって，

$$\left| \frac{F(z+h) - F(z)}{h} - f(z) \right| \leq \frac{1}{|h|} \int_\sigma |f(\zeta) - f(z)|\,|d\zeta| \leq \max_{\zeta \in \sigma} |f(\zeta) - f(z)|$$

が分かる．ここで $h \to 0$ とすれば $F'(z) = f(z)$ が得られる．　　　　　(証明終)

以上をまとめて

定理 7.10　領域 G 上の連続関数 f について，f が G 上で原始関数をもつことと f が (7.12) を満たすこととは同値である．

ここまでのところは f が正則であると仮定する特段の理由はなかったが，もしも f の正則性が保障されていれば，コーシーの積分定理によって (7.12) が ——少なくとも局所的には[*9)]—— 成り立つ．したがって

定理 7.11　正則関数は少なくとも局所的に原始関数をもつ．

例 7.4　関数 $f(z) = 1/z$ は，穴あき平面 $\mathbb{C}^*$ 全体では原始関数をもたないが，たとえば截線領域 $G := \mathbb{C} \setminus \{z \in \mathbb{C} \mid \operatorname{Re} z \leq 0,\ \operatorname{Im} z = 0\}$ に制限して考えれば原始関数がある．これは第 3 章および第 6 章で考察した対数関数の主値にほかならない．

[*9)]　ここで "局所的に" というのは "各点を中心とするある開円板において" という意味である．開円板は単連結なので条件 (7.12) が満たされる．なお，単連結性については 67 ページを参照．

7.4 閉曲線の回転数

次の定理は線積分の応用であるだけではなく,重要な概念をもたらす.

定理 7.12 閉曲線 γ およびその上にない点 z_0 について次の定積分の値は整数である:
$$I_\gamma[z_0] := \frac{1}{2\pi i} \int_\gamma \frac{dz}{z - z_0}. \tag{7.14}$$

[証明] 閉曲線 γ の径数表示を (7.1) とする (ただし $\zeta(a) = \zeta(b)$). 各 $s \in [a,b]$ について曲線 $\gamma_s : z = \zeta(t) \, (a \leq t \leq s)$ と積分
$$I_\gamma[z_0](s) := \frac{1}{2\pi i} \int_{\gamma_s} \frac{dz}{z - z_0} = \frac{1}{2\pi i} \int_a^s \frac{\zeta'(t)}{\zeta(t) - z_0} \, dt$$
を考える. 関数 $\Psi(s) := (\zeta(s) - z_0) e^{-2\pi i I_\gamma[z_0](s)}$ は値 0 をとらず, $\Psi(a) = \zeta(a) - z_0 = \zeta(b) - z_0 = \Psi(b) e^{2\pi i I_\gamma[z_0]}$ を満たす. 容易に分かるように
$$\Psi'(s) = \zeta'(s) e^{-2\pi i I_\gamma[z_0](s)} + (\zeta(s) - z_0) \cdot \left[-\frac{\zeta'(s)}{\zeta(s) - z_0} e^{-2\pi i I_\gamma[z_0](s)} \right] = 0$$
が成り立つから, Ψ は $[a,b]$ 上で定数, 特に $\Psi(b) = \Psi(a) (\neq 0)$ である. したがって $e^{2\pi i I_\gamma[z_0]} = 1$, すなわち $I_\gamma[z_0] \in \mathbb{Z}$ である. (証明終)

$I_\gamma[z_0]$ は "閉曲線 γ に関する点 z_0 の" **指数** (index) と呼ばれる. $I_\gamma[z_0]$ は γ が z_0 を (反時計回りに) 何度回るかを示しているので, 閉曲線を主体に見た呼び名 "z_0 に関する γ の" **回転数** (winding number) もある.

注意 7.2 関数 $z \to 1/(z - z_0)$ には平面全体で命題 7.8 が適用できないから, 曲線 γ の始終点を z^* で表すとき $2\pi i I_\gamma[z_0] = [\log(z - z_0)]_{z^*}^{z^*} = 0$ とする推論は誤りである (例 7.3, 例 7.4 も参照). 定理の証明では曲線に沿う変化を克明に追跡している!

例 7.5 レムニスケート $|z^2 - 1| = 1$ を図のように向きづけて γ と名づければ (図 7.1), $I_\gamma[1] = 1, I_\gamma[-1] = -1, I_\gamma[i] = 0$ などが分かる.

問 7.6 z 平面の単位円周を写像 $w = z^2$ で写した [w 平面内の] 曲線 γ の $w = 0$ に関する回転数を求めよ.

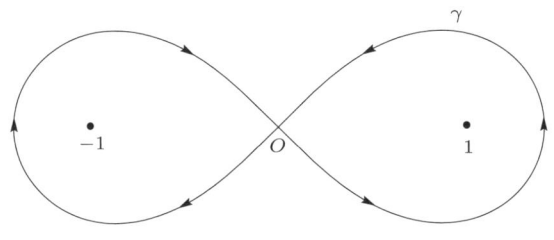

図 7.1　向きづけられたレムニスケート

7.5　正則関数と調和関数 (II)：正則関数の積分表示

調和関数と正則関数が緊密な関係にあることには度々ふれた．この節では，調和関数の平均値の定理 (定理 5.3) を適用して[*10)]ポアソンの積分公式 (定理 5.6) の "正則関数版" とでもいうべき定理を述べて，今後を展望する．

閉単位円板 $\overline{\mathbb{D}}$ で正則な C^2 級関数 f を実部と虚部に分けて $f = u + iv$ と書けば，u は $\overline{\mathbb{D}}$ で調和な関数だから，任意の ρ $(0 < \rho \leq 1)$ に対して (5.16) が成り立つ[*11)]．関数 v についても同様の等式が成り立つ．ここで半径 ρ によらず $d\theta = dz/(iz)$ が成り立つことに注意すれば，正則関数に対する平均値の定理は

$$f(0) = \frac{1}{2\pi} \int_0^{2\pi} f(\rho e^{i\theta})\, d\theta = \frac{1}{2\pi i} \int_{C(0,\rho)} \frac{f(z)}{z}\, dz \qquad (0 < \rho \leq 1) \quad (7.15)$$

の形をしていることが分かる (いつものように $C(a, \rho)$ は反時計回りとする)．

例 7.6　閉単位円板 $\overline{\mathbb{D}}$ で正則な関数 f と点 $a \in \mathbb{D}$ に対し，メービウス変換 $T : \mathbb{D} \ni z \mapsto (z-a)/(1-\bar{a}z) =: \zeta \in \mathbb{D}$ の逆変換を T^{-1} と書くとき，関数 $g(\zeta) := f(T^{-1}(\zeta))$ は $\overline{\mathbb{D}}$ 上で正則である．さらに

$$\frac{d\zeta}{\zeta} = \left(\frac{1}{z-a} + \frac{\bar{a}}{1-\bar{a}z} \right) dz \tag{7.16}$$

であること[*12)]に注意すれば，$\partial \mathbb{D}$ を C と書くとき

$$g(0) = \frac{1}{2\pi i} \int_C \frac{g(\zeta)}{\zeta}\, d\zeta = \frac{1}{2\pi i} \int_C \frac{f(z)}{z-a}\, dz - \frac{1}{2\pi i} \int_C \frac{f(z)}{z - 1/\bar{a}}\, dz$$

が得られる．左辺は $f(a)$ に等しい．一方，右辺第 2 項の被積分関数 $f(z)/(z-1/\bar{a})$ は $\overline{\mathbb{D}}$ 上の正則関数であるから，その積分はコーシーの積分定理によって 0 である．閉単位

[*10)]　これは正則関数が C^2 級であると仮定することを意味する．次節では調和性を使わず複素微分可能性だけから ——すなわち C^2 級の仮定をせず—— 平均値定理を導く．
[*11)]　f の $\overline{\mathbb{D}}$ における正則性により u は $\mathbb{D}(0, R')$ $(R' > 1)$ で調和で，(5.16) は $\rho = 1$ でも成立．
[*12)]　直接計算ももちろん可能であるが，いわゆる対数微分法を利用すれば非常に見通しよく得られる．

円板 $\overline{\mathbb{D}}$ 上で正則な C^2 級関数 f と任意の点 $a \in \mathbb{D}$ に対して次の等式を得た：

$$f(a) = \frac{1}{2\pi i} \int_C \frac{f(z)}{z-a}\, dz. \tag{7.17}$$

問 7.7 ポアソン核 (5.20) は複素変数 $z = e^{i\theta}$, $a = \rho e^{i\varphi}$ を用いて

$$\frac{1-\rho^2}{1-2\rho\cos(\theta-\varphi)+\rho^2} = \frac{z\bar{z}-a\bar{a}}{(z-a)(\bar{z}-\bar{a})} = \frac{z}{z-a} + \frac{\bar{a}}{\bar{z}-\bar{a}}$$

$$= \frac{z}{z-a} + \frac{\bar{a}z}{1-\bar{a}z} = z\left(\frac{1}{z-a} - \frac{1}{z-1/\bar{a}}\right)$$

と書けることを示し[*13]，次に f を両辺にかけて C 上で積分し，最後に定理 5.6 と定理 7.5 とを左辺と右辺にそれぞれ適用することによって，(7.17) を導け．

7.6 コーシーの積分公式

前節で調和関数の平均値の定理を用いて発見的に証明したように，$\overline{\mathbb{D}}$ で正則な関数 f と任意の点 $a \in \mathbb{D}$ に対して (7.17) が成立する．しかし，調和関数の利用は正則関数が C^2 級であることを前提とするわけで，それは正則性に C^1 級であることを要請するにしてもなお過剰な仮定である．同時にまた，平均値の定理の利用は領域を円板に限定することにもなる．ここでは，調和関数の性質を使わず C^2 級であることも仮定せず ——定義 7.1 に従い正則性には C^1 級であることを要求して——，一般な領域に対して (7.17) を証明する．

定理 7.13 (コーシーの積分公式, Cauchy integral formula) 有限個の区分的に C^1 級の単純閉曲線で囲まれた有界領域 G の境界 ∂G は G に関して正に向きづけられているとする．閉包 $\bar{G} = G \cup \partial G$ の上で正則な関数 f と G 内の任意の点 a に対して次の等式が成立する．

$$f(a) = \frac{1}{2\pi i} \int_{\partial G} \frac{f(z)}{z-a}\, dz. \tag{7.18}$$

[証明] 点 a を中心とする十分小さな半径 $\rho > 0$ の閉円板 $\overline{\mathbb{D}}(a, \rho)$ は G に含まれる．閉集合 $\bar{G} \setminus \mathbb{D}(a, \rho)$ で正則な関数 $f(z)/(z-a)$ にコーシーの積分定理を適用すれば，

$$\int_{\partial(\bar{G}\setminus\mathbb{D}(a,\rho))} \frac{f(z)}{z-a}\, dz = 0 \quad \text{すなわち} \quad \int_{\partial G} \frac{f(z)}{z-a}\, dz = \int_{C(a,\rho)} \frac{f(z)}{z-a}\, dz$$

[*13] 第 1 式から第 2 式への変形には，たとえば幾何学的な考察がきわめて効果的である．

を得る[*14].

さて, $\varepsilon > 0$ を任意に与える. f の点 a での連続性により, $\delta > 0$ を十分小さくとれば, $|z - a| < \delta$ を満たす任意の $z \in G$ については $|f(z) - f(a)| < \varepsilon$ が成り立つ. ここで $\mathbb{D}(a, \delta) \subset G$ と仮定してよい. したがって $(0 <) \rho < \delta$ である ρ については

$$\left| \frac{1}{2\pi i} \int_{C(a,\rho)} \frac{f(z)}{z-a} dz - f(a) \right| \leq \frac{1}{2\pi} \int_{C(a,\rho)} |f(z) - f(a)| \left| \frac{dz}{z-a} \right| < \varepsilon.$$

したがって, 式 (7.18) が示された. (証明終)

問 7.8 反時計回りに回る円周 $C(0, \sqrt{3})$ について, 複素線積分 $\dfrac{1}{2\pi i} \displaystyle\int_{C(0,\sqrt{3})} \dfrac{dz}{z}$ および $\dfrac{1}{2\pi i} \displaystyle\int_{C(0,\sqrt{3})} \dfrac{e^z}{3z - \pi i} dz$ の値を求めよ.

7.7 リューヴィルの定理と代数学の基本定理

コーシーの積分公式は古典複素解析学の大きな成果の 1 つであった. ここでは成果の一例として整関数に関する次の定理を示し, さらに懸案の代数学の基本定理 (3 ページ参照) の証明を与える.

定理 7.14 (リューヴィル[*15]の定理) 有界な整関数は定数関数しかない.

[証明] 整関数 f に対してある正数 M を見つけて $|f(z)| \leq M$ がすべての $z \in \mathbb{C}$ について成り立ったとしよう. 任意の $a \in \mathbb{C} \setminus \{0\}$ に対して十分大きな $R > 0$ をとれば $a \in \mathbb{D}(0, R)$ であるから, 点 a および原点について主張されたコーシーの積分公式によって, $f(a) - f(0)$ は

$$\frac{1}{2\pi i} \int_{C(0,R)} \frac{f(z)}{z-a} dz - \frac{1}{2\pi i} \int_{C(0,R)} \frac{f(z)}{z} dz = \frac{a}{2\pi i} \int_{C(0,R)} \frac{f(z)}{z(z-a)} dz$$

に等しい. ここで, $C(0, R)$ 上では $|z(z - a)| = |z| |z - a| \geq R(R - |a|)$ が成り立つことに注意して定理 7.4 の不等式を使えば,

---

[*14] 曲線 $C(a, \rho)$ の向きは円板 $\mathbb{D}(a, \rho)$ に関する正の向きであって領域 $G \setminus \overline{\mathbb{D}}(a, \rho)$ に関しては負の向きである. $C(a, \rho) = \partial \mathbb{D}(a, \rho)$ と書いて, 定理 7.6 を代数的計算 $\partial(G \setminus \overline{\mathbb{D}}(a, \rho)) = \partial G - \partial \overline{\mathbb{D}}(a, \rho) = \partial G - C(a, \rho)$ の下で適用すれば機械的に進められる.

[*15] J. Liouville (1809–1882). この定理の別証は次節の結果からも得られる (問題 7.7 参照).

$$|f(a) - f(0)| \leq \frac{|a|}{2\pi} \int_{C(0,R)} \frac{|f(z)|}{|z(z-a)|} \, |dz| \leq \frac{|a|\, M}{R - |a|}.$$

この最終項は $R \to \infty$ とするとき 0 に近づく．したがって，任意の $a \in \mathbb{C} \setminus \{0\}$ について $f(a) = f(0)$ が成り立つ．すなわち f は定数関数である． (証明終)

問 7.9 命題 "$|\sin z| \leq 1 \, (z \in \mathbb{C})$" の真偽をリューヴィルの定理から判定せよ．

代数学の基本定理は今や次のように証明される．

定理 7.15 (代数学の基本定理)　定数ではない多項式関数は必ず零点をもつ．

[証明]　多項式 $P(z) := a_0 z^n + a_1 z^{n-1} + \cdots + a_n$, $(n \geq 1, a_0 \neq 0)$ が零点をもたなかったとしたら，関数 $f(z) = 1/P(z)$ は整関数となる．しかも
$$\lim_{z \to \infty} |f(z)| = \lim_{z \to \infty} \frac{z^{-n}}{a_0 + a_1 z^{-1} + \cdots + a_n z^{-n}} = 0$$
であるから，f は有界である[*16]．リューヴィルの定理によって f は，したがって P もまた，定数関数になるが，これは矛盾である． (証明終)

リューヴィルの定理によれば，非定数整関数による複素平面の像が円板に含まれることはない．特に，

定理 7.16　平面と円板との間に (1 対 1 かつ上への) 等角写像は存在しない．

7.8　導関数に対する積分表示

正則関数自身の値だけではなく微係数をも積分によって表示できる：

定理 7.17 (導関数に対するコーシーの積分公式)　有限個の区分的に C^1 級の単純閉曲線で囲まれた有界領域 G とその閉包 $\bar{G} = G \cup \partial G$ の上で正則な関数 f があるとき，G 内の任意の点 a に対して次の等式が成り立つ．
$$f'(a) = \frac{1}{2\pi i} \int_{\partial G} \frac{f(z)}{(z-a)^2} \, dz. \tag{7.19}$$

[*16] この部分を厳密に示すにはたとえば次のようにする：任意の $\varepsilon > 0$ に対して R を十分大きくとれば $\mathbb{D}(0, R)$ の外部では $|f(z)| < \varepsilon$ が成り立つ．一方，コンパクト集合 $\overline{\mathbb{D}}(0, R)$ の上では連続関数 $|f(z)|$ は有界である：$|f(z)| \leq K$, $z \in \overline{\mathbb{D}}(0, R)$. したがって $|f(z)| \leq \max(K, \varepsilon)$, $z \in \mathbb{C}$.

[証明] いつものように正数 ρ をうまく選び $\overline{\mathbb{D}}(a,\rho) \subset G$ とする. 関数 f は $\overline{\mathbb{D}}(a,\rho)$ で正則だから, $|h| < \rho$ である限り, コーシーの積分公式によって

$$f(a+h) - f(a) = \frac{1}{2\pi i} \int_{C(a,\rho)} \frac{f(z)}{z-(a+h)}\,dz - \frac{1}{2\pi i} \int_{C(a,\rho)} \frac{f(z)}{z-a}\,dz$$

$$= \frac{h}{2\pi i} \int_{C(a,\rho)} \frac{f(z)}{(z-(a+h))(z-a)}\,dz.$$

ここで, $0 < \rho_1 < \rho$ を満たす数 ρ_1 を任意に固定し $a+h \in \mathbb{D}(a,\rho_1)$ と仮定すれば, $C(a,\rho)$ 上の z については $|z-a| = \rho$ かつ $|z-(a+h)| \geq \rho - \rho_1$ だから,

$$\left| \frac{f(a+h) - f(a)}{h} - \frac{1}{2\pi i} \int_{C(a,\rho)} \frac{f(z)}{(z-a)^2}\,dz \right|$$

$$\leq \frac{|h|}{2\pi} \int_{C(a,\rho)} \left| \frac{f(z)}{(z-(a+h))(z-a)^2} \right| |dz| \leq |h| \cdot \frac{\max_{C(a,\rho)} |f(z)|}{(\rho - \rho_1)\rho}.$$

この最終項は $h \to 0$ のとき 0 に収束する. すなわち

$$f'(a) = \frac{1}{2\pi i} \int_{C(a,\rho)} \frac{f(z)}{(z-a)^2}\,dz \tag{7.20}$$

が成り立つ. 式 (7.20) の右辺は (7.19) の右辺に等しい. (証明終)

問 7.10 反時計回りの単位円周 C に沿う複素線積分 $\dfrac{1}{2\pi i} \int_C \dfrac{\sin z}{z^2}\,dz$ の値を求めよ.

上の定理は導関数 f' が (G の任意の点で) f と類似の積分表示を許すことを述べている. したがって上の議論は並行に進められて,

$$\frac{f'(a+h) - f'(a)}{h} = \frac{1}{h} \cdot \frac{1}{2\pi i} \left\{ \int_{C(a,\rho)} \left(\frac{f(z)}{(z-(a+h))^2} - \frac{f(z)}{(z-a)^2} \right) dz \right\}$$

$$= \frac{1}{2\pi i} \int_{C(a,\rho)} \frac{2(z-a-h/2)f(z)}{(z-(a+h))^2(z-a)^2}\,dz$$

$$\to \frac{2}{2\pi i} \int_{C(a,\rho)} \frac{f(z)}{(z-a)^3}\,dz \qquad (h \to 0)$$

が分かる[*17]. 点 a は任意にとれたから,

定理 7.18 正則関数の導関数は再び正則である.

実際にはさらに詳しく次の定理が示された.

[*17] 厳密には, 先ほどの議論と同様に, 両辺の差の絶対値を評価する.

定理 7.19 (高階導関数に対するコーシーの積分公式　正則関数は任意回数だけ複素微分可能であって，高階導関数 $f^{(n)}$ は次のように積分表示される[18][19]：

$$f^{(n)}(a) = \frac{n!}{2\pi i} \int_{\partial G} \frac{f(z)}{(z-a)^{n+1}} dz, \quad a \in G \quad (n = 0, 1, 2, \ldots). \quad (7.21)$$

注意 7.3　念のため話の筋道を振り返っておこう．導関数の存在だけを正則性の定義として出発しても，115 ページで述べたグルサの定理からコーシーの積分公式が得られ，さらに定理 7.19 で定義された関数の正則性によって導関数の正則性が従う．特に導関数の連続性が分かる．この様子を図示すれば次のようになる：

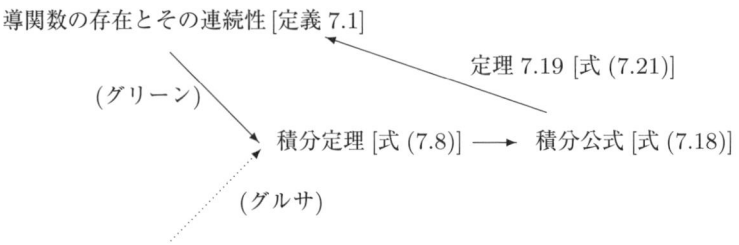

導関数の存在とその連続性 [定義 7.1] ←―――――― 定理 7.19 [式 (7.21)]
　　　　　　　　↓（グリーン）
　　　　　　　　→ 積分定理 [式 (7.8)] ―――→ 積分公式 [式 (7.18)]
　　　　　　（グルサ）
導関数の存在 [定義 6.1]

問 7.11　反時計回りの単位円周 C と自然数 n について複素線積分 $\dfrac{1}{2\pi i}\displaystyle\int_C \dfrac{\cos z}{z^3} dz$ および $\displaystyle\int_C \dfrac{e^z}{z^n} dz$ の値を求めよ．

7.9　留　数　解　析

7.9.1　留　数　定　理

いつものように，有界平面領域 G は有限個の区分的に C^1 級の単純閉曲線によって囲まれているとし，G に関して正の向きに向きづけられた G の境界を ∂G によって表す．複素関数 f は，G の有限個の内点 $a_1, a_2, \ldots, a_N$ を除けば，G の閉包 $\bar{G}$ で正則であるとする．このとき，複素微分可能性の保証されていない各点 a_n を中心として十分小さな半径 ε の開円板 $\mathbb{D}(z_n, \varepsilon)$ を考えれば $G_\varepsilon := G \setminus \cup_{n=1}^{N} \overline{\mathbb{D}}(a_n, \varepsilon)$ は領

---

[18] ここでは，話の流れで，f はいつもの仮定を満たす領域 G の閉包上の正則関数としてある．f の定義域に言及せず，適当な円周 $C(a, \rho)$ に沿う積分によって表示する方法もあり得る．

[19] 高階導関数の存在とその正則性が示されたからには f と同じくたとえば $f'(z) = \dfrac{1}{2\pi i}\displaystyle\int_{\partial \mathbb{D}(a,\rho)} \dfrac{f'(\zeta)}{\zeta - z} d\zeta$ などが成り立つことは明らかであるが，ここでの主張は ——導関数 f' ではなく—— 初めにあった f を用いた積分表示が可能であることを述べたものである．

域で, f はその閉包上で正則である. 領域 G_ε の境界は $\partial G_\varepsilon = \partial G - \sum_{n=1}^{N} C(a_n, \varepsilon)$ であるから, コーシーの積分定理によって

$$\int_{\partial G} f(z)\,dz = \int_{\sum_{n=1}^{N} C(a_n,\varepsilon)} f(z)\,dz = \sum_{n=1}^{N} \int_{C(a_n,\varepsilon)} f(z)\,dz$$

を得る. これはコーシーの積分定理そのものであるが, 歴史的にまた実用的に次の用語を用いて述べられるのが普通である.

定義 7.3 点 $a \in \mathbb{C}$ の穴あき近傍 $\mathbb{D}^*(a, \rho) = \{0 < |z - a| < \rho\}$ で正則な ——点 a での正則性は問わない—— 関数 f に対して

$$\operatorname*{Res}_{a} f := \frac{1}{2\pi i} \int_{C(a,\rho')} f(z)\,dz \qquad (0 < \rho' < \rho) \tag{7.22}$$

を "点 a における f の" **留数** (residue) と呼ぶ.

注意 7.4 留数の定義には (点 a と関数 f のほかに) 積分路として用いられる円周の半径 ρ あるいは ρ' も登場する. しかし留数の値はこれらの ρ や ρ' には ——それが十分小さい限り—— よらない. これもまたコーシーの積分定理からの帰結である.

定理 7.20 (**留数定理**, residue theorem) 有限個の区分的に C^1 級の単純閉曲線によって囲まれた領域 G の閉包 $\bar{G} = G \cup \partial G$ の上で, 有限個の内点 $a_1, a_2, \ldots, a_N$ を除いて正則な関数 f について, 次が成り立つ.

$$\int_{\partial G} f(z)\,dz = 2\pi i \sum_{n=1}^{N} \operatorname*{Res}_{a_n} f \tag{7.23}$$

例 7.7 関数 f が点 a で正則ならば $\operatorname{Res}_a f = 0$ であるが, 関数 $f(z) = 1/(z-a)^2$ が示すように, $\operatorname{Res}_a f = 0$ であっても f が点 a で正則とは限らない.

定義 7.3 は $a \in \mathbb{C}$ におけるものであった. 無限遠点の近くで正則な[20]関数 f に対して**無限遠点における留数** (residue at ∞) は, $R \gg 0$ を用いて

$$\operatorname*{Res}_{\infty} f := -\frac{1}{2\pi i} \int_{C(0,R)} f(z)\,dz \tag{7.24}$$

と定義するのが自然である. 無限遠点における留数も R の選択にはよらない.

次の例には, 前例との比較の上でも特段の注意を要する.

---

[20] ある閉円板の外で正則. 無限遠点での複素微分可能性は問わない.

例 7.8 関数 f が無限遠点で正則であっても $\operatorname*{Res}_{\infty} f = 0$ とは限らない. 実際, 関数 $f(z) = 1/z$ は無限遠点で正則な関数であるが, $\operatorname*{Res}_{\infty} f = -1 \neq 0$ である.

定理 7.20 の変形として

定理 7.21 (留数定理)　有限個の点 $a_1, a_2, \ldots, a_N \in \mathbb{C}$ を除けば $\hat{\mathbb{C}}$ で正則な関数 f に対して $a_0 := \infty$ とするとき, 次の等式が成り立つ.

$$\sum_{n=0}^{N} \operatorname*{Res}_{a_n} f = 0. \tag{7.25}$$

　実際に留数を求めるには, 定義にしたがって直接計算する方法だけではなく, たとえば積分公式を利用して次の例のようにできる場合もある.

例 7.9 $(z-a)f(z)$ が点 a で正則ならば, コーシーの積分公式を用いて

$$\operatorname*{Res}_{a} f = \frac{1}{2\pi i} \int_{C(a,\rho)} \frac{(z-a)f(z)}{z-a} dz = \lim_{z \to a}[(z-a)f(z)].$$

あるいは, もっと一般に, ある自然数 m について関数 $(z-a)^m f(z)$ が点 a で正則ならば, 定理 7.19 によって次の等式が得られる.

$$\operatorname*{Res}_{a} f = \frac{1}{(m-1)!} \lim_{z \to a} \frac{d^{m-1}}{dz^{m-1}}[(z-a)^m f(z)]$$

注意 7.5 上の例の仮定を満たさない関数として $f(z) = e^{1/z}$ を挙げることができる. 実軸 $z = x$ 上では任意の自然数 m について $\lim_{x \to 0} x^m e^{1/x} = \lim_{x \to 0} e^{1/x}/(1/x)^m = +\infty$ であるから, どんな自然数 m についても $z^m e^{1/z}$ が $z = 0$ で正則になることはない. このような場合については次章の結果 (定理 9.8 および例 9.8, 例 9.9) を待つこととし, ここでは留数解析の初等的な応用に限って述べる.

例 7.10 $(z^2+1)^3 = (z+i)^3(z-i)^3$ であるから, 上の例で $a = i, m = 3$ と考えて

$$\operatorname*{Res}_{i} \frac{1}{(z^2+1)^3} = \lim_{z \to i} \frac{1}{2!} \frac{d^2}{dz^2} \frac{1}{(z+i)^3} = \frac{1}{2!} \frac{12}{(2i)^5} = \frac{3}{16i}. \tag{7.26}$$

なお, 問 9.5 では別の方法を用いてこの結果が得られる.

注意 7.6 $(z-a)f(z)$ が点 a で連続ならば, $A := \lim_{z \to a}[(z-a)f(z)]$ として定理 7.13 の証明で行った論法を使えば,

$$\operatorname*{Res}_{a} f = \frac{1}{2\pi i} \int_{C(a,\rho)} (z-a)f(z) \cdot \frac{dz}{z-a} \to A \qquad (\rho \to 0)$$

であることが分かる.すなわち,例 7.9 の前半の主張における仮定は贅沢である[*21].

問 7.12 各留数を求めよ:$\operatorname{Res}_{i}\dfrac{1}{z^2+1}$, $\operatorname{Res}_{-1}\dfrac{z^3+2z}{(z+1)^2}$, $\operatorname{Res}_{0}\dfrac{1}{\sin z}$.

7.9.2 留数定理の応用——定積分の計算

留数のもっともよく知られた応用は定積分の値を求めるものであろう.さまざまな例が知られているが,すべてを解説するには紙幅が不足している.ここではいくつかの典型的な例[*22]を丁寧に見ることにしよう.

例 7.11 定積分

$$\int_{-\infty}^{\infty}\frac{dx}{x^4+1} \tag{7.27}$$

の値を求めるためには,いったん複素関数 $f(z):=1/(z^4+1)$ を考える.これは有理関数で,その分母が 0 になる点,すなわち方程式 $z^4+1=0$ の解を除いて正則である(図 7.2).容易に分かるように,これらの解は $a_1=e^{\pi i/4},\ a_2=e^{3\pi i/4},\ a_3=e^{5\pi i/4},\ a_4=e^{7\pi i/4}$ の 4 個であるが,そのうち a_1,a_2 が上半平面に,残る a_3,a_4 が下半平面にある.$R>1$ に対しては $a_1,a_2\in G_R:=\mathbb{D}(0,R)\cap\mathbb{H}$ である.さて,

$$f_1(z):=\frac{1}{(z-a_2)(z-a_3)(z-a_4)},\qquad f_2(z):=\frac{1}{(z-a_1)(z-a_3)(z-a_4)}$$

とすれば

$$\operatorname{Res}_{a_1}f=\frac{1}{2\pi i}\int_{C(a_1,\rho)}\frac{f_1(z)}{z-a_1}\,dz=f_1(a_1)=\frac{1}{(a_1-a_2)(a_1-a_3)(a_1-a_4)}$$

$$\operatorname{Res}_{a_2}f=f_2(a_2)=\frac{1}{(a_2-a_1)(a_2-a_3)(a_2-a_4)}$$

であるが,簡単のために $a_1=(1+i)/\sqrt{2}$ をあらためて a で示せば $a_2=-\bar{a},\ a_3=-a,\ a_4=\bar{a}$ と書けるから,

$$\operatorname{Res}_{a_1}f+\operatorname{Res}_{a_2}f=\frac{1}{8i\operatorname{Re}a\cdot\operatorname{Im}a}\left(\frac{1}{a}+\frac{1}{\bar{a}}\right)=\frac{1}{4i\operatorname{Im}a}=\frac{\sqrt{2}}{4i}$$

である.すなわち,任意の $R(>1)$ に対して次の等式が示された:

$$\int_{\partial G_R}\frac{dz}{z^4+1}=2\pi i\left(\operatorname{Res}_{a_1}f+\operatorname{Res}_{a_2}f\right)=2\pi i\frac{\sqrt{2}}{4i}=\frac{\sqrt{2}}{2}\pi.$$

他方で,G_R の境界のうち(両端点を除いて)上半平面内にある(向きづけられた)半

[*21] もっとも,ここで仮定を節約したのは表面上のことにすぎない.穴あき円板で正則な関数がその中心まで連続に延びるならそこでも正則になることを後に(定理 8.8 参照)示すからである.

[*22] これらの例は一般的な状況を想像するに十分な特徴を備えている.より複雑な,あるいは技術的に高度な,例については[5]やその他の演習書を参照されたい.

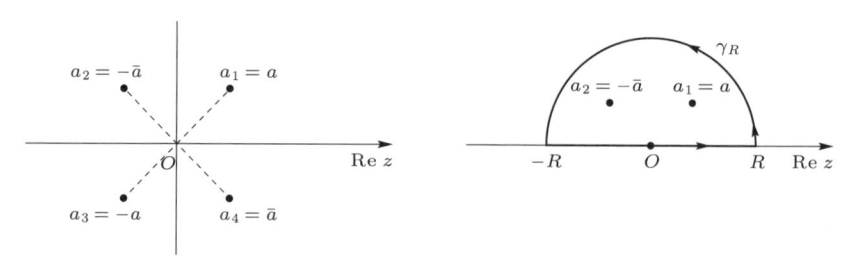

図 7.2 (a) 被積分関数が正則でない点と (b) 積分路

円周を $\gamma_R : z = Re^{i\theta}$ $(0 \leq \theta \leq \pi)$ で示せば,
$$\int_{\partial G_R} \frac{dz}{z^4+1} = \int_{\gamma_R} \frac{dz}{z^4+1} + \int_{-R}^{R} \frac{dz}{z^4+1}$$
である. ここで不等式 $|z^4+1| \geq ||z|^4 - 1| = R^4 - 1$ に注意すれば,
$$\left| \int_{\gamma_R} \frac{dz}{z^4+1} \right| \leq \int_0^\pi \frac{R d\theta}{R^4-1} = \frac{\pi R}{R^4-1} \to 0 \quad (R \to \infty)$$
であることが分かる. 最終的に定積分 (7.27) の値として $\pi/\sqrt{2}$ を得る.

上の例の本質的部分は半径 R の半円周に沿う線積分が $R \to \infty$ としたとき 0 に近づくことであり, そのためには被積分関数 f の分母の次数が分子の次数より 2 以上大きければ十分であった. したがって, 同様の性質をもつ有理関数についても ——実軸上では正則であれば—— 上例の論法は有効である.

問 7.13 定積分 $\displaystyle\int_{-\infty}^{\infty} \frac{x}{(x^2+4)(x^2-6x+10)}\, dx$ の値を求めよ.

例 7.12 定積分 $\displaystyle I := \int_{-\infty}^{+\infty} \frac{dz}{(x^2+1)^3}$ の値を知るために必要な留数の計算は例 7.10 で済んでいる. 前例と同様の議論によって $I = 2\pi i \times 3/(16i) = 3\pi/8$ を得る.

例 7.13 特異積分 (広義積分)
$$\int_0^\infty \frac{\sin x}{x}\, dx = \lim_{R \to \infty} \int_0^R \frac{\sin x}{x}\, dx \tag{7.28}$$
の計算もまた典型的である. まずオイラーの公式に注意すれば
$$\int_0^R \frac{\sin x}{x}\, dx = \frac{1}{2i} \int_0^R \frac{e^{ix} - e^{-ix}}{x}\, dx \tag{7.29}$$
であるが, この右辺を 2 つに分けるためには当初は問題のなかった積分の下端 (下限) 0 への配慮が必要になる. そこで積分の下端を小さな正数 ε で置き換えて, さらに
$$\int_\varepsilon^R \frac{e^{ix} - e^{-ix}}{x}\, dx = \int_{-R}^{-\varepsilon} \frac{e^{ix}}{x}\, dx + \int_\varepsilon^R \frac{e^{ix}}{x}\, dx \tag{7.30}$$

と変形する．積分路を繋ぐために，$0 \leq t \leq \pi$ を径数とする 2 つの曲線 (半円周)
$$\gamma_R : z = Re^{it}, \qquad \gamma_\varepsilon : z = \varepsilon e^{i(\pi+t)}$$
を考えて，閉曲線 $\Gamma := [-R, -\varepsilon] + \gamma_\varepsilon + [\varepsilon, R] + \gamma_R$ によって囲まれた領域 G を作る (図 7.3)．関数 $f(z) := e^{iz}/z$ は $(G \cup \Gamma) \setminus \{0\}$ で正則で $\operatorname{Res}_0 f = 1$ である．留数定理によって
$$\int_{-R}^{-\varepsilon} \frac{e^{ix}}{x} dx + \int_\varepsilon^R \frac{e^{ix}}{x} dx + \int_{\gamma_\varepsilon} \frac{e^{iz}}{z} dz + \int_{\gamma_R} \frac{e^{iz}}{z} dz = \int_\Gamma \frac{e^{iz}}{z} dz = 2\pi i$$
が成り立つ．

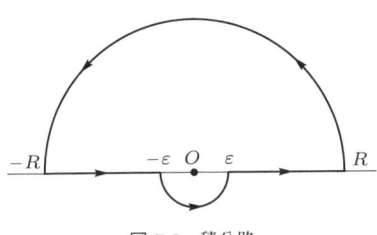

図 7.3 積分路

半円周 γ_R に沿っては $dz/z = i\, dt$ であるから
$$\left| \int_{\gamma_R} \frac{e^{iz}}{z} dz \right| = \left| \int_0^\pi e^{iR(\cos t + i \sin t)} dt \right| \leq \int_0^\pi e^{-R \sin t} dt = 2 \int_0^{\pi/2} e^{-R \sin t} dt$$
が分かる (最後の等式では変数変換 $\tau = \pi - t$ を用いた)．ここで，不等式[*23)]
$$\sin t \geq \frac{2}{\pi} t \qquad \left(0 \leq t \leq \frac{\pi}{2} \right) \tag{7.31}$$
に注意して $R \to \infty$ とすれば，
$$\int_0^{\pi/2} e^{-R \sin t} dt \leq \int_0^{\pi/2} e^{-2Rt/\pi} dt = \frac{-\pi}{2R} \left[e^{-2Rt/\pi} \right]_0^{\pi/2} = \pi \frac{1 - e^{-R}}{2R} \to 0.$$
半円周 γ_ε に沿う線積分における状況は上の場合に一見似るが，被積分関数が穏やかな振る舞い $\lim_{z \to 0} (e^{iz} - 1)/z = i$ を呈する点で大きく異なる．容易に想像できるのは
$$\lim_{\varepsilon \to 0} \int_{\gamma_\varepsilon} \frac{e^{iz}}{z} dz = \pi i \tag{7.32}$$
であろう；実際，全円周に沿う積分は $\operatorname{Res}_0 e^{iz}/z = 2\pi i e^{iz}|_{z=0} = 2\pi i$ であるから，半円周に沿う積分はその半分の πi であろう．この予想の正当性を示すには，まず
$$\left| \int_{\gamma_\varepsilon} \frac{e^{iz}}{z} dz - \pi i \right| = \left| \int_{\gamma_\varepsilon} \frac{e^{iz}}{z} dz - \int_{\gamma_\varepsilon} \frac{dz}{z} \right| \leq \pi \varepsilon \max_{|z|=\varepsilon} \left| \frac{e^{iz} - 1}{z} \right|$$
と変形しておいて，次に，$\varepsilon \to 0$ のとき $(e^{iz} - 1)/z \to de^{iz}/dz|_{z=0} = i$ であることを思い起こせばよい．

以上のことから，定積分 (7.28) の値が $\pi/2$ であることを知る．

[*23)] この不等式はジョルダンの不等式 (Jordan's inequality) と呼ばれることがある．

注意 7.7 上の議論では，被積分関数の不連続点 (原点) と無限区間のそれぞれを対称に除いた区間での定積分の値の極限をとって計算されている．このような方法によって得られた特異積分 (広義積分) の値を [コーシーの] 主値 (principal value) と呼び，

$$\text{p.v.} \int_{-\infty}^{+\infty} \frac{e^{ix}}{x}\,dx = \pi i$$

のように書き表すことが多い[*24)]．例 7.11 もまた主値の一種であった．

上の計算の過程で式 (7.32) を必要とした．一般に図 7.4 のような状況 (弧 γ_ε は半径 ε の正に向きづけられた円周の一部) においては

$$\lim_{\varepsilon \to 0} \frac{1}{2\pi i} \int_{\gamma_\varepsilon} f(z)\,dz = \frac{\theta}{2\pi} \operatorname*{Res}_a f \tag{7.33}$$

であることが示される．これは留数の定義の一般化をもたらす．

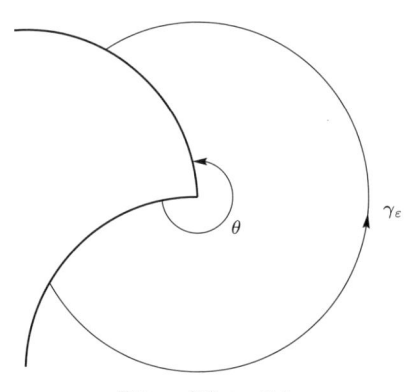

図 7.4 留数の一般化

例 7.14 定積分

$$\int_0^{2\pi} \frac{d\theta}{\sqrt{2} + \cos\theta} \tag{7.34}$$

の値を求めるにはまた別の方法を用いる．まず，θ が単位円周 C を径数表示することに注意して (7.34) を複素線積分の形に変形する：C 上では $z = \cos\theta + i\sin\theta$ あるいは $\cos\theta = (z + \bar{z})/2 = (z + 1/z)/2 = (z^2 + 1)/(2z)$ かつ $d\theta = dz/(iz)$．さらに，方程式 $z^2 + 2\sqrt{2}z + 1 = 0$ の解 $a := 1 - \sqrt{2}$ と $b := -1 - \sqrt{2}$ のうちで C の内部にあるのは a だけであることに注意して留数定理を用いれば[*25)]，定積分 (7.34) の値は

$$\int_C \frac{dz/iz}{\sqrt{2} + (z^2+1)/(2z)} = \int_C \frac{-2i\,dz}{z^2 + 2\sqrt{2}z + 1} = -2i \times 2\pi i \frac{1}{z-b}\bigg|_{z=a} = 2\pi.$$

[*24)] p.v. は principal value の略．
[*25)] 実際の計算としてはコーシーの積分公式の適用による方が簡明であろう．

問 7.14 定積分 $\displaystyle\int_0^{2\pi} \frac{d\theta}{3+2\sin\theta}$ の値を求めよ．

問 7.15 定積分 $\displaystyle\int_0^{2\pi} \frac{1-\rho^2}{1-2\rho\cos\theta+\rho^2}\,d\theta$ の値を求めよ $(0<\rho<1)$．

本章ではまず，コーシーの2つの定理——積分定理と積分公式——を示した．前者は，多くの入門書と同様に，導関数の連続性を要求して証明したが，この仮定を設けないグルサの定理との関連にも触れた．後者は，まず調和性を用いて特別な場合について発見的に示し，次に正則性に基づいて一般的に証明した．積分定理の応用として原始関数の存在 (あるいは不定積分の多価性) を論じ，積分公式を用いてリューヴィルの定理と代数学の基本定理を示した．また，導関数の正則性も示した；1回でも微分できれば好きな回数だけ微分可能である．これらの性質は実解析学ではまったく見られなかった．このような理論的な結果と並んで，実用的・歴史的に重要な留数の概念を解説し実関数の定積分の値を求める問題に応用した．次章では，コーシーの積分定理や積分公式から導かれる正則関数のさらに多くの深い性質について論じる．

演 習 問 題

(いつものように，C は反時計回りに回る単位円周を表す．)

7.1 次の複素線積分の値を求めよ：$\displaystyle\int_C \frac{dz}{z^2+3},\ \int_C \frac{z}{3z^2+1}\,dz,\ \int_C \frac{\tan z}{z-\pi/4}\,dz$．

7.2 例 7.5 で考察したレムニスケート γ について積分 $\displaystyle\int_\gamma \frac{dz}{z^2-1}$ を求めよ．

7.3 次の複素線積分の値を求めよ：$\displaystyle\int_C \frac{z^3}{(z+i/2)^2}\,dz,\ \int_C \frac{e^{\pi z}}{(z+i/2)^3}\,dz$

7.4 線積分 $\displaystyle\int_C \frac{dz}{\sqrt{z}}$ の値を求めよ．ただし，$\sqrt{1}=1$ とする．

7.5 前問において $\sqrt{1}=-1$ となる分枝を選んだ際にはどのようになるか．

7.6 $a>0$ とするとき，反時計回りに回る円周 $C(0,a)$ について積分 $\displaystyle\int_{C(0,a)} \left(\frac{\cos^2 z}{2z-a} - \frac{\sin^2 z}{2z+a}\right) dz$ の値を求めよ．

7.7 定理 7.17 を用いてリューヴィルの定理 (定理 7.14) を示せ．

7.8 穴あき円板 $\mathbb{D}^*(a,\rho)$ で正則な関数 f は，a で連続な関数 g と a で正則で $h(a)=0, h'(a)\neq 0$ を満たす h によって $f=g/h$ の形で書けているとする．このとき $\mathrm{Res}_a f = g(a)/h'(a)$ が成り立つことを示せ．

7.9 留数 $\mathrm{Res}_{z=0} \cot z$ を求めよ．

7.10 定積分 $\displaystyle I_1 = \int_{-\infty}^\infty \frac{x^2}{(x^2+a^2)^2}\,dx,\quad I_2 = \int_0^\infty \frac{x^2}{(x^2+4)(x^2+16)}\,dx$ はいずれも初等的な方法で計算されるが，ここでは留数解析を用いて求めよ $(a>0)$．

7.11 定積分 $\int_0^{2\pi} \dfrac{dt}{a+\sin t}$ および $\int_0^{2\pi} \dfrac{dt}{(a+\sin t)^2}$ の値を求めよ $(a>1)$.

7.12 定積分 $I := \int_0^{2\pi} \dfrac{dt}{(a+\sin t)^3}$ の値を求めよ．ただし，$a>1$.

7.13 定積分 $\int_{-\infty}^{\infty} \dfrac{dx}{x^2-x+1}$ の値を留数定理を応用して求めよ．

7.14 対数関数 $\log z$ の $\log 1 = 0$ を満たす分枝について，線積分
$$\int_{C(1,1/2)} \dfrac{\log z}{(z-1)^2}\, dz$$
の値を求めよ．

7.15 定積分 $\int_{-\infty}^{\infty} \dfrac{x\sin px}{x^2+q^2}$ の値を求めよ $(p,q>0)$.

第 8 章
コーシーの定理の応用

CHAPTER 8

前章ではコーシーの積分定理・積分公式を証明し、その簡単なしかし目覚ましい応用例としてリューヴィルの定理、代数学の基本定理などを示し留数解析について解説した。本章では正則関数のさらに多くの重要な性質を述べる：正則関数の絶対値が定義域の内部では上限に達しえないことを主張する最大 [絶対] 値の原理、正則性の十分条件を与えるモレラの定理、正則関数の定義域を拡張する手段の 1 つであるシュヴァルツの鏡像原理、穴あき円板で正則な関数が円板全体で正則になるための条件を述べるリーマンの除去可能性定理、等々。このほか、コーシー積分、シュヴァルツの補題、一価性の定理、多重連結領域上の正則関数の分解定理、逆関数の積分表示など、やや進んだ内容も扱う．

8.1 最大値の原理

5.5 節では調和関数が最大値の原理を満たすことを見たが、その証明には平均値の定理が重要な役割を演じた。他方で、119 ページで見たように、(コーシーの積分公式の特殊な場合として)正則関数の平均値の定理が成り立つから、正則関数についても類似の道を期待するであろう。ただし、複素数には大小関係がないから、複素関数 $f : z \mapsto f(z)$ ではなく実関数 $|f| : z \mapsto |f(z)|$ を考察する．

定理 8.1 (最大 [絶対] 値の原理, maximum [modulus] principle)　その定義域の内点で絶対値の上限を達成する正則関数は定数関数である．

[証明]*1)　平面領域 G における正則関数 f がある点 $z_0 \in G$ において上限 $M := \sup_G |f(z)|$ を達成したとする．必然的に $M < +\infty$ である．

このとき G に含まれる円板 $\mathbb{D}(z_0, \rho)$ 上では $|f| = M$ であることをまず示す．もしもある $\zeta \in \mathbb{D}(z_0, \rho)$ について $|f(\zeta)| < M$ であったとすれば、関数 $|f|$ の連続性から $C(z_0, r)$ のある開部分弧の上でも $|f(z)| < M$ である ($r := |\zeta - z_0|$)．

---

*1) 調和関数の場合 (85 ページ参照) と基本的に同じであるが、便宜のために独立に述べる．鍵となるのは平均値の定理そのものではなくその帰結である不等式 (8.2) である．

$C(z_0,r)$ 全体での不等式 $|f(z)| \leq M$ を加味すれば容易に次の不等式を得る：

$$\frac{1}{2\pi}\int_0^{2\pi}|f(z_0+re^{i\theta})|\,d\theta < M. \tag{8.1}$$

他方で，円板 $\mathbb{D}(z_0,r)$ における平均値定理 (式 (7.15)) から

$$M = |f(z_0)| \leq \frac{1}{2\pi}\int_0^{2\pi}|f(z_0+re^{i\theta})|\,d\theta \tag{8.2}$$

を得るが，2つの不等式 (8.1), (8.2) は明らかに両立しえない．

上で示したことにより，点 z_0 を含む集合 $\mathfrak{M} := \{z \in G \mid |f(z)| = M\}$ は G の開集合である．他方で，$\mathfrak{M}$ は連続関数 $|f|$ が定数 M をとる集合として G の閉集合である．G の連結性によって $\mathfrak{M} = G$ である．すなわち G 全体で $|f(z)| = M$ である．定理 6.10 によって f は G 上で定数関数である． (証明終)

有界閉集合上の連続関数が常に最大値をもつことを考慮すれば，

系 8.1 有界領域上の非定数正則関数がその閉包にまで連続に拡張できるならば，拡張された関数の最大 [絶対] 値は境界上でのみ達成される．

例 8.1 整関数 $f(z) := \sin z$ を単位円板 $\overline{\mathbb{D}}$ 上で正則でその閉包で連続な関数とみるとき，$z = x+iy$ を用いれば $\sin z = \sin x \cosh y + i \cos x \sinh y$ であった (例 3.9 参照) から，$|\sin z|^2 = \sin^2 x + \sinh^2 y$ と書ける (問 3.11 も参照)．任意の ξ, η $(0 \leq \xi, \eta < 1)$ について $|f(z)|^2$ は $|x| = \xi$ 上では $|y|$ の，また $|y| = \eta$ 上では $|x|$ の，狭義の単調増加関数である．したがって $|f(z)|$ の最大値は単位円周上においてのみとられる．他方で，$|f|$ の最小値は内点 $z=0$ でとる値 0 である．すなわち最大値の原理の "大" を "小" に取り換えただけでの "最小値の原理" は成立しない．正しい主張：値 0 をとらない非定数正則関数は領域内に最小値をもたない．

8.2 モレラの定理とシュヴァルツの鏡像原理

次の定理は正則性の十分条件を与える (コーシーの積分定理の一種の逆)：

定理 8.2 (モレラ[*2)]の定理) 領域 G で連続な複素数値関数 f について，G 内にある十分小さな任意の 3 角形 Δ について

$$\int_\Delta f(z)\,dz = 0 \tag{8.3}$$

[*2)] G. Morera (1856–1907).

が成り立つ*3)ならば，f は G で正則である．

[証明] 正則性は局所的な性質であるから，f が G の各点 (の近傍) で正則であることを確かめれば良い．任意の点 $a \in G$ に対して正数 ρ を選んで，$\mathbb{D}(a,\rho)(\subset G)$ 上では f が (8.3) を満たすようにできる．このとき f は $\mathbb{D}(a,\rho)$ で原始関数をもつが，原始関数は定義によって正則であり，その導関数 f は定理 7.18 によって再び ($\mathbb{D}(a,\rho)$ で) 正則である．よって f は G 全体で正則である． (証明終)

この定理の応用として*4)次の重要な定理が証明される．

定理 8.3 (シュヴァルツの鏡像原理，Schwarz reflection principle*5)) 上半平面 $\mathbb{H}$ 内の領域 G は，その境界の一部に実軸上の開区間 Γ を含むとする*6)．実軸に関して G を対称に折り返して作った下半平面内の領域を $G^* := \{z \in \mathbb{C} \mid \bar{z} \in G\}$ と書くとき，$\hat{G} := G \cup \Gamma \cup G^*$ は領域であるとする．このとき，G で正則，$G \cup \Gamma$ で連続な関数 f が

$$\operatorname{Im} f(z) = 0, \qquad z \in \Gamma \tag{8.4}$$

を満たせば，$\hat{G}$ 上の正則関数 $\hat{f}$ で G 上では f と一致するものが存在する*7)．

注意 8.1 下に述べる証明からも明らかなように，"$\hat{G}$ が領域である" ことは重要な仮定であるが，明示的な言及がない書物も多いので注意が必要である．図 8.1 からも見てとれるように，G が領域であっても $\hat{G}$ が領域になるとは限らない．たとえば，線分 Γ の上に $\partial G \setminus \Gamma$ の点が集積するようなことがあれば $\hat{G}$ は開集合にはならない．

[証明] まず最初に，G^* 上の関数 $f^*(z) := \overline{f(\bar{z})}, z \in G^*$ は G^* 上で正則である*8)．実際，f^* の G^* における連続性と (実) 微分可能性は容易に確かめられる．さらに，問 6.8 で示したように，f^* は G^* で正則である．また，任意の $\zeta \in \Gamma$ に対して

---

*3) 任意の $a \in G$ に対し，a を中心として G に含まれる円板 D をうまく選べば，D 内の任意の (向きづけられた閉折れ線としての) 3 角形 Δ について式 (8.3) が成り立つこと．
*4) 別の応用については定理 9.1 の脚注を参照．
*5) 対称原理 (symmetry principle) と呼ばれることもある．
*6) 以前にも注意したように，Γ は自然な ——たとえば実軸座標をそのまま用いた—— 径数をもった曲線を表すと同時に，単なる点集合 (区間あるいは線分) をも表す．
*7) 仮定の仕方からも容易に察せられるように，この定理は本質的には調和性に係わるものであり，したがって調和関数論において証明されるべきものであるが，ここでは正則性を活用する．
*8) ここで用いた記号 f^* は複素調和関数 f の共役を意味するものではないことに留意されたい．

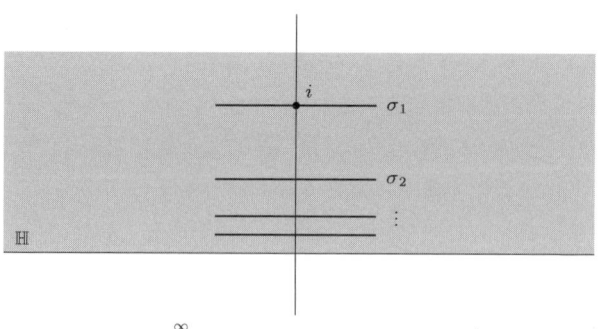

$$G = \mathbb{H} \setminus \bigcup_{n=1}^{\infty} \sigma_n, \ \sigma_n = \left\{ |\mathrm{Re}\, z| \leq 1, \, \mathrm{Im}\, z = \frac{1}{n} \right\}$$

図 8.1 $\hat{G}$ が領域にならない例

$$\lim_{G^* \ni z \to \zeta} f^*(z) = \lim_{G^* \ni z \to \zeta} \overline{f(\bar{z})} = \overline{\lim_{G \ni \bar{z} \to \bar{\zeta} = \zeta} f(\bar{z})} = \overline{\lim_{G \ni z' \to \zeta} f(z')} = \overline{f(\zeta)}$$

であるが，仮定 (8.4) があるから，最終項は $f(\zeta)$ にも等しくしたがって関数

$$\hat{f}(z) := \begin{cases} f(z), & z \in G \cup \Gamma \\ f^*(z), & z \in G^* \end{cases}$$

は $\hat{G}$ の上で連続で，開集合 $G \cup G^* (= \hat{G} \setminus \Gamma)$ の上では正則である．

　線分 Γ 上でも $\hat{f}$ が正則であることを確かめるために，任意の $\zeta \in \Gamma$ をとって固定する．$\hat{G}$ が領域であるとの仮定によって $\mathbb{D}(\zeta, \rho) \subset \hat{G}$ となる $\rho = \rho(\zeta) > 0$ があるが，関数 $\hat{f}$ は $\mathbb{D}(\zeta, \rho)$ 内の任意の 3 角形 Δ に対して式 (8.3) を満たすことを示そう．円板 $\mathbb{D}(\zeta, \rho)$ はその直径 Γ によって 2 つの開半円板 $D := \mathbb{D}(\zeta, \rho) \cap G$ および $D^* := \mathbb{D}(\zeta, \rho) \cap G^*$ に分けられるが，Δ が D と D^* の双方にまたがる場合だけを考えればよい．そのような Δ は，図 8.2 に示すように，(Γ 上にある両端点を除けばそれぞれ D あるいは D^* 内にある) 2 つの折れ線 Π, Π^* の和として書ける．このとき，Γ の部分弧 Γ_0 を用いて作った多角形 $\Pi + \Gamma_0$ および $\Pi^* - \Gamma_0$ については

$$\int_{\Pi + \Gamma_0} f(z)\, dz = 0, \quad \int_{\Pi^* - \Gamma_0} f^*(z)\, dz = 0 \tag{8.5}$$

が成り立つ．これらは同じように扱えるのでここでは第 1 式だけを示す．図 8.2 に示すように実軸から距離 $\varepsilon(>0)$ にある D 内の線分 Γ_ε によって Π の両端を切り取って得られる折れ線 $\Pi_\varepsilon + \Gamma_\varepsilon$ については，コーシーの積分定理によって

$$\int_{\Pi_\varepsilon + \Gamma_\varepsilon} f(z)\, dz = 0 \tag{8.6}$$

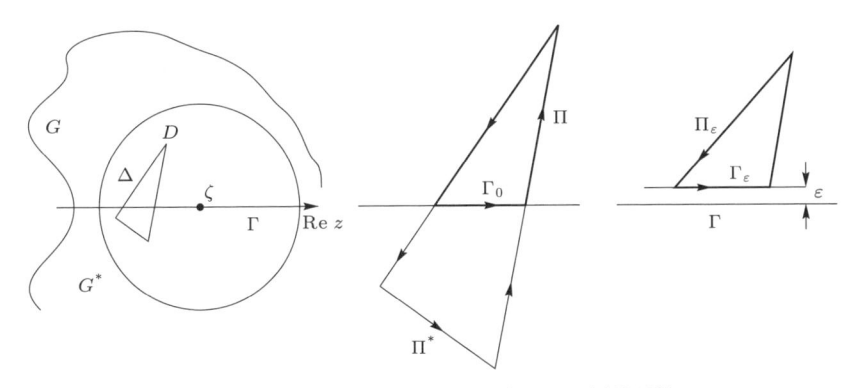

図 8.2 (a) 2 つの領域にまたがる 3 角形 (b) 分割と近似

が成り立つが，この式の左辺は (8.5) の第 1 式の左辺にいくらでも近くできる[*9]．

以上のことから $\hat{f}$ と Π について式 (8.3) が確かめられる：
$$\int_\Pi \hat{f}(z)\,dz = \int_{\Pi+\Gamma_0} f(z)\,dz + \int_{\Pi^*-\Gamma_0} f^*(z)\,dz = 0+0 = 0. \tag{8.7}$$
モレラの定理により $\hat{f}$ は Γ 上でも正則であることが分かった． (証明終)

注意 8.2 定理における拡張は実は一意的である (定理 9.11) のだが，ここではその主張を保留している．以下に登場する類似の鏡像原理における一意性も同様である．

問 8.1 仮定 (8.4) を Γ 上では $\operatorname{Re} f(z) = 0$ によって置き換えることができることを示せ．このとき $\hat{f}$ としてどのような関数を考えればよいか．

シュヴァルツの鏡像原理は直線に関して対称な領域だけではなく円弧に関して対称な[*10]領域についても成り立つ．その証明には，先に考えた f^* ではなく $f^*(z) := \overline{f(1/\bar{z})},\ z \in G^*$ を考えればよい．

定理 8.4 単位円板 $\mathbb{D}$ の内部にある領域 G はその境界の一部に単位円周上の開弧 Γ を含み，さらに G を Γ に関して対称に折り返して作った領域と $G \cup \Gamma$ との

[*9] ここでの議論は 114 ページ脚注 5) の特別な場合でもある．問題の 2 つの積分の差は次のように分けられる．Γ_0 と Γ_ε それぞれの一部分から作った同じ長さの線分に沿う積分と，この操作によってできる Π, Γ_0, および Γ_ε の切れ端に沿う積分．前者は f の連続性によって，後者は曲線の長さの評価によって，それぞれ ε とともに 0 に近づく．

[*10] 定義 3.11 を参照．

合併集合 $\hat{G}$ は領域であるとする[*11]．このとき，G で正則な関数 f が $G \cup \Gamma$ で連続で仮定 (8.4) を満たすならば，$\hat{G}$ の上で正則な関数 $\hat{f}$ で G 上では f と一致するものが存在する．

例 8.2 シュヴァルツの鏡像原理における仮定 (8.4) を $|f(z)| = 1$, $z \in \Gamma$ によって置き換えた場合にも，追加条件 $f(z) \neq 0$ ($z \in G$) の下では[*12]，$f^*(z) := 1/\overline{f(\bar{z})}$ を考えることによって，$\hat{G}$ の上で正則で G 上では f と一致する関数が作れる．

8.3 コーシー積分

7.8 節の議論においては，式 (7.19) の左辺にある f が右辺の f と同じ関数であることは実はまったく使われていなかった．また，積分記号下にある f の G における正則性も証明の最初と最後で[*13]使われただけだった．議論の透明化と主張の一般化を図るためにあらためて，有限個の区分的に C^1 級の単純閉曲線で囲まれた有界領域 G の境界 ∂G の上の連続関数 f に対し，関数

$$F_n(z) := \frac{1}{2\pi i} \int_{\partial G} \frac{f(\zeta)}{(\zeta - z)^n} d\zeta, \qquad n = 1, 2, \ldots \qquad (8.8)$$

を考える[*14]．特に関数 F_1 は f のコーシー [型] 積分 (Cauchy integral) あるいはコーシー変換 (Cauchy transform) と呼ばれ，正則関数の境界値を調べる際などに非常に重要な働きをする[*15]が，ここでは F_n と F_{n+1} の関係を調べて今後の準備とし，7.8 節への補足とするに留める．

点 $a \in G$ に対し，$\overline{\mathbb{D}}(a, \rho) \subset G$ を満たす $\rho > 0$ を選ぶ．このとき十分小さな任意の複素数 h に対し，

$$\frac{F_n(a+h) - F_n(a)}{h} - n F_{n+1}(a)$$
$$= \frac{1}{2\pi i} \int_{\partial G} f(z) \left\{ \frac{1}{h} \left(\frac{1}{(z-(a+h))^n} - \frac{1}{(z-a)^n} \right) - \frac{n}{(z-a)^{n+1}} \right\} dz$$

[*11] $G^* := \{z \in \mathbb{C} \mid 1/\bar{z} \in G\}$, $\hat{G} := G \cup \Gamma \cup G^*$.
[*12] ここでは $f(z) \neq 0$ ($z \in G$) が必要である．
[*13] 問題を局所化したり領域全体についての主張に戻したりするために．
[*14] ここでは，F_n が G 上の (変数 z の) 関数であることを強く認識するために，右辺の積分変数としては ——積分変数は所詮ダミーであって自由に書き換えてよかった—— 新しく ζ を用いた．以下ではすぐにまた積分変数が z に戻るがもちろん ζ を使うことにしても何ら問題はない．
[*15] 点 $z \in G$ が ∂G の点 ζ に近づくとき関数 $F_n(z)$ がどのように振る舞うか ——その極限値が存在するか，あったとして $f(\zeta)$ との関係は？—— などは興味ある重要な問題である．たとえば[4], pp.71-76 を参照．

の被積分関数のうちの $\{\cdots\}$ 部分は，$\alpha := z - a, \beta := z - (a+h)$ とすると

$$\{\cdots\} = \frac{\alpha^{n-1} + \alpha^{n-2}\beta + \cdots + \beta^{n-1}}{\alpha^n \beta^n} - \frac{n}{\alpha^{n+1}}$$

$$= \frac{(\alpha^n - \beta^n) + (\alpha^{n-1} - \beta^{n-1})\beta + \cdots + (\alpha - \beta)\beta^{n-1}}{\alpha^{n+1}\beta^n}$$

$$= (\alpha - \beta)\frac{\alpha^{n-1} + 2\alpha^{n-2}\beta + 3\alpha^{n-3}\beta^2 + \cdots + n\beta^{n-1}}{\alpha^{n+1}\beta^n}$$

と変形される．$G \subset \mathbb{D}(0, K/2)$ とし $|h| < \rho/2$ であるとすれば，$\rho \leq |\alpha| \leq K$, $\rho/2 \leq |\beta| \leq K$ であるから

$$|\{\cdots\}| \leq |h| \cdot \frac{(n(n+1)/2)K^{n-1}}{\rho^{n+1}(\rho/2)^n} = |h| \cdot \frac{2^{n-1}n(n+1)K^{n-1}}{\rho^{2n+1}}$$

を得る．したがって $M := \max_{\partial G} |f(z)|$ とし ∂G の長さを L とすると

$$\left| \frac{F_n(a+h) - F_n(a)}{h} - n F_{n+1}(a) \right| \leq |h| \cdot \frac{2^{n-2}n(n+1)K^{n-1}ML}{\pi \rho^{2n+1}}$$

である．この値は $h \to 0$ とするとき 0 に収束するから，次の定理が証明された．

定理 8.5 有限個の区分的に C^1 級の単純閉曲線で囲まれた有界領域 G の境界 ∂G の上で連続な関数 f があるとき，式 (8.8) で定義される関数 F_n は G 上の正則関数であって，次が成り立つ．

$$F'_n(z) = nF_{n+1}(z), \qquad n = 1, 2, \ldots \tag{8.9}$$

問 8.2 反時計回りの単位円周 C を用いて定義された $F(z) := \int_C \frac{d\zeta}{\zeta - z}$ が $\mathbb{D}$ および $\mathbb{C} \setminus \overline{\mathbb{D}}$ で定める正則関数 $F_\mathbb{D}$ および $F_{\mathbb{C} \setminus \overline{\mathbb{D}}}$ を具体的に書き下せ．

定義 (8.8) の積分域はもっと一般でもよい．たとえば，

定理 8.6 平面内の区分的に C^1 級の閉弧または閉曲線 γ とその上の連続関数 f があるとき，式 (8.8) で定義される関数 $F_n(n = 1, 2, \ldots)$ は $\mathbb{C} \setminus \gamma$ 上[*16)]の正則関数であって，等式 (8.9) が成り立つ．

8.4　孤立特異点 (I)：除去可能な特異点

関数 f が ——点 z_0 はともかくとして—— z_0 の周りのすべての点で (定義され

[*16)] 集合 $\mathbb{C} \setminus \gamma$ は連結とは限らない；いくつかの連結開集合の合併集合である．

てしかも) 正則であるとき，z_0 を f の**孤立特異点** (isolated singular point) と呼ぶ．また，f が (偶々) z_0 でも正則である[*17]ならば，z_0 を**除去可能** (removable) な孤立特異点と呼ぶ．

まず，コーシーの積分公式が次の形にまで弱められる[*18]ことを示す．

定理 8.7(コーシーの積分公式の拡張)　有界領域 G は有限個の区分的に C^1 級の単純閉曲線で囲まれているとし，$\bar{G}$ はその閉包とする．関数 f は $\bar{G} \setminus \{z_0\}$ の上で連続で G では正則とし，点 z_0 においては条件

$$\lim_{z \to z_0} (z - z_0) f(z) = 0 \tag{8.10}$$

を満たすとする．このとき次式が成り立つ．

$$f(\zeta) = \frac{1}{2\pi i} \int_{\partial G} \frac{f(z)}{z - \zeta} dz, \qquad \zeta \in G \setminus \{z_0\}. \tag{8.11}$$

[証明]　任意の $\zeta \in G \setminus \{z_0\}$ を 1 つとって固定し $d := |\zeta - z_0|$ とする．仮定により，任意の $\varepsilon > 0$ に対し適当な $\delta > 0$ を選べば $\mathbb{D}(z_0, \delta)$ 上では $|f(z)| < \varepsilon/|z - z_0|$ が成り立つ．このとき，$\mathbb{D}(z_0, \delta) \subset G \setminus \{\zeta\}$, 特に $\delta < d$ であるとしてよい．コーシーの積分公式 (定理 7.13) によって

$$f(\zeta) = \frac{1}{2\pi i} \int_{\partial G} \frac{f(z)}{z - \zeta} dz - \frac{1}{2\pi i} \int_{C(z_0, \delta/2)} \frac{f(z)}{z - \zeta} dz$$

であるが，右辺の第 2 項については，$C(z_0, \delta/2)$ 上では $|z - \zeta| \geq ||\zeta - z_0| - |z_0 - z|| = d - \delta/2 > d/2$ であることから，

$$\left| \frac{1}{2\pi i} \int_{C(z_0, \delta/2)} \frac{f(z)}{z - \zeta} dz \right| \leq \frac{1}{2\pi} \int_{C(z_0, \delta/2)} \frac{\varepsilon}{|z - z_0|} \frac{|dz|}{|z - \zeta|}$$

$$\leq \frac{1}{2\pi} \frac{\varepsilon}{\delta/2} \frac{2\pi \delta/2}{d/2} = 2\varepsilon/d$$

が成り立つ．数 ε は任意であったから式 (8.11) を得る．　　　　(証明終)

次に掲げる定理は孤立特異点が除去可能であるための十分条件を与える．

[*17]　より正確な表現：f の定義域を穴あき近傍から [中心点 z_0 を含めた] 近傍全体に拡張して z_0 においても正則であるようにできる．あるいは：[中心点 z_0 を含めた] 近傍全体で正則で穴あき近傍上では f に等しい関数を見つけることができる．

[*18]　114 ページの脚注や定理 7.6 などを併用すれば，この定理はさらに一般な形に述べられる．また，この定理における点 z_0 は G の中に 1 つより多くあっても，有限個なら同じ結論が得られることは証明から明白であろう．

8.4 孤立特異点 (I)：除去可能な特異点

定理 8.8 点 z_0 の穴あき近傍で正則な関数 f が条件 (8.10) を満たせば z_0 は f の除去可能な孤立特異点である．

[証明] 具体的に f は穴あき円板 $\mathbb{D}^*(z_0, \rho)$ で正則で条件 (8.10) を満たすとしよう．式 (8.8) によって定義される[*19] 関数 $F_1(z)$ は，定理 8.5 によって[*20] $\mathbb{D}(z_0, \rho/2)$ 全体で正則であって，しかも定理 8.7 の等式 (8.11) によって穴あき円板 $\mathbb{D}^*(z_0, \rho/2)$ 上では $F_1(z) = f(z)$ を満たす． (証明終)

(8.10) は明らかに除去可能性の必要条件でもある．さらに使い易い形として

定理 8.9(リーマンの除去可能性定理，Riemann's removability theorem) 点 $z_0 \in \mathbb{C}$ が関数 f の除去可能な孤立特異点であるための必要十分条件は f が z_0 の近傍で有界であることである．

問 8.3 原点 $z = 0$ は関数 $\sin z/z$ の除去可能な孤立特異点であることを示せ．

第 6 章では，簡潔を旨とするために関数の定義域として専ら平面の領域を考え，無限遠点には言及しないように努めた．しかし理論的な美しさを知るためには無限遠点を含むリーマン球面上で考える必要がある．そのアイディアはすでに第 1 章 24 ページにおいて登場した．具体的には，$z = \infty$ の近傍 $|z| > \rho(> 0)$ における正則関数 $w = f(z)$ は，$z = 1/Z$ によって導入された Z を独立変数とする関数 $w = F(Z) := f(1/Z)$ が $Z = 0$ でも定義されて複素微分可能であるとき，**無限遠点で正則** (holomorphic at ∞) であるという[*21]．

定理 8.10(リーマンの除去可能性定理の拡張) 孤立特異点 $a \in \hat{\mathbb{C}}$ が関数 f の除去可能な特異点であるためには f が a の近傍で有界であることが必要十分である．

[証明] $a = \infty$ の場合のみ考えればよい．必要性は明らか．十分性を示すため

[*19] $G = \mathbb{D}(z_0, \rho/2), n = 1$.
[*20] 定理 7.17 の証明における議論によることもできる．
[*21] ただし，依然として複素数値関数のみを対象としているので，点 $f(c) = \infty$ となるような点 $c \in \hat{\mathbb{C}}$ については考えていない．この中途半端な考え方が不満の読者もあろうが，"値が有限でない場合には微係数を考えることに意味をもたせ難い"という歴史的な理由から入門段階では考えないのが普通である．この場合を除外しないためには複素数値関数を一般化して（多様体（リーマン面）と見た）リーマン球面への写像を考えることが必要になる．

に，関数 $f(z)$ が $|z| > \rho (> 0)$ で有界正則とする．関数 $F(Z) := f(1/Z)$ は Z 平面の穴あき円板 $\mathbb{D}^*(0, 1/\rho)$ で有界正則であるから，定理 8.9 によって $F(Z)$ は $\mathbb{D}(0, 1/\rho)$ で正則な関数に拡張される．これは $f(z)$ が無限遠点で正則であることを示している． (証明終)

例 8.3 無限遠点は関数 $z\sin(1/z)$ の除去可能な孤立特異点である．

8.5 シュヴァルツの補題

除去可能性定理と最大値の原理を用いて得られる次の定理は強力である．

定理 8.11 (シュヴァルツの補題，Schwarz's lemma) 単位円板 $\mathbb{D}$ で正則な関数 f が条件

$$|f(z)| \leq 1 \quad (z \in \mathbb{D}) \quad \text{および} \quad f(0) = 0 \tag{8.12}$$

を満たせば，次の不等式が成り立つ．

$$|f(z)| \leq |z|, \quad z \in \mathbb{D}, \tag{8.13}$$

$$|f'(0)| \leq 1. \tag{8.14}$$

不等式 (8.13) において等号が $\mathbb{D}^*$ 内のどこか 1 点で，あるいは不等式 (8.14) において等号が成り立つのは，ある $k \in \mathbb{C}$ ($|k| = 1$) について $f(z) = kz$ であるとき，かつそのときに限る．

[証明] 不等式 (8.14) は (8.13) の両辺を z で割って $z \to 0$ とすればただちに得られるから，(8.13) を示せばよい．関数 $g(z) := f(z)/z$ は $\mathbb{D}^* = \mathbb{D} \setminus \{0\}$ で正則で $\lim_{z \to 0} zg(z) = f(0) = 0$ であるから，定理 8.8 によって g は $\mathbb{D}$ 上の正則関数と考えてよい[*22]．任意の $z' \in \mathbb{D}$ をとっていったん固定するとき，$z' \in \mathbb{D}(0, \rho)$ となる $\rho < 1$ がある．このとき，$C(0, \rho)$ 上では不等式 $|g(z)| = |f(z)|/|z| \leq 1/\rho$ が成り立っているから，最大値の原理によって $|g(z')| \leq 1/\rho$ である．$\rho \nearrow 1$ とすれば $|g(z')| \leq 1$ を得るが，z' は任意であったから (8.13) が示された．定理後半の等号条件に関する 2 つの仮定は，そのいずれもが，$\overline{\mathbb{D}}(0, \rho)$ 上で正則な g がその定義域の内点で最大値 1 をとることを意味する．したがって，$g(z) = \text{const.}$ であっ

[*22] 同じ結論は $z \to 0$ のとき $g(z) = f(z)/z \to f'(0)$ に注意して定理 8.9 に訴えても得られる．

てこの定数の絶対値は 1 である．すなわち $f(z) = kz, |k| = 1$. 　　　　(証明終)

例 8.4 定理 8.11 の主張は無駄を削ぎ落としてもっとも単純な形で書かれている．円板 $\mathbb{D}(0,R)$ で正則な関数 f が条件 $|f(z)| \leq M$ ($z \in \mathbb{D}(0,R)$) および $f(0) = 0$ を満たせば，結論は $|f(z)| \leq M|z|/R$ ($z \in \mathbb{D}(0,R)$) および $|f'(0)| \leq M/R$ によって置き換えられるべきであることは関数 $f(Rz)/M$ を考察すればただちに分かる．もう 1 つの条件 $f(0) = 0$ が満たされていない場合は次の定理で扱われる．

定理 8.12 円板 $\mathbb{D}$ で正則な関数 f が $|f(z)| \leq 1$ ($z \in \mathbb{D}$) を満たせば，任意の $a \in \mathbb{D}$ と任意の $z \in \mathbb{D}$ に対して

$$\left|\frac{f(z) - f(a)}{1 - \overline{f(a)}f(z)}\right| \leq \left|\frac{z-a}{1-\bar{a}z}\right| \quad \text{および} \quad \frac{|f'(a)|}{1-|f(a)|^2} \leq \frac{1}{1-|a|^2} \quad (8.15)$$

が成り立つ．

[証明] 証明すべき第 1 の不等式において $z \to a$ とすればただちに第 2 の不等式が得られるので，前者だけを示せばよい．見易くするために $w = f(z), b = f(a)$ と書こう．2 つのメービウス変換

$$z = S(\zeta) = \frac{\zeta + a}{1 + \bar{a}\zeta}, \qquad \omega = T(w) = \frac{w-b}{1-\bar{b}w}$$

を用いた合成関数 $\omega = \varphi(\zeta) := T \circ f \circ S(\zeta)$ は $\mathbb{D}$ で正則かつ $|\varphi(\zeta)| \leq 1$ で[*23]，しかも $\varphi(0) = 0$ が成り立つ．したがって定理 8.11 によって $|\varphi(\zeta)| \leq |\zeta|$ ($\zeta \in \mathbb{D}$) であるが，これを $\zeta = S^{-1}(z), \varphi(\zeta) = T(f(z))$ を用いて書き換えれば $|T(f(z))| \leq |S^{-1}(z)|$ を得る．これは (8.15) の第 1 式にほかならない． 　　　　(証明終)

一般の場合のシュヴァルツの補題 (定理 8.12) を証明するにあたってメービウス変換が非常に大きな役割を担っているが，逆にシュヴァルツの補題がメービウス変換の存在価値を飛躍的に高める．すなわち，

定理 8.13 $\mathbb{D}$ から $\mathbb{D}$ の上への 1 対 1 正則な関数はメービウス変換に限る．

[証明] $\mathbb{D}$ から $\mathbb{D}$ の上への 1 対 1 正則な関数 $\zeta = f(z)$ を考える．適当なメービウス変換 $w = T(\zeta)$ を合成して $T \circ f(0) = 0$ とできる．合成関数 $T \circ f$ を

[*23] この不等式は直接計算によって確認することもできるが，φ を定める合成の各段階が $\mathbb{D}$ (の一部) から $\mathbb{D}$ への写像であることに注意するだけでも容易に分かる．

$w = g(z)$ と書くと,シュヴァルツの補題によって $|g(z)| \leq |z|$ が成り立つ.他方で,$z = g^{-1}(w)$ もまた $\mathbb{D}$ から $\mathbb{D}$ の上への1対1正則な関数であって $g^{-1}(0) = 0$ であるから,再びシュヴァルツの補題によって $|g^{-1}(w)| \leq |w|$ が成り立つ.したがって $|z| = |g^{-1}(w)| \leq |w| = |g(z)| \leq |z|$ となるが,これはシュヴァルツの補題における等号の成立を意味するから,ある複素数 k ($|k| = 1$) によって $g(z) = kz$ と書ける.したがって $f = T^{-1} \circ g$ はメービウス変換である. (証明終)

一般に,領域 G をそれ自身の上に1対1に写す等角写像は G の**自己等角写像** (conformal automorphism) と呼ばれる.その全体は,恒等写像 $z \mapsto z$ を単位元とし写像の合成を積とする群である.これを G の自己等角写像群と呼ぶ.

問 8.4 $\mathbb{D}$ の自己等角写像群はメービウス変換からなり,その元 T は $|\alpha|^2 - |\beta|^2 = 1$ を満たす複素数 α, β によって $T(z) = (\bar{\alpha}z + \bar{\beta})(\beta z + \alpha)^{-1}$ と書けることを示せ.

例 8.5 前問の変換 $w = T(z)$ については $dw/dz = (\beta z + \alpha)^{-2}$, $1 - |w|^2 = (1 - |z|^2)|\beta z + \alpha|^{-2}$ であるから,$|dw/dz| = (1 - |w|^2)/(1 - |z|^2)$ すなわち

$$\frac{|dw|}{1 - |w|^2} = \frac{|dz|}{1 - |z|^2}$$

を得る;$|dz|/(1 - |z|^2)$ は $\mathbb{D}$ の自己等角写像の下で不変 [な微分計量*24)] である.

問 8.5 $\mathbb{D}$ から $\mathbb{D}$ への任意の正則関数 $w = f(z)$ について $(1 - |w|^2)^{-1}|dw| \leq (1 - |z|^2)^{-1}|dz|$ が成り立つ.これを示せ.

8.6 多重連結領域で正則な関数の分解

これまで積分定理や積分公式の舞台となった領域 G は,有限 ($= N$) 個の区分的に C^1 級の単純閉曲線によって囲まれていた.単連結領域は $N = 1$ の場合である.$N \geq 2$ のとき G は N **重連結** (Nply connected) あるいは単に**多重連結** (multiply connected)*25) と呼ばれる.本節では,もっとも簡単な場合でありしかも次章のためにも重要な2重連結領域を,実際には特に重要な同心円環領域

$$\mathbb{A}(c; R_1, R_2) := \{z \in \mathbb{C} \mid R_1 < |z - c| < R_2\} = \mathbb{D}(c, R_2) \setminus \overline{\mathbb{D}}(c, R_1)$$

---

*24) 微分計量の詳細に立ち入る余裕はないが,不変性については容易に理解されよう.これはポアンカレ計量として知られる非ユークリッド計量の一種である.H. Poincaré (1854–1912).
*25) 以下でもたびたび考察するように,いくつかの境界曲線が1点に退化する場合も許す.

とその上での正則関数 f を考察する (図 8.3)[*26]. ここで c は有限な複素数であり, $0 \leq R_1 < R_2 \leq +\infty$ である[*27]. 任意の $z \in \mathbb{A}(c; R_1, R_2)$ に対して $R_1 < R_1' < R_2' < R_2$ を満たす有限な正数 R_1', R_2' を上手にとれば $z \in \mathbb{A}(c; R_1', R_2')$ とできる. コーシーの積分公式によって

$$f(z) = \frac{1}{2\pi i} \int_{C_{R_2'}} \frac{f(\zeta)}{\zeta - z} \, d\zeta - \frac{1}{2\pi i} \int_{C_{R_1'}} \frac{f(\zeta)}{\zeta - z} \, d\zeta \tag{8.16}$$

が成り立つ. ここで

$$f_k(z) := \frac{1}{2\pi i} \int_{C_{R_k'}} \frac{f(\zeta)}{\zeta - z} \, d\zeta \qquad (k = 1, 2) \tag{8.17}$$

とすると, 定理 8.6 によって, f_1 は $\mathbb{C} \setminus \overline{\mathbb{D}}(c, R_1')$ で, また f_2 は $\mathbb{D}(c, R_2')$ で, それぞれ正則で[*28]. $\mathbb{A}(c; R_1', R_2')$ 上では $f = f_2 - f_1$ が成り立つ. さらに,

$$|f_1(z)| \leq \frac{1}{2\pi} \int_{C_{R_1'}} \frac{|f(\zeta)|}{|\zeta - z|} \, |d\zeta| \to 0 \qquad (z \to \infty) \tag{8.18}$$

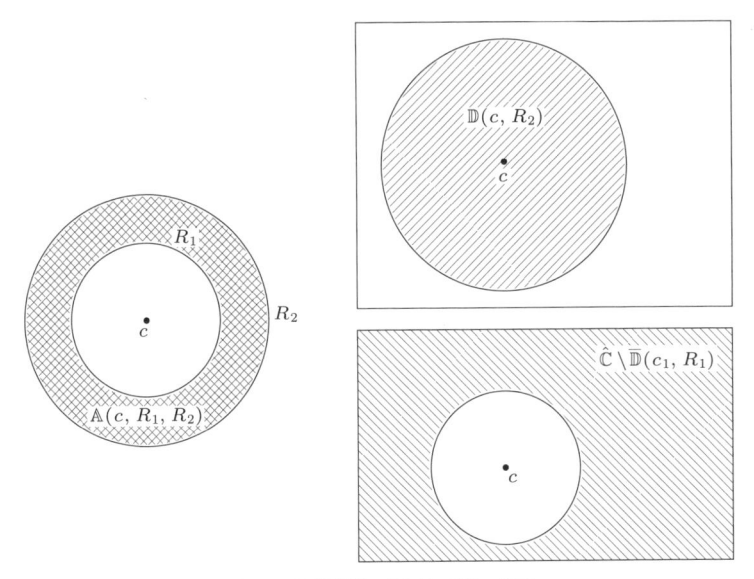

図 **8.3** 円環領域で正則な関数の分解

[*26] 一般の 2 重連結領域上の正則関数を調べるためには円環領域の場合を調べれば十分であることが知られているが, その事実を示すことは本書の範囲を超えるし, 当面必要ではない.

[*27] $R_1 = 0$ あるいは $R_2 = \infty$ のときには "円環" 領域という語には違和感があるが, 慣用的にこの名を用いる.

[*28] 実際にはそれぞれ開集合 $\hat{\mathbb{C}} \setminus C(c, R_1')$ あるいは $\hat{\mathbb{C}} \setminus C(c, R_2')$ で正則な関数であるが, 出発点であった関数 f の定義域 A との関係を考慮し, あえて制限したものを考えている.

であるから，定理 8.10 によって f_1 は無限遠点でも正則である．

ところで，R_1', R_2' はいくらでも R_1, R_2 に近くとることができて，$f_1(z), f_2(z)$ はそれらの選び方によらずに同じ値をもつから，事実上 f_1 は $\hat{\mathbb{C}} \setminus \overline{\mathbb{D}}(c, R_1)$ 上の，また f_2 は $\mathbb{D}(c, R_2)$ 上の正則関数であると考えてよい．したがって

定理 8.14 同心円環領域 $\mathbb{A}(c; R_1, R_2)$ における正則関数 f は，$\mathbb{D}(c, R_2)$ で正則な関数 f_2 と $\hat{\mathbb{C}} \setminus \overline{\mathbb{D}}(c, R_1)$ で正則な関数 f_1 の差として書ける[*29]

$$f(z) = f_2(z) - f_1(z), \qquad z \in \mathbb{A}(c; R_1, R_2). \tag{8.19}$$

注意 8.3 $R_1 = 0$ で f が円環領域 $\mathbb{A}(c; 0, R_2)$ で正則かつ有界であれば，リーマンの除去可能性定理とコーシーの積分定理によって f_1 は恒等的に 0 である．

例 8.6 $\mathbb{A}(-1; 1, 2)$ で正則な関数

$$f(z) := \frac{1}{z(z-1)(z^2-1)} = \frac{1}{z(z-1)^2(z+1)} \tag{8.20}$$

の分解を求める[*30]．任意の $z \in \mathbb{A}(-1; 1, 2)$ に対して十分小さい正数 ε をとって $z \in \mathbb{A}(-1; 1+\varepsilon, 2-\varepsilon)$ とできる．このとき

$$\begin{aligned}
f_1(z) &= \frac{1}{2\pi i} \int_{C(-1, 1+\varepsilon)} \frac{d\zeta}{\zeta(\zeta-1)^2(\zeta+1)(\zeta-z)} \\
&= \operatorname*{Res}_{0} + \operatorname*{Res}_{-1} \frac{1}{\zeta(\zeta-1)^2(\zeta+1)(\zeta-z)} \\
&= \left.\frac{1}{(\zeta-1)^2(\zeta+1)(\zeta-z)}\right|_{\zeta=0} + \left.\frac{1}{\zeta(\zeta-1)^2(\zeta-z)}\right|_{\zeta=-1} \\
&= -\frac{1}{z} + \frac{1}{4(z+1)} = -\frac{3z+4}{4z(z+1)} \\
f_2(z) &= \frac{1}{2\pi i} \int_{C(-1, 2-\varepsilon)} \frac{d\zeta}{\zeta(\zeta-1)^2(\zeta+1)(\zeta-z)} \\
&= \operatorname*{Res}_{0} + \operatorname*{Res}_{-1} + \operatorname*{Res}_{z} \frac{1}{\zeta(\zeta-1)^2(\zeta+1)(\zeta-z)} \\
&= -\frac{1}{z} + \frac{1}{4(z+1)} + \frac{1}{z(z-1)^2(z+1)} = -\frac{3z-5}{4(z-1)^2}
\end{aligned}$$

[*29] いうまでもなく ——$(-f_1)$ を考えることによって—— "差" は "和" と言い換えることもできる．
[*30] ここで考察する関数 f は有理関数であるから $\mathbb{A}(-1; 1, 2)$ の外部でも有限個の点を除いて正則である．そのことが f_1, f_2 を具体的に式表示するために有効に働いている（留数定理の効果的適用）が，一般の関数についてはこのように単純とは限らない．

である[*31]．z を動かすとき f_1, f_2 がそれぞれ $\hat{\mathbb{C}} \setminus \overline{\mathbb{D}}(-1,1), \mathbb{D}(-1,2)$ で正則な関数となり，$\mathbb{A}(-1;1,2)$ 上では $f = f_2 - f_1$ が成り立っていることは容易に確かめられる．

例 8.7 例 8.6 の関数 f はまた $\mathbb{A}(-1;0,1)$ で正則でもあるから，そこで分解することもできる．$z \in \mathbb{A}(-1;0,1)$ について先ほどと同様に十分小さい正数 ε をとれば[*32]，
$$f_1(z) = \frac{1}{2\pi i} \int_{C(-1,\varepsilon)} \frac{d\zeta}{\zeta(\zeta-1)^2(\zeta+1)(\zeta-z)} = \frac{1}{4(z+1)}$$
$$f_2(z) = \frac{1}{2\pi i} \int_{C(-1,1-\varepsilon)} \frac{d\zeta}{\zeta(\zeta-1)^2(\zeta+1)(\zeta-z)} = \frac{z^2 - 3z + 4}{4z(z-1)^2}$$

問 8.6 例 8.6，例 8.7 で扱った関数 (8.20) を $\mathbb{A}(-1;2,+\infty)$ で分解せよ．

8.7 1価性の定理

領域 G 上の正則関数 f が 0 をその値としてとらなければ，定理 6.2 および定理 7.18 によって f'/f もまた G で正則である．特に G が単連結のときには f'/f の原始関数 h が G 全体で 1 価な関数として (定数差を除いて) 定まるが，
$$(fe^{-h})' = f' \cdot e^{-h} + f \cdot (-e^{-h}h') = e^{-h} \cdot (f' - fh') = 0, \quad z \in G$$
であるから，定理 6.9 により fe^{-h} は G 上の定数関数である．この定数を 1 とした[*33]ときの $h(z)$ は $\log f(z)$ の分枝の 1 つであるから，次の定理が証明された．

定理 8.15（**1価性の定理**，monodromy theorem）　単連結領域 G の上で零点をもたない正則関数 $f(z)$ に対して，G 上で $\log f(z)$ の 1 価な分枝がとれる．

例 8.8 任意に θ_0 ($\pi/2 < \theta_0 < \pi$) を 1 つとめ，単連結領域 $G := \{z = re^{i\theta} \mid 1 < r < 2, |\theta| < \theta_0\}$ 上の正則関数 $w = f(z) := z^2$ を考える．関数 $\log w$ 自身は $f(G) = \{w \in \mathbb{C} \mid 1 < |w| < 4\}$ 上で多価であるが，しかし合成関数 $\log f(z) = \log z^2$ は G 上では 1 価な分枝をもつ（G 上の 1 価関数として選べる $\log z$ の 2 倍はその例）．

[*31] ここでは留数計算に際して省略された記法を用いている．必ずしも一般的なものではないが，意味するところが明らかである上に思考の節約にもなるであろう．

[*32] 線積分の形は先の例とまったく同じであるが，z の位置が異なるので計算結果には相違が生じる．

[*33] ある点 $z_0 \in G$ で $e^{h(z_0)} = f(z_0)$ となるように原始関数 h の積分定数を調節すればよい．

8.8 逆 関 数

区分的に C^1 級の有限個の単純閉曲線で囲まれた有界領域 G と G'，および正則単葉な $f: \bar{G} \to \bar{G}'$ とその正則な逆関数 $g: \bar{G}' \to \bar{G}$ について[*34)]，
$$g(w) = \frac{1}{2\pi i} \int_{\partial G'} \frac{g(\omega)}{\omega - w} \, d\omega, \qquad w \in G' \tag{8.21}$$
が成り立つ．ここで $\omega = f(\zeta)$ により z 平面に移ると，(8.21) は
$$g(w) = \frac{1}{2\pi i} \int_{\partial G} \frac{\zeta f'(\zeta)}{f(\zeta) - w} \, d\zeta, \qquad w \in G' \tag{8.22}$$
と書き換えられる．したがって

定理 8.16 有限個の区分的に C^1 級の単純閉曲線で囲まれた有界領域 G とその閉包上の単葉正則関数 $w = f(z)$ について，f の逆関数 $z = g(w)$ は式 (8.22) によって表される．

例 8.9 複素数 $\alpha, \beta, \gamma, \delta$ ($\alpha\delta - \beta\gamma = 1, \gamma \neq 0$) と任意の実数 ρ, R ($0 < \rho < R < \infty$) について，関数 $w = f(z) = (\alpha z + \beta)/(\gamma z + \delta)$ は円環領域 $\mathbb{A}(-\delta/\gamma; \rho, R)$ で正則単葉である．簡単な計算により $(w - \alpha/\gamma) \cdot (z + \delta/\gamma) = -\gamma^{-2}$ が分かるから，$f(\mathbb{A}(-\delta/\gamma; \rho, R)) = \mathbb{A}(\alpha/\gamma; \rho', R')$ となる．ここで，$\rho' := R^{-1}|\gamma|^{-2}, R' := \rho^{-1}|\gamma|^{-2}$ である．$f'(\zeta) = 1/(\gamma\zeta + \delta)^2$ であるから，式 (8.22) によって f の逆関数 g は[*35)]
$$g(w) = \frac{1}{2\pi i} \int_{\partial \mathbb{A}(-\delta/\gamma; \rho, R)} \frac{\zeta \, d\zeta}{(\gamma\zeta + \delta)\{(\alpha - \gamma w)\zeta - (\delta w - \beta)\}}, \quad w \in \mathbb{A}(\alpha/\gamma; \rho', R')$$
であるが，$\overline{\mathbb{A}(-\delta/\gamma; \rho, R)}$ 上で被積分関数の分母を 0 にするのは点 $\zeta = (\delta w - \beta)/(\alpha - \gamma w)$ のみであるから，留数定理 (または直接コーシーの積分公式) によって
$$g(w) = \frac{1}{\alpha - \gamma w} \left[\frac{\zeta}{\gamma\zeta + \delta} \right]_{\zeta = (\delta w - \beta)/(\alpha - \gamma w)} = \frac{\delta w - \beta}{-\gamma w + \alpha}.$$
$\rho \to 0, R \to \infty$ とすればこの関係式が $\hat{\mathbb{C}}$ で成り立つことが分かる．

[*34)] これらは過剰な仮定である．実際には，G とその閉包 $\bar{G}$ 上の正則単葉な関数 f があれば，$G' := f(G)$ もまた同様の領域であることや，f の逆関数 g が $\bar{G}'$ で正則であることなどが分かる．前半については定理 9.26 を，後半については定理 9.23 と定理 6.13 を参照．

[*35)] 以下の計算の最終結果はまったく目新しいものではない．ここでは上に得た定理の適用によりつつ，またこれまでの知識も使いつつ，既知の結果を導いているにすぎない．

本章では正則関数のもつ——やや進んだ内容のものも含めて——さまざまな性質を述べたが，それらの証明にはコーシーの積分定理と積分公式が本質的であった．次章では，留数と並んで計算技術的に重要な正則関数の解析的表示について述べる．コーシーの積分公式を用いて示されるこの一見局所的にしか過ぎない性質はまた，正則関数の大域的な性質を知る上でも重要な役割を担う．その過程でもまたコーシーの積分定理は活躍する．

演 習 問 題

($C, \mathbb{D}, \overline{\mathbb{D}}$ は，単位円周，開単位円板，閉単位円板を表す．)

8.1 正則関数に対する最小値の原理 (例 8.1 の後半の主張) を証明せよ．

8.2 次の条件を満たす関数 f が存在するならば例示し，存在しないならばその理由を述べよ．(1) $\overline{\mathbb{D}}$ で連続，$\mathbb{D}$ 上では正則，かつ C 上で $f(z) = 1/z$ を満たす関数．(2) $\overline{\mathbb{D}}$ で連続，$\mathbb{D}$ 上では正則，かつ C 上で $f(z) = \operatorname{Re} z$ を満たす関数．(3) $\lim_{|z| \to \infty} 1/|f(z)| = 0$ である整関数．(4) $\lim_{|z| \to \infty} |f(z)| = 0$ である整関数．(5) C 上で $|f(z)| = 1$ を満たす有理関数．

8.3 C 上で $|P| = 1$ を満たす多項式 P の一般形を示せ．

8.4 注意 8.2 に述べた拡張の一意性を認めた上で，C 上で絶対値が 1 である非定数整関数は原点で値 0 をとることを示せ．

8.5 コーシー積分 $F(z) := \int_{-1}^{1} \dfrac{dt}{t-z}$ が表す截線領域 $\mathbb{C} \setminus [-1, 1]$ 上の正則関数を具体的に書け．

8.6 $\{y \geq 0\}$ で連続な関数 $f(z) = \sqrt{\sqrt{x^2+y^2}+x} + i\sqrt{\sqrt{x^2+y^2}-x}$ は $\{y > 0\}$ で正則である (第 6 章章末問題参照)．$\{x > 0, y = 0\}$ 上では $\operatorname{Im} f = 0$ が成り立つことを示し，シュヴァルツの鏡像原理を適用して f を拡張して $\{y < 0\}$ における正則関数 f_+ を見いだせ．さらに，$\{x < 0, y = 0\}$ 上では $\operatorname{Re} f = 0$ であることを示して $\{y < 0\}$ における正則関数 f_- を見いだせ．こうして得られた $\{y < 0\}$ における 2 つの正則関数 f_+, f_- は $\{y > 0\}$ 上の同じ関数 f から得られたものだが，$\{y < 0\}$ では一致しないことを示せ．またその理由を明らかにせよ．

8.7 リーマン球面の回転に対応する平面の変換を書き下せ．ここで得られた式を特別な軸の周りの結果 (問題 1.12) と比較せよ．

8.8 長方形 $ABCD$ から長方形 $A'B'C'D'$ の上への等角写像 f は辺 AB, BC, CD, DA を辺 $A'B', B'C', C'D', D'A'$ の上に写すとする．このとき，$|BC| : |AB| = |B'C'| : |A'B'|$ であることを示せ．ただし記号 $|AB|$ などは線分 AB などの長さを表す[*36]．

[*36] (辺の対応まで要求した上で) 互いに等角同値な 2 つの長方形に共通な量 $|BC|/|AB|$ は "等角同値類" のレッテルであるが，これをこの長方形のモジュラス (modulus) と呼ぶ．

第 9 章

正則関数の局所的
表示とその応用

CHAPTER 9

本章では，関数列や関数項級数についての簡単な復習の後，べき級数とその収束半径について述べる．さらに，テイラー展開とローラン展開を調べ，孤立特異点が ——除去可能なものでなければ—— 極と真性特異点とに分類されることをみる．ここで正則関数を拡張した概念として有理型関数が登場し，その局所的性質が明らかにされる．有理型関数の零点や極の個数の深い関係を与える公式 (偏角の原理) とその応用についても述べる．正則性の 3 つの特徴づけ (あるいは定義) である "複素微分可能性"，"コーシー・リーマン関係式の成立"，"べき級数展開可能性" が本章で出そろう．

9.1 関数列と関数項級数

複素数の世界における距離の概念は絶対値を用いて記述されるから，複素関数の列や級数の収束に関する基本的な定義や定理は実関数における場合と大きく変わるところはない．したがって，ここでは実関数の場合[*1]と複素関数の場合との対比に意を尽くすが，重要な定義や定理は重複をいとわず述べる．

平面領域 G で定義された関数の列[*2] $(f_n)_{n=1,2,...}$ が G 内で広義一様に (locally uniformly) 関数 f に収束する (converge) というのは，G の任意のコンパクト部分集合 K と任意の $\varepsilon > 0$ に対して，自然数 N を十分大きくとれば，任意の $n \geq N$ と任意の $z \in K$ に対して $|f_n(z) - f(z)| < \varepsilon$ が成り立っていることである．また，**関数項級数** (series of functions) $\sum_{n=0}^{\infty} \varphi_n(z)$ が G 上で広義収束するとは[*3]，その第 k 部分和 $f_k(z) := \sum_{n=0}^{k} \varphi_n(z)$ が G 上のある関数 $f(z)$ に広義一様収束するときをいい，$f(z)$ を級数の和 (sum) と呼び，

$$f = \sum_{n=0}^{\infty} \varphi_n \quad \text{あるいは} \quad f(z) = \sum_{n=0}^{\infty} \varphi_n(z) \tag{9.1}$$

と書くことなども実関数の場合と同様である．

[*1] たとえば[2]，pp.171–191 を参照．
[*2] 収束の本質からして，"すべての f_n が G 全体で定義されている" 必要はない．
[*3] 関数項級数を考える際には添え字 n が 0 から始まると仮定するのが便利である；その理由はすぐ後で明らかになる．また添え字の範囲が既知のときにはしばしば簡略な表記 $\sum \varphi_n(z)$ を用いる．

正則関数からなる列あるいは級数に関して，次の定理は基本的である：

定理 9.1 (ワイエルシュトラスの定理) (1) 平面領域 G で正則な関数の列 $(f_n)_{n=1,2,\ldots}$ が G 内で広義一様に関数 f に収束するならば，極限関数 f もまた G で正則である．さらに，f'_n は f' に G で広義一様収束する．
(2) 平面領域 G 上の正則関数 φ_n ($n = 0, 1, 2, \ldots$) に対し，関数項級数 $f = \sum \varphi_n$ が G 上で広義一様収束するならば，和 f もまた G で正則である．さらに，$\sum \varphi'_n$ は G で広義一様収束してその和は f' である．

[証明] 主張 (2) は (1) と級数の和の定義から導かれるから (1) だけを証明する．前半については G の各点 z_0 [のある近傍] での f の正則性を示せば十分である．$\overline{\mathbb{D}}(z_0, \rho) \subset G$ となる $\rho > 0$ を 1 つとめる．コーシーの積分公式により，

$$f_n(z) = \frac{1}{2\pi i} \int_{C(z_0,\rho)} \frac{f_n(\zeta)}{\zeta - z} d\zeta, \qquad z \in \mathbb{D}(z_0, \rho) \tag{9.2}$$

が各 $n = 0, 1, 2, \ldots$ について成り立つ．ここで $C(z_0, \rho) = \partial \mathbb{D}(z_0, \rho)$ は G 内のコンパクト集合だから $n \to \infty$ とするとき，f もまた式 (9.2) を満たす．したがって，定理 8.5 により f もまた $\mathbb{D}(z_0, \rho)$ で正則である[*4]．

後半のために $\overline{\mathbb{D}}(z_0, \rho/2)$ 上で f'_n が f' に一様収束することを示そう．

$$f'_n(z) = \frac{1}{2\pi i} \int_{C(z_0,\rho)} \frac{f_n(\zeta)}{(\zeta - z)^2} d\zeta, \qquad z \in \mathbb{D}(z_0, \rho) \tag{9.3}$$

が各 $n = 0, 1, 2, \ldots$ について成り立ち，f_n は f に $C(z_0, \rho)$ 上で一様収束するから，$\overline{\mathbb{D}}(z_0, \rho/2)$ 上で f'_n は f' に一様収束する．　　　　　　　　(証明終)

注意 9.1 主張 (2) はいわゆる**項別微分可能性** (termwise differentiability) である．

関数項級数の典型例として，複素数 c と複素数の列 $(\alpha_n)_{n=0,1,2,\ldots}$ から組み立てられた $f(z) = \sum_{n=0}^{\infty} \alpha_n (z - c)^n$ を挙げることができる．このように作った複素関数[*5] f を**べき級数** (power series) と呼ぶ[*6]．実解析の場合と同様に，c をべき級数の**中心** (center)，α_n を**第 n 係数**と呼ぶ．べき級数の性質を調べるためには

[*4] ここまでの部分はモレラの定理の適用によることもできる．各関数 f_n は $\mathbb{D}(z_0, \rho)$ 内の任意の 3 角形 Δ に対して等式 (8.3) を満たす．Δ は G に含まれるコンパクト集合なので極限関数 f もまた等式 (8.3) を満たす．したがって，モレラの定理によって，f は $\mathbb{D}(z_0, \rho)$ で正則である．
[*5] 左辺の f は ——(9.1) と同じく—— 右辺が収束するような z に対して定義された関数を表す．
[*6] 簡単にべき級数 $f(z)$ と表現する場合もある．べき級数はまた**整級数**と呼ばれることある．

その中心が原点にあると仮定してもよいであろう．したがって以下では，特に断らない限り，次の簡単な形を考える：

$$f(z) = \sum_{n=0}^{\infty} \alpha_n z^n. \tag{9.4}$$

べき級数 (9.4) を構成する各項 $\alpha_n z^n$ が整関数であるからといってその和もまた整関数になると期待するのは早計である．常に $f(0) = \alpha_0$ であるが，$z \neq 0$ における値 $f(z)$ を考え得るかどうかすら自明ではない．たとえば，

例 9.1 べき級数 $\sum n! \zeta^n$ はいかなる $\zeta \neq 0$ においても収束しない．実際，$N|\zeta| > 1$ を満たす自然数 N をとれば，任意の $n \in \mathbb{N}$ について $|n! \zeta^n| \geq n!/N^n$ であり，この右辺は $n \to \infty$ とき限りなく大きくなるから，$\sum n! \zeta^n$ は収束しない．

べき級数がどのような z に対して収束するかを調べることの重要性は上の例からもよく分かるが，この問いへの基礎的解答を与えるのは次の定理である．

定理 9.2 (アーベル[*7]の定理) べき級数 (9.4) が中心 (原点) 以外のある点 ζ において収束するならば，この級数は少なくとも開円板 $\mathbb{D}(0, |\zeta|)$ において広義一様絶対収束する[*8]．

[証明] まず，点 ζ で収束することから，適当な正数 M について $|\alpha_n \zeta^n| \leq M$ ($n = 0, 1, 2, \ldots$) が成り立つ．他方で，任意の点 $z_1 \in \mathbb{D}(0, |\zeta|)$ に対し，十分小さな正数 ρ をとれば $\overline{\mathbb{D}}(z_1, \rho) \subset \mathbb{D}(0, |\zeta|)$ である．$\sigma := (|z_1| + \rho)/|\zeta|$ は不等式 $0 < \sigma < 1$ を満たし，任意の $z \in \overline{\mathbb{D}}(z_1, \rho)$ に対して $|\alpha_n z^n| = |\alpha_n \zeta^n (z/\zeta)^n| \leq M(|z|/|\zeta|)^n \leq M\sigma^n$ であるから，ワイエルシュトラスの優級数判定法[*9]によってべき級数 (9.4) は $\overline{\mathbb{D}}(z_1, \rho)$ で一様に絶対収束する．$z_1 \in \mathbb{D}(0, |\zeta|)$ は任意であったから (9.4) は開円板 $\mathbb{D}(0, |\zeta|)$ で広義一様絶対収束する． (証明終)

この結果はべき級数が収束する範囲が円板状に広がることを示しているが，そのような円板のうちでできるだけ大きなものを見出すことが次の課題となる．

定理 9.3 (コーシー・アダマール[*10]の公式) べき級数 (9.4) において

[*7] N. H. Abel (1802–1829).
[*8] 絶対収束については[2]，p.161 を参照．そこでは数を項とする級数について述べられているが，関数項級数にまで定義を敷衍することは容易である．
[*9] [2]，p.181, 定理 6.20 の内容．
[*10] J. S. Hadamard (1865–1963).

$$R := \left(\limsup_{n\to\infty} \sqrt[n]{|\alpha_n|}\right)^{-1} \tag{9.5}$$

とする．このとき (9.4) は (i) 円板 $\mathbb{D}(0, R)$ の内部においては広義一様絶対収束し，(ii) 円板 $\mathbb{D}(0, R)$ の外部の各点では発散する．

[証明] 最初に $0 < R < +\infty$ の場合を考える．任意に R_1 $(0 < R_1 < R)$ をとめて閉円板 $\overline{\mathbb{D}}(0, R_1)$ 上で級数 (9.4) が一様絶対収束することを示す．R_1 に対して $R_1 < R_2 < R$ を満たす R_2 がとれる．$1/R < 1/R_2$ であるから，上極限の定義[*11)]によって，自然数 N をうまくとればすべての $n > N$ について $1/R_2 > \sup_{k>n} \sqrt[k]{|\alpha_k|}$ すなわち $|\alpha_n| R_2^n < 1$ が成り立つ．したがって，$z \in \overline{\mathbb{D}}(0, R_1)$ と $n > N$ に対しては $|\alpha_n z^n| < (R_1/R_2)^n$ が成り立つ．すなわち，$\overline{\mathbb{D}}(0, R_1)$ 上で級数 (9.4) は収束する優級数 $\sum (R_1/R_2)^n$ をもつ．したがって級数 (9.4) は $\overline{\mathbb{D}}(0, R_1)$ 上で一様絶対収束する．(ii) を示すために，$\zeta \in \mathbb{C} \setminus \overline{\mathbb{D}}(0, R)$ をとる[*12)]．$|\zeta| > R_3 > R$ を満たす R_3 がとれる．$1/R > 1/R_3$ であるから，上極限の定義によって，無数の n について $\sqrt[n]{|\alpha_n|} \geq 1/R_3$ が成り立つ．これらの n については $|\alpha_n \zeta^n| > 1$ であるから，級数 (9.4) は ζ で発散する．

$R = 0$ あるいは $R = +\infty$ の場合には上の2つの場合の一方だけが問題となるが，その場合の証明は上の考察に含まれている． (証明終)

式 (9.5) によって定められた非負の数 R をべき級数 (9.4) の **収束半径** (radius of convergence) と呼び，円周 $\{|z| = R\}$ を (べき級数 (9.4) の) **収束円** (circle of convergence) と呼ぶ[*13)]．次の例は注意 9.1 の補足説明を与える．

例 **9.2** べき級数
$$\sum_{n=1}^{\infty} n\alpha_n z^{n-1} \tag{9.6}$$
は級数 (9.4) と同じ収束半径をもつ．実際，$n > 1$ のときには $n^{\frac{1}{n}} > 1$ であるから，$n^{\frac{1}{n}} = 1 + \eta_n, \eta_n > 0$ とおくと $n = (1+\eta_n)^n = 1 + n\eta_n + n(n-1)\eta_n^2/2! + \cdots > 1 + n(n-1)\eta_n^2/2$ すなわち $2/n > \eta_n^2 > 0$ を得る．これより $n \to \infty$ とき $\eta_n \to 0$ であることが分かるから，$\limsup \sqrt[n]{|n a_n|} = \limsup \sqrt[n]{|a_n|}$ が示された．

[*11)] $\sup_{k>n} \sqrt[k]{|\alpha_k|}$ は n の増加とともに減少する数列で $n \to \infty$ のとき $1/R$ に収束する．
[*12)] $0 < R < +\infty$ のとき，$\mathbb{D}(0, R)$ の外部は $\mathbb{C} \setminus \overline{\mathbb{D}}(0, R)$ に等しい (注意 1.3 参照)．
[*13)] ここで収束円は円周の意味で用いられているから収束円周と呼ぶのが正確ではあるが，慣用的に収束円としかいわない．収束円を円板と解する流儀もある．

べき級数の収束半径を例外なく知るにはコーシー・アダマールの公式が不可欠であるが，個々の具体的なべき級数についてはもっと簡単に分かる場合もある．たとえば，正項級数に関してよく知られたダランベールの収束判定法[*14]からただちに分かる次の結果はその1つである．

命題 9.4 べき級数 (9.4) において，もしも $R_D := \lim_{n\to\infty} |\alpha_n/\alpha_{n+1}|$ が存在するならば，このべき級数の収束半径は R_D である．

例 9.3 べき級数
$$E(z) := 1 + \frac{z}{1!} + \frac{z^2}{2!} + \frac{z^3}{3!} + \cdots + \frac{z^n}{n!} + \cdots \tag{9.7}$$
を考察する．$(1/n!)/(1/(n+1)!) = n+1 \to \infty \ (n \to \infty)$ だから，ダランベールの判定法によって収束半径は ∞ である．すなわち級数 (9.7) は全平面で広義一様絶対収束し，したがって整関数を表す．項別微分により $E'(z) = E(z)$ が分かる[*15]．

問 9.1 べき級数 $\sum_{n=1}^{\infty} z^n/\sqrt{n}$ および $\sum_{n=0}^{\infty} \sqrt{n} z^n$ の収束半径を求めよ．

注意 9.2 べき級数 (9.4) を考えるときにはその収束半径が正であると仮定するのが自然である．このとき，定理 9.1 によって，(9.4) は収束円の内部で正則な関数を定義し，その導関数は級数 (9.4) を項別微分した級数 (9.6) である．この事実はべき級数論として証明することもできる[*16]．他方で，収束円[周]上の点では収束する場合も発散する場合もある．これらの問題は興味深いが残念ながらここでは立ち入る余裕がない．

9.2　正則関数の無限級数への展開

9.2.1　同心円環で正則な関数

平面の点 c と数 R_1, R_2 ($0 \le R_1 < R_2 \le +\infty$) によって決まる同心円環領域 $A = \mathbb{A}(c; R_1, R_2) = \mathbb{D}(c, R_2) \setminus \overline{\mathbb{D}}(c, R_1)$ で正則な関数 f は，定理 8.14 で見たように，$\mathbb{D}(c, R_2)$ で正則な関数 f_2 と $\hat{\mathbb{C}} \setminus \overline{\mathbb{D}}(c, R_1)$ で正則な関数 f_1 の差として書けた．この小節では f_k ($k = 1, 2$) のより解析的な表示を与える．そのために $z \in \mathbb{A}(c; R_1, R_2)$ を 1 つとめる．$R_1 < R_1' < |z - c| < R_2' < R_2$ を満たす R_1', R_2' がとれる．まず，f_2 を考える．不等式 $|(z-c)/(\zeta-c)| \le \sigma_2 < 1$ が任意

[*14] たとえば[2]，p.165 あるいは[6]，p.131 などを参照．
[*15] 後に見るように，この関数方程式の初期条件 $E(0) = 1$ の下での解は $E(z) = e^z$ である．
[*16] それがワイエルシュトラスの立場である．

の $\zeta \in C'' := C(c, R_2')$ について成り立つような σ_2 があるから,
$$\frac{1}{\zeta - z} = \frac{1}{\zeta - c} \cdot \frac{1}{1 - \dfrac{z-c}{\zeta - c}} = \frac{1}{\zeta - c} \cdot \sum_{n=0}^{\infty} \left(\frac{z-c}{\zeta - c}\right)^n = \sum_{n=0}^{\infty} \frac{(z-c)^n}{(\zeta - c)^{n+1}}$$
は ——変数 ζ の関数項級数として—— C'' 上で一様絶対収束する. よって
$$f_2(z) = \frac{1}{2\pi i} \int_{C''} \frac{f(\zeta)}{\zeta - z} \, d\zeta = \frac{1}{2\pi i} \int_{C''} f(\zeta) \sum_{n=0}^{\infty} \frac{(z-c)^n}{(\zeta - c)^{n+1}} \, d\zeta$$
$$= \sum_{n=0}^{\infty} \left(\frac{1}{2\pi i} \int_{C''} \frac{f(\zeta) \, d\zeta}{(\zeta - c)^{n+1}}\right) (z-c)^n$$
が示された. ここで簡単のために
$$\alpha_n := \frac{1}{2\pi i} \int_{C''} \frac{f(\zeta)}{(\zeta - c)^{n+1}} \, d\zeta, \qquad n = 0, 1, 2, \ldots \tag{9.8}$$
とおくと,
$$f_2(z) = \sum_{n=0}^{\infty} \alpha_n (z-c)^n \tag{9.9}$$
と書けることが分かった. また, 関数 f_1 については, 不等式 $|(\zeta - c)/(z - c)| \leq \sigma_1 < 1$ が任意の $\zeta \in C' := C(c, R_1')$ に対して成り立つような σ_1 $(0 < \sigma_1 < 1)$ がとれることに注意して同様の議論を行えば,
$$f_1(z) = -\sum_{n=1}^{\infty} \beta_n (z-c)^{-n} \tag{9.10}$$
が得られる. ただし,
$$\beta_n := \frac{1}{2\pi i} \int_{C'} \frac{f(\zeta)}{(\zeta - c)^{-n+1}} \, d\zeta, \qquad n = 1, 2, \ldots. \tag{9.11}$$

ここで, α_n の定義 (9.8) と β_n の定義 (9.11) とを較べてみよう. まず, 積分路の違い (前者が C'', 後者が C' に沿う線積分) は本質的ではない; 実際, 両者ともに任意の R $(R_1 \leq R \leq R_2)$ についての $C(c, R)$ に沿う線積分に置き換えられる. もう1つの相違点は被積分関数の形に現れているが, 前者における n を $-n$ に変えれば後者が得られる. つまり, 係数 α_n の定義を $n < 0$ にまで拡張して $\beta_n = \alpha_{-n}$ と考えるのが自然である. そこで, あらためて
$$\alpha_n = \frac{1}{2\pi i} \int_{C(c,R)} \frac{f(\zeta)}{(\zeta - c)^{n+1}} \, d\zeta, \, n \in \mathbb{Z}; \, R_1 < R < R_2 \tag{9.12}$$
と定義すると, 式 (9.9) と式 (9.10) を併せれば f は次の形に書ける.
$$f(z) = \sum_{n=-\infty}^{\infty} \alpha_n (z-c)^n. \tag{9.13}$$
この級数が収束するかどうかの議論を次の2つの小節で行なう.

9.2.2 テイラー展開

前小節では同心円環領域での正則関数 f を無限級数に展開したが,特に f が円板 $\mathbb{D}(c,R)$ で正則である場合[*17]を,収束性にも注意を払いつつ,考える.このときには注意 8.3 によって f_1 は現れないから,f は次のように表せる.

$$f(z) = \sum_{n=0}^{\infty} \alpha_n (z-c)^n, \qquad z \in \mathbb{D}(c,R). \tag{9.14}$$

まず $\rho\,(0 < \rho < R)$ をとめて $M_f(\rho) := \max_{|z-c|=\rho} |f(z)|$ とおくと,コーシーの [係数] 評価 [式] (Cauchy estimate) と呼ばれる不等式

$$|\alpha_n| \leq \frac{1}{2\pi} \int_{C(c,\rho)} \left|\frac{f(\zeta)}{(\zeta-c)^{n+1}}\, d\zeta\right| \leq \frac{M_f(\rho)}{\rho^n}, \quad n = 0,1,2,\ldots \tag{9.15}$$

が得られる.これより $\sqrt[n]{|\alpha_n|} \leq M_f(\rho)^{1/n}/\rho$ が従うので,コーシー・アダマールの公式から級数の収束半径は ρ より小さくはない.ρ は R にいくらでも近くとれるから,(9.14) は $\mathbb{D}(c,R)$ において広義一様絶対収束する[*18].すなわち

定理 9.5 複素数 c と正数 $R(\leq \infty)$ について,開円板 $\mathbb{D}(c,R)$ で正則な関数 f は $\mathbb{D}(c,R)$ 上で広義一様絶対収束するべき級数 (9.14) に一意的に展開される.

[証明] 一意性を示すために,f が $\mathbb{D}(c,R)$ でべき級数

$$f(z) = \sum_{n=0}^{\infty} \alpha'_n (z-c)^n \tag{9.16}$$

に展開されたとする.整数 $k \geq 0$ を 1 つとめる.両辺を $(z-c)^{k+1}$ で割って $C(c,\rho)\,(0 < \rho < R)$ 上で積分すれば,(9.16) がその上で一様収束することから,

$$\alpha_k = \frac{1}{2\pi i} \int_{C(c,\rho)} \frac{f(z)}{(z-c)^{k+1}}\, dz = \frac{1}{2\pi i} \int_{C(c,\rho)} \sum_{n=0}^{\infty} \frac{\alpha'_n}{(z-c)^{(k+1)-n}}\, dz = \alpha'_k$$

となる.   (証明終)

定理 9.5 において存在の保障されたべき級数 (9.14) を f のテイラー[*19]展開 (Taylor expansion (development)) と,また α_n, $n \geq 0$ を第 n テイラー係数 (n th Taylor coefficient) と呼ぶ[*20].$c = 0$ のときにはマクローリン[*21]展開 (Maclaurin expansion) と呼ぶことも同様である.コーシーの積分公式によって

[*17] これは "f が $\mathbb{A}(c;0,R)$ で正則" という以上の強い仮定である.点 c においても f は正則!
[*18] 一般の $\mathbb{A}(c;R_1,R_2)$ の場合には "級数 (9.9) が $\mathbb{D}(c,R_2)$ で収束する" と読み替えられる.
[*19] B. Taylor (1685–1731).
[*20] 実関数について既習のテイラー展開に対応するものとしてこの呼び名があるが,正則関数に関する主張はずっと時代が下って (コーシーにより) 証明されたものである.
[*21] C. MacLaurin (1698–1746).

$$\alpha_n = \frac{1}{2\pi i} \int_{C_R} \frac{f(\zeta)}{(\zeta-c)^{n+1}} \, d\zeta = \frac{f^{(n)}(c)}{n!} \tag{9.17}$$

とも書ける．最終項は実関数に対して知られている結果と同じ形である．

例 9.4 実解析学風に (9.17) の最右辺を用いて $f(z) := 1/(z+i)^3$ を $z = i$ の周りで
テイラー展開しよう．自然数 n について $f^{(n)}(z) = (-1)^n \, 3 \cdot 4 \cdots (n+2)(z+i)^{-3-n}$
であるから，$\alpha_n = f^{(n)}(i)/n! = i^{n+1}(n+2)(n+1)/2^{n+4}$ を得る[*22]．よって
$$f(z) = \frac{i}{8} - \frac{3}{16}(z-i) - \frac{3i}{16}(z-i)^2 + \frac{5}{32}(z-i)^3 + \frac{15i}{128}(z-i)^4 + \cdots.$$

テイラー展開を求めるには (一意性によって) 他にも多くの方法がある．たとえ
ば，例 9.4 の f については，その形を活かし等比級数を利用すれば：

例 9.5 $z + i = 2i\{1 + (z-i)/(2i)\}$ であるから，$|(z-i)/(2i)| < 1$ であれば
$$\frac{1}{(z+i)^3} = \frac{i}{8}\left\{\sum_{n=0}^{\infty}\left(\frac{z-i}{-2i}\right)^n\right\}^3 = \frac{i}{8}\left\{1 + \frac{3}{2}i(z-i) - \frac{3}{2}(z-i)^2 + o((z-i)^2)\right\}$$
となって上の例と同じ結果に到達する．

系 9.1 平面領域[*23] G で正則な関数は，任意の $c \in G$ を中心としてテイラー展
開される．その収束半径は $d := \sup\{r \mid \mathbb{D}(c,r) \subset G\}$ より小さくない[*24]．

例 9.6 この系と定理 9.1 とを組み合わせれば，級数 (9.1) で定義された (G で正則な)
関数のテイラー展開が求められる．点 $c \in G$ での φ_n のテイラー係数を $\alpha_k^{(n)}$，f のテイ
ラー係数を α_k とすると $\alpha_k = \sum_{n=0}^{\infty} \alpha_k^{(n)}$ $(k = 1, 2, \ldots)$, すなわち
$$\sum_{n=0}^{\infty}\left(\sum_{k=0}^{\infty}\alpha_k^{(n)}(z-c)^k\right) = \sum_{k=0}^{\infty}\left(\sum_{n=0}^{\infty}\alpha_k^{(n)}(z-c)^k\right) = \sum_{k=0}^{\infty}\left(\sum_{n=0}^{\infty}\alpha_k^{(n)}\right)(z-c)^k$$
が成り立つ．定理 9.1 のこの形はワイエルシュトラスの **2 重級数定理** (Weierstrass
double series theorem) と呼ばれる．

9.2.3 ローラン展開

次に，級数 (9.10) の収束発散を調べよう．f_1 は $\hat{\mathbb{C}} \setminus \mathbb{D}(c, R_1)$ で正則であるか
ら，新しい変数 $w = 1/(z-c)$ を導入して関数 $g_1(w) := f_1(1/w + c)$ を考えるの

[*22] 直接確かめられるように，この式は $n = 0$ の場合にも成立する．
[*23] G が無限遠点を含まないとしているのは当面の制限で後には撤廃できる (定理 9.7)．
[*24] d は c と ∂G までの "距離" $(:= \inf\{|\zeta - c| \mid \zeta \in \partial G\})$ でもある．

が自然である．$g_1(w)$ は $w=0$ で正則であるからマクローリン展開される[*25]：
$g_1(w) = \sum_{n=1}^{\infty} \alpha_n(g_1) w^n$．ただし，係数 $\alpha_n(g_1)$ は $1/R_2 < \rho < 1/R_1$ を満たす ρ を用いて

$$\alpha_n(g_1) = \frac{1}{2\pi i} \int_{C(0,\rho)} \frac{g_1(\omega)}{\omega^{n+1}} d\omega \quad (n=1,2,\dots) \tag{9.18}$$

により定められる．ここで，ω が $C(0,\rho)$ を正の向きに1周するとき ζ は $C(c,1/\rho)$ を負の向きに1周することに注意すれば，式 (9.18) の右辺は

$$\frac{1}{2\pi i} \int_{-C(c,1/\rho)} \frac{f_1(\zeta)}{(\zeta-c)^{-(n+1)}} \frac{-d\zeta}{(\zeta-c)^2} = \frac{1}{2\pi i} \int_{C(c,1/\rho)} \frac{f_1(\zeta)}{(\zeta-c)^{-n+1}} d\zeta$$

と書き換えられるが，さらに関係式 $f_1 = f_2 - f$ と f_2 の $\mathbb{D}(c,1/\rho)$ での正則性および式 (9.12) に注意すれば，最終的に $\alpha_n(g_1) = -\alpha_{-n}$ が分かる．こうして

$$g_1(w) = -\sum_{n=1}^{\infty} \alpha_{-n} (z-c)^{-n} \tag{9.19}$$

を得たが，この最終辺は，関数 g_1 のマクローリン展開の性質により，$|z-c| > R_1$ で広義絶対一様収束する．定理 9.5 とまったく同様にして展開の一意性も示されるから，次の定理が得られた．

定理 9.6 $c \in \mathbb{C}$ とする．同心円環 $\mathbb{A}(c;R_1,R_2)$ で正則な関数は，その上で広義一様絶対収束する級数 (9.13) に展開される．ここで，α_n $(n=0,\pm 1,\pm 2,\dots)$ は一意的で，任意の R' $(R_1 < R' < R_2)$ により式 (9.12) によって与えられる．

級数 (9.13) を f の $\mathbb{A}(c;R_1,R_2)$ におけるローラン[*26]展開 (Laurent expansion (development))，α_n を第 n ローラン係数 (nth Laurent coefficient) と呼ぶ．また，$-f_1(z) = \sum_{n=1}^{\infty} \beta_n (z-c)^{-n} = \sum_{n<0} \alpha_n (z-c)^n$ を f の（ローラン展開の）主要部 [分] (principal part) と呼ぶ．特に，f が点 c でも正則である――したがって主要部が現れない――ときがテイラー展開である．

例 9.7 関数 $f(z) := \dfrac{1}{z(z^2+1)}$ は $\mathbb{A}(0;0,1) = \mathbb{D}^*(0,1)$ で正則である．関数 $g(z) := 1/(z^2+1)$ は $\mathbb{D}$ で正則であるから，$0 < \rho < 1$ として

$$\alpha_n = \frac{1}{2\pi i} \int_{C(0,\rho)} \frac{f(z)}{z^{n+1}} dz = \frac{1}{2\pi i} \int_{C(0,\rho)} \frac{g(z)}{z^{n+2}} dz = \begin{cases} 0 & (n \leq -2) \\ \dfrac{g^{(n+1)}(0)}{(n+1)!} & (n \geq -1) \end{cases}$$

[*25] $g_1(0) = f_1(\infty) = 0$ であるから定数項は現れない．
[*26] P. A. Laurent (1813–1854).

となる．まず，容易にわかるように $g(0) = 1, g'(0) = 0, g''(0) = -2$．さらに，$g(z) \cdot (z^2+1) = 1$ にいわゆるライプニッツの定理を適用すれば $n \geq 2$ について $g^{(2n)}(0) = (-1)^n \cdot (2n)!$ および $g^{(2n-1)}(0) = 0$ を得る[*27]．したがって $f(z) = 1/z - z + z^3 - z^5 + z^7 - \cdots$ が分かった．

問 9.2 一般論の適用によらず例 9.5 の手法を使って例 9.7 の結論を導け．

問 9.3 関数 $f(z) := (z^2+1)^{-3}$ の $z = i$ を中心としたローラン展開は
$$f(z) = \frac{i}{8}(z-i)^{-3} - \frac{3}{16}(z-i)^{-2} - \frac{3i}{16}(z-i)^{-1} + \frac{5}{32} + \frac{15i}{128}(z-i) + \cdots \quad (9.20)$$
であることを一般的な公式により確認せよ．またこの級数の収束範囲をいえ．

問 9.4 展開 (9.20) を $f(z) = (z-i)^{-3}(z+i)^{-3}$ として，例 9.4 あるいは例 9.5 で得た関数 $(z+i)^{-3}$ の $z = i$ の周りでのテイラー展開を利用して作れ．

定理 9.6 の証明によって，無限遠点で正則な関数のテイラー展開も分かる：

定理 9.7 $0 \leq R < +\infty$ とするとき，$\hat{\mathbb{C}} \setminus \overline{\mathbb{D}}(0,R)$ で正則な関数 f は，$\hat{\mathbb{C}} \setminus \overline{\mathbb{D}}(0,R)$ で広義一様絶対収束する[*28]級数
$$f(z) = \sum_{n=0}^{\infty} \alpha_{-n} z^{-n} \quad (9.21)$$
として一意的に表される．

例 9.8 $e^{1/z}$ を $z = 0$ の周りでローラン展開したものは
$$1 + \frac{1}{z} + \frac{1}{2!}\frac{1}{z^2} + \frac{1}{3!}\frac{1}{z^3} + \cdots + \frac{1}{n!}\frac{1}{z^n} + \cdots$$
で，第 2 項以下が主要部になっている．これはそのまま $z = \infty$ の周りでのテイラー展開でもある (主要部はない)．この展開は注意 7.5 を裏づける．

上の例に見るように，ローラン展開の主要部を特定することはどの点を中心と見るかによって初めて決まる．次の定理もまた同じ問題に関係する．

定理 9.8 点 $c \in \hat{\mathbb{C}}$ の近く ——c では不問—— で正則な関数 f の c の周りでの

[*27] $n \geq 2$ について $g^{(n)}(z) \cdot (z^2+1) + {}_nC_1 g^{(n-1)}(z) \cdot 2z + {}_nC_2 g^{(n-2)}(z) \cdot 2 = 0$．
[*28] ここで "広義" という語が言及するのは $\hat{\mathbb{C}}$ の位相によるコンパクト集合であることに注意！

ローラン展開を $c \neq \infty$ であるか $c = \infty$ であるかにしたがって
$$\sum_{n=-\infty}^{\infty} \alpha_n (z-c)^n \quad \text{あるいは} \quad \sum_{n=-\infty}^{\infty} \alpha_n z^n$$
であるとすれば, f の c における留数 $\operatorname{Res}_c f$ は
$$\alpha_{-1} \quad \text{あるいは} \quad -\alpha_{-1}$$
である[*29)][*30)].

例 9.9 例 9.8 から分かるように, 関数 $z \to \exp(1/z)$ の点 $c \in \hat{\mathbb{C}}$ における留数は, $c = 0, c = \infty$ あるいは $c \neq 0, \infty$ にしたがって $1, -1$ あるいは 0 である. これらの和が 0 であることは留数定理 (定理 7.21) の内容である.

問 9.5 問 9.3 の結果を用いて $\operatorname{Res}_i (z^2 + 1)^{-3}$ を求めよ.

9.3 零点と一致の定理

関数 f は点 $c \in \mathbb{C}$ で正則とする. もしも f が条件
$$\text{すべての } n \geq 0 \text{ について } f^{(n)}(c) = 0 \tag{9.22}$$
を満たせば f は適当な開円板 $\mathbb{D}(c, R)$ 上で恒等的に 0 である. これは, f が $\mathbb{D}(c, R)$ 上でべき級数 (9.14) として書けること, その係数が $f^{(n)}(c)/n!$ であることからただちに従う. さらに興味深いことに, 結論は収束円内に留まらず f の定義領域全体にまで及ぶ:

定理 9.9 平面領域 G で正則な関数 f が G の 1 点 c で条件 (9.22) を満たせば, G 上で $f = 0$ である[*31)].

[証明] 定理に先だって示したように, $G_0 := \{\zeta \in G \mid f^{(n)}(\zeta) = 0 \ (n \geq 0)\}$ は G の空でない開集合である. 他方で, G_0 は連続関数の零点集合の交わりとして G の閉集合でもある. G は連結だから G_0 は G に一致する. (証明終)

[*29)] この性質を留数の定義とすることも多いが, 定義 7.3 の方がより内在的・本質的である!
[*30)] 有限な点 c での留数は c では正則でない項 $(z-c)^{-1}$ の係数であったのに対し, 無限遠点での留数を与える $-\alpha_{-1}$ は無限遠点で正則な項 z^{-1} の係数の符号を変えたものであることに注意.
[*31)] 式 $f = 0$ は 2 つの関数 f と 0 とが等しいこと (f は恒等的に 0 であること) を意味するが, 誤解を避けるためにこれを $f \equiv 0$ と書くこともある.

上の定理によって，平面領域 G 上の非定数正則関数 f と任意の点 $c \in G$ に対して，ある $\mu \in \mathbb{N}$ があって $\alpha_1 = \alpha_2 = \cdots = \alpha_{\mu-1} = 0$, $\alpha_\mu \neq 0$ が成り立つ．すなわち，ある自然数 μ について等式

$$f(z) - \alpha_0 = (z-c)^\mu \{\alpha_\mu + \alpha_{\mu+1}(z-c) + \cdots\}, \quad \alpha_\mu \neq 0 \qquad (9.23)$$

が成り立つ．ここで関数 $f_\mu(z) := \alpha_\mu + \alpha_{\mu+1}(z-c) + \cdots$ は "点 c で正則で $f_\mu(c) \neq 0$" である．こうして局所的な表示

$$f(z) - \alpha_0 = (z-c)^\mu f_\mu(z) \qquad (9.24)$$

を得たが，f_μ が上に述べた条件 "$\cdots$" を満たす限り μ はただ 1 つに決まる．このとき c を関数 f の α_0 点 (α_0-point) と呼ぶ．正整数 μ を f の α_0 点 c の位数 (order)，または f の α_0 点 c の重複度 (multiplicity) と呼ぶ．具体的には，"c は μ 位の (あるいは重複度 μ の) α_0 点である" という[*32]．特に $\alpha_0 = 0$ のときには c を零点 (zero) と呼び $\mu(f,c)$ を $\mathrm{ord}_c f$ とも書く．以下では，正規化して零点の場合だけを考え，さらに技術的な煩雑さを避けてもっぱら有限な c のみを扱う[*33]．

有限な c が正則関数 $f \not\equiv 0$ の零点であるとき，c で正則な f_μ は，c で連続で $f_\mu(c) \neq 0$ であるから，c のある近傍で零点をもたない．したがって f は c の近くには ——点 c を除けば—— 零点をもたない．すなわち，

定理 9.10 非定数正則関数[*34]の零点は互いに孤立する．

この定理からただちに次の定理が得られる．

定理 9.11 (一致の定理，unicity theorem) 領域 G で正則な関数 f_1, f_2 が G の内点に集積点をもつ集合[*35][*36]．$\{z_n\}_{n=1,2,\ldots}$ (の各点) において同じ値をとるならば，f_1, f_2 は (G 上で恒等的に) 一致する．

[*32] 1 位の α_0 点は "単純な (simple)" α_0 点と呼ばれることもある．
[*33] 無限遠点で正則な関数の零点やその位数は定理 9.7 に基づいて定義され，有限な点における結果と並行に論じることができる．
[*34] 実質的には "恒等的に 0" ではない正則関数．
[*35] 点 z^* が集合 Z の集積点であるとは z^* の任意の近傍に Z の点が含まれることであった：$\mathbb{D}(z^*, \varepsilon) \cap Z \neq \emptyset$ ($\forall \varepsilon > 0$). (ここで語の対「点列と極限」を用いずに「(部分) 集合とその集積点」を使っているのは，点列の場合に許される同じ点のくり返しを排除するためである．)
[*36] 領域は開集合であるから G の点といえば必ず G の内点であるのだが，f の正則性が保証されていない G の境界点に近づいていたのでは困るので，くどくどしく内点であると述べている．

[証明] 集合 $\{z_n\}$ の集積点 (の 1 つ) を $z^* \in G$ とし，$f := f_1 - f_2$ とする．$f(z^*) = \lim f(z_n) = 0$ であるから z^* もまた正則関数 f の零点であるが，他方で z^* は他の零点 z_n から孤立しない．したがって G 上で $f \equiv 0$. (証明終)

例 9.10 正弦関数 $w = \sin z$ は $\mathbb{C}$ で正則で，$n\pi$ ($n \in \mathbb{Z}$) を 1 位の零点としている．この点列は $n \to \infty$ とするとき無限遠点に収束する．無限遠点は $\mathbb{C}$ の内点ではないから，$\sin z \equiv 0$ でないことは矛盾するものではない．

例 9.11 例 9.3 で述べた整関数 $E(z)$ は z が実数 x のときには実指数関数 e^x のテイラー展開である．一方で，第 2 章や第 3 章で考察した複素指数関数 e^z も整関数であって，しかも，定義から容易に分かるように，z が実数 x のときには実指数関数 e^x に一致する．したがって，一致の定理により，$\mathbb{C}$ 全体で $E(z) = e^z$ である．特に，$E(z)$ は e^z のテイラー展開である．このように，複素指数関数の定義としてべき級数 (9.7) を用いることもできる．この定義を用いてさらに実 3 角関数のべき級数展開を既知とすれば，オイラーの公式 $E(iy) = \cos y + i \sin y$ ($y \in \mathbb{R}$) が得られる[*37]．

問 9.6 関数方程式 $\cos^2 z + \sin^2 z = 1$ ($z \in \mathbb{C}$) の成立を再確認せよ．

問 9.7 関数 $f(z) := \sin(1/z)$ は $z = 0$ でどのように定義しても正則であるようにはできないことを示せ．

9.4 解析接続

一致の定理から容易に次の定理が従う．

定理 9.12 領域 G_1, G_2 の共通部分 $G_1 \cap G_2$ は領域であるとする．G_1, G_2 のそれぞれで定義された正則関数 f_1, f_2 が $G_1 \cap G_2$ 上では $f_1 = f_2$ であるならば，$G_1 \cup G_2$ 上で正則で G_k 上では f_k に等しい ($k = 1, 2$) 関数 f が存在する[*38]．

[*37] オイラーの公式はここでは e^z の定義ではなく証明すべき式であるが，その代償となる e^z の定義はべき級数 (9.7) である．あくまで $E(z)$ において $z = ix$ を代入しているのであって，(よく見かける説明のように) 実指数関数 e^x の変数 x に複素数を無思慮に代入したものではない．

[*38] $G_1 \cap G_2$ は一般には単なる開集合であって領域とは限らない．$G_1 \cap G_2$ が連結ではなく，連結成分の 1 つ G_0 だけで $f_1 = f_2$ が成り立っていると仮定するときには，他の成分上での等式の成立を期待する理由はまったくない．すなわち f_1, f_2 からこしらえようとする関数 f は $G_1 \cup G_2$ 上では 1 価関数ではなく多価である．この多価性を明快に扱うためにリーマンは単純な合併集合 $G_1 \cup G_2$ ではなく G_1 と G_2 を G_0 だけで貼り合わせた集合——被覆リーマン面——を考えた．

このとき f は f_1 (あるいは f_2) の**解析接続** (analytic continuation) であるという．解析接続は複素解析における重要な概念の1つである．

例 9.12 収束半径が1のべき級数
$$f_0(z) := 1 + z + z^2 + \cdots \tag{9.25}$$
は，当面は単位円板 $\mathbb{D}$ で正則な関数である．しかし実際には $\mathbb{C}\setminus\{1\}$ で定義されそこで正則な関数 $f(z) := 1/(1-z)$ を表すことを私たちは知っている．関数 f は f_0 の解析接続である．関数 f を任意の点 $c\,(\neq 1)$ のまわりでテイラー展開することができる．すなわち，$|z-c| < |1-c|$ を満たす z に対して収束するべき級数
$$\frac{1}{1-z} = \frac{1}{1-c}\cdot\frac{1}{1-\dfrac{z-c}{1-c}} = \sum_{k=0}^{\infty}\frac{1}{(1-c)^{k+1}}(z-c)^k \tag{9.26}$$
が得られる．c を $\mathbb{D}^*$ から選べば，(9.26) は (9.25) の解析接続である[*39)]．

例 9.13 上の例では大域的に定義された関数 f が早い機会に登場し，f を用いて解析接続を得たが，この大域的関数をあえて認識せず (9.25) を直接に点 $c\in\mathbb{D}$ で展開し直そうというのがワイエルシュトラスの立場である．まず，任意の $n\in\mathbb{N}$ に対する2項展開 $z^n = \{(z-c)+c\}^n = \sum_{r=0}^{n}{}_nC_r\,c^{n-r}(z-c)^r$ を思い出そう (${}_nC_r = n!/((n-r)!r!)$)．このときワイエルシュトラスの2重級数定理 (例 9.6) によって
$$f_0(z) = \sum_{n=0}^{\infty}\sum_{r=0}^{n}{}_nC_r\,c^{n-r}(z-c)^r = \sum_{r=0}^{\infty}\left[\sum_{n=r}^{\infty}{}_nC_r\,c^{n-r}\right](z-c)^r \tag{9.27}$$
と書き換えられるが，ここでさらに [$\cdots$] の中が
$$\sum_{n=r}^{\infty}\frac{n!}{(n-r)!r!}c^{n-r} = \sum_{n=0}^{\infty}\frac{1}{r!}\frac{d^r}{dc^r}c^n = \frac{1}{r!}\frac{d^r}{dc^r}\sum_{n=0}^{\infty}c^n = \frac{1}{(1-c)^{r+1}}$$
であることに注意すれば，(9.27) は
$$\sum_{r=0}^{\infty}\left[\sum_{n=r}^{\infty}{}_nC_r\,c^{n-r}\right](z-c)^r = \sum_{r=0}^{\infty}\frac{(z-c)^r}{(1-c)^{r+1}} \tag{9.28}$$
となる．この最終辺は $\mathbb{D}(c,|1-c|)$ で収束してそこで正則な関数 $f_c(z)$ を表す．円板 $\mathbb{D}(c,|1-c|)$ は一般に $\mathbb{D}$ からはみ出た部分をもっているから，f_c は f_0 の解析接続である．これら2つを併せて考えれば $\mathbb{D}\cup\mathbb{D}(c,|1-c|)$ で正則な関数が得られる．ここで c を c_1 と呼び変えて，さらに点 $c_2\in\mathbb{D}(c_1,|1-c_1|)$ をとり $f_1 := f_{c_1}$ を c_2 を中心としたべき級数に展開すると，それは $\mathbb{D}(c_2,|1-c_2|)$ で収束する関数 f_2 を定義する．こうして $\mathbb{D}\cup\mathbb{D}(c_1,|1-c_1|)\cup\mathbb{D}(c_2,|1-c_2|)$ で正則な関数が得られる．べき級数 f_1 は f_0 の

[*39)] べき級数に理論的根拠を置く立場からすれば，次の例におけるように，べき級数 f_0 を点 c で展開し直すことによって解析接続を得るのがより本質的である．実際，"c を $\mathbb{D}$ から選ぶ" のは (次の例ではきわめて自然であるが) この例では積極的な理由をまったく見い出せない．

直接 [解析] 接続 (direct continuation), f_n $(n \geq 2)$ は f_0 の間接 [解析] 接続 (indirect continuation) と呼ばれる (図 9.1). 任意の点 c に対して原点から c に到る曲線 γ を 1 つ固定し,曲線 γ の上に上手にとった有限点列 $0 = c_0, c_1, \ldots, c_N = c$ を用いて次々と直接解析接続を行い,点 c を中心としたべき級数を得る.これを**曲線に沿う解析接続** (analytic continuation along a curve) と呼ぶ.各点を中心とした個々のべき級数を**関数要素** (function element) と呼び,それらの総体として認識される大域的な (多価) 関数を**解析関数** (analytic continuation) と呼ぶ.

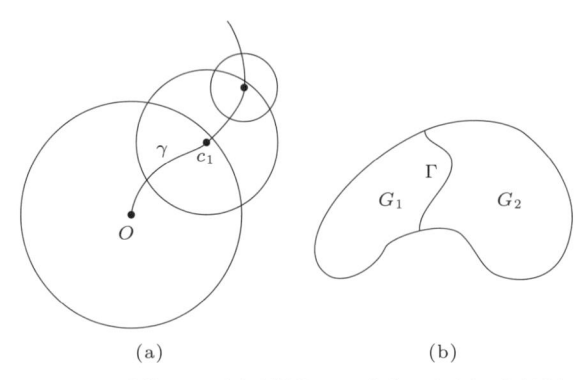

図 9.1 (a) 曲線 γ に沿う解析接続, (b) 曲線 Γ を越える解析接続

解析接続には,曲線に沿うもののほかに曲線を越えるものもある.シュヴァルツの鏡像原理のようにモレラの定理に訴えて次の定理が得られる.

定理 9.13 (パンルヴェ[*40)]の定理)   互いに素な領域 G_1, G_2 は境界の一部に C^1 級の曲線 Γ を共有し,$G_1 \cup \Gamma \cup G_2$ は領域であるとする.また,G_k $(k = 1, 2)$ で正則で $G_k \cup \Gamma$ 上で連続な関数 f_k は Γ 上で $f_1 = f_2$ を満たすとする[*41)].このとき,$G_k \cup \Gamma$ 上で f_k とおいて定義した関数は $G_1 \cup \Gamma \cup G_2$ で正則である.

9.5 孤立特異点 (II):極

点 $c \in \mathbb{C}$ が関数 f の孤立特異点ならば,f は c を中心とする同心円環 A でローラン展開される.その主要部

[*40)] P. Painlevé (1863–1933).
[*41)] シュヴァルツの鏡像原理では G_1 における正則関数が (Γ の特殊性のお蔭で) G_2 に正則関数 f_2 として拡張された.ここでは Γ に対する制限を緩める代わりに f_2 の存在が仮定されている.

$$\sum_{n>0} \frac{\alpha_{-n}}{(z-c)^n} = \frac{\alpha_{-1}}{z-c} + \frac{\alpha_{-2}}{(z-c)^2} + \cdots + \frac{\alpha_{-n}}{(z-c)^n} + \cdots$$

について 3 つの (排他的な) 場合が考えられる：

1) $\forall n \in \mathbb{N} \quad \alpha_{-n} = 0$ (主要部が現れない)
2) $\exists \nu \in \mathbb{N} \quad \forall n > \nu \quad \alpha_{-n} = 0$ (主要部は有限個の [非自明な] 項からなる)
3) $\forall \nu \in \mathbb{N} \quad \exists n > \nu \quad \alpha_{-n} \neq 0$ (主要部は無限個の [非自明な] 項からなる)

第 1 の場合 c を除去可能な [孤立] 特異点と呼んだ (140 ページ). 除去可能性の必要十分条件も定理 8.8 や定理 8.9 において詳しく論じた.

第 2 の場合には c を極 (pole) と呼び，第 3 の場合には c を [孤立] 真性特異点 (essential [isolated] singularity) と呼ぶ. 点 c が極であるときには

$$\nu = \nu(f, c) := \max\{n \in \mathbb{Z} \mid \alpha_{-n} \neq 0\} \tag{9.29}$$

を (f の) 極 c の位数 (order) または極 c の重複度 (multiplicity) と呼ぶ. あるいはまた，"c は f の ν 位の極である" などともいう. このとき $f(z) = \{\alpha_{-\nu} + \alpha_{-\nu+1}(z-c) + \alpha_{-\nu+2}(z-c)^2 + \cdots\}/(z-c)^\nu$ と書き直す. 関数 $f_{-\nu}(z) := \alpha_{-\nu} + \alpha_{-\nu+1}(z-c) + \alpha_{-\nu+2}(z-c)^2 + \cdots$ は点 c を中心とする開円板上で正則で $f_{-\nu}(c) = \alpha_{-\nu} \neq 0$ である. ゆえに，f は極 c の近傍で

$$f(z) = \frac{f_{-\nu}(z)}{(z-c)^\nu}, \qquad f_{-\nu} \text{ は正則で } f_{-\nu}(c) \neq 0 \tag{9.30}$$

の形で，特に c で正則な 2 つの関数の商として，(局所的に) 表される. 逆に，c で正則な 2 つの関数の商として表される関数は c で正則であるか極である. 式 (9.30) からは次のことも分かる. まず，c が f の位数 ν の極であるのは c が $1/f$ の位数 ν の零点であるとき，かつそのときに限る[*42]. また，f の極 c での値[*43]は ∞ である (すなわち極はリーマン球面の "北極" に写される[*44]). 無限遠点での極も定義される；$\mathbb{C} \setminus \overline{\mathbb{D}}(0, R)$ で正則な関数 $f(z)$ について，$z = \infty$ が f の ν 位の極であることは $Z = 0$ が $1/f(1/Z)$ の ν 位の零点であることにほかならない.

問 9.8 点 $c \in \mathbb{C}$ が関数 f の極であるための必要十分条件は $\lim_{z \to c} |f(z)| = +\infty$ であることを示せ.

[*42] この理由で，記号 $\mathrm{ord}_c f$ の定義を拡張して，c が f の零点のときはその位数 $\mu(f, c)$ を，また c が f の極のときはその位数 $\nu(f, c)$ に符号 $(-)$ をつけたものと定めるのが便利である.

[*43] ここであえて直観的に "値" と呼んでいるのは厳密には "像" と呼ぶべきものである.

[*44] 零点は "南極" に写る点であることを考えれば，零点と極とがよく似た性質をもつことが自然なものとして容易に理解されるであろう. 例 1.9 を参照.

定義 9.1 領域 $G \subset \hat{\mathbb{C}}$ においていくつか (有限または無限個) の孤立特異点を除けば正則な関数 f があって，これらの特異点の各々が除去可能であるか f の極であるとき，関数 f は G で**有理型** (meromorphic) であるという．

有理型関数の零点は定理 9.10 により，また極はその定義により，それぞれ孤立するから，ボルツァーノ・ワイエルシュトラスの定理 (定理 1.5) によって

命題 9.14 有理型関数はその定義域の任意のコンパクト部分集合上には有限個しか極や零点をもたない．

ここでさらに $\mathbb{C} = \bigcup_{n=1}^{\infty} \overline{\mathbb{D}}(0, n)$ と書けることに注意すれば，

定理 9.15 全平面 $\mathbb{C}$ で有理型な関数の零点や極は高々可算個である[*45)]．

定理 9.16 リーマン球面上の有理型関数は有理関数に限る．

[証明] $\hat{\mathbb{C}}$ 上の有理型関数 f の極を $b_1, b_2, \ldots, b_N$ とし，b_j での主要部を S_j とする．具体的には，b_j が無限遠点であるか否かにしたがって

$$S_j(z) := \begin{cases} \beta_{m_j}^{(j)} z^{m_j} + \beta_{m_j-1}^{(j)} z^{m_j-1} + \cdots + \beta_1^{(j)} z & (b_j = \infty) \\ \dfrac{\beta_{m_j}^{(j)}}{(z-b_j)^{m_j}} + \dfrac{\beta_{m_j-1}^{(j)}}{(z-b_j)^{m_j-1}} + \cdots + \dfrac{\beta_1^{(j)}}{(z-b_j)} & (b_j \neq \infty) \end{cases}$$

とする $(j = 1, 2, \ldots, N)$．このとき関数 $f(z) - \sum_{j=1}^{N} S_j(z)$ は $\hat{\mathbb{C}}$ で正則だから，定数関数である．したがって $f(z) = \sum_{j=1}^{N} S_j(z) + c$ となるが，この右辺を通分すれば f が有理関数であることが分かる． (証明終)

例 9.14 ローラン展開やテイラー展開は基本的にはあくまで関数の局所的な表示であって，大域的な表示とはみなし得ない．たとえば，全平面 $\mathbb{C}$ で有理型な関数 $\cot \pi z = \cos \pi z / \sin \pi z$ は実軸上の各整数点 $k = 0, \pm 1, \pm 2, \ldots$ において 1 位の極をもつから，各点 $z = k$ の近傍においてローラン展開はできるが，その有効範囲は穴あき円板 $\mathbb{D}^*(k, 1)$ でしかない．関数 $\cot \pi z$ の大域的な表示は，たとえばフーリエ[*46)] 級数を

[*45)] 一般な領域での有理型関数についても，領域を相対コンパクトな部分領域の可算列による近似 (平面がいわゆる第 2 可算公理を満たすこと) を使って，同様の主張の正当性が示される．

[*46)] J.-B.-J. Fourier (1768–1830).

利用して得られる. まず, 実数 $x \notin \mathbb{Z}$ をパラメータとする偶関数 $\cos xt$ $(-\pi \leq t \leq \pi)$ を周期 2π の周期関数として全区間 $-\infty < t < \infty$ に拡張した $f_x(t)$ のフーリエ展開

$$\sum_{k=0}^{\infty} c_k(x) \cos kt, \qquad c_k(x) = \begin{cases} \dfrac{\sin x\pi}{\pi x} & k = 0 \\ \dfrac{(-1)^k}{\pi} \dfrac{2x}{x^2 - k^2} \sin \pi x & k \geq 1 \end{cases} \quad (9.31)$$

は $-\infty < t < \infty$ で収束して関数 $f_x(t)$ を表す[*47]. すなわち,

$$\cos xt = \frac{\sin \pi x}{\pi x} + \sum_{k=1}^{\infty} \frac{(-1)^k}{\pi} \frac{2x \sin \pi x}{x^2 - k^2} \cos kt, \qquad -\pi \leq t \leq \pi$$

が成り立つ. 特に $t = \pi$ として等式

$$\pi \frac{\cos \pi x}{\sin \pi x} = \frac{1}{x} + \sum_{k=1}^{\infty} \frac{2x}{x^2 - k^2}, \qquad x \in \mathbb{R} \setminus \mathbb{Z} \quad (9.32)$$

を得るが, 両辺はそれぞれ平面領域 $\mathbb{C} \setminus \mathbb{Z}$ にまで解析接続される[*48]から, 等式

$$\pi \cot \pi z = \frac{1}{z} + \sum_{k=1}^{\infty} \frac{2z}{z^2 - k^2}, \qquad z \in \mathbb{C} \setminus \mathbb{Z} \quad (9.33)$$

が成り立つ.

式 (9.33) は有理型関数 $\pi \cot \pi z$ の大域的な表示を与えるが, フーリエ級数を活用して得られたいわば偶然の産物に過ぎない. 任意の有理型関数の大域的表現を体系的・構成的に見出す方法については第 11 章で詳しく述べる.

問 9.9 フーリエ級数 (9.31) を確認せよ.

問 9.10 式 (9.33) の右辺を無思慮に

$$\frac{1}{z} + \sum_{k=1}^{\infty} \left(\frac{1}{z+k} + \frac{1}{z-k} \right) = \sum_{k=-\infty}^{\infty} \frac{1}{z-k} \quad (9.34)$$

の形に変形することはできない. なぜか.

9.6 孤立特異点 (III)：真性特異点

孤立特異点 c が除去可能な特異点あるいは極ならば $\lim_{z \to c} f(z)$ が $\hat{\mathbb{C}}$ の点として存在することを前節までに知った. これら 2 つの場合とは異なり, 真性特異点の近くでの挙動はすこぶる複雑である.

[*47] たとえば [9], pp.64-71 を参照.
[*48] (9.32) の実変数 x を複素変数 z に変えて得られる (9.33) の右辺は $\mathbb{C} \setminus \mathbb{Z}$ で広義一様収束する.

定理 9.17 (カゾラティ[*49)]・ワイエルシュトラスの定理)　点 c が関数 f の孤立真性特異点であるとすれば，任意の $\lambda \in \hat{\mathbb{C}}$ に対して，f は c のいくらでも近くで λ にいくらでも近い値をとる．

[証明]　まず $\lambda = \infty$ の場合を考える．定理の主張を否定すれば，ある $R > 0$ とある $\rho > 0$ に対して $|f(z)| < R$ ($\forall z \in \mathbb{D}(c, \rho)$) が成り立つが，これは c が f の除去可能な特異点であることを示していて，仮定に反する．

次に $\lambda \in \mathbb{C}$ のときを考える．定理の主張に反して，ある $\varepsilon > 0$ とある $\rho > 0$ とに対して $|f(z) - \lambda| > \varepsilon$ がすべての $z \in \mathbb{D}(c, \rho)$ について成り立ったとすれば，関数 $g(z) := 1/(f(z) - \lambda)$ は円板 $\mathbb{D}(c, \rho)$ で有界：$|g(z)| < 1/\varepsilon$ であるから，g は c でも正則である．したがって $f(z) = 1/g(z) + \lambda$ は c で正則であるかあるいは極である．これもまた仮定に反する．　　　　　　　　　　　　　(証明終)

例 9.15　指数関数 $w = f(z) = e^z$ は無限遠点を真性特異点とする整関数である．定理 2.1 でみたように，f は 2 つの値 $0, \infty$ は決してとらない．しかし他方で，$z = x + iy$ とおいて $y = 0, x \to +\infty$ とすると $f(z) \to \infty$ であり，$y = 0, x \to -\infty$ とすると $f(z) \to 0$ だから，f は無限遠点の任意の近傍においてこれら 2 つの値にいくらでも近い値をとっている．また，任意の $\lambda \in \hat{\mathbb{C}} \setminus \{0, \infty\}$ に対しては $f(\zeta) = \lambda$ を満たす $\zeta \in \mathbb{C}$ が見つかり，さらに任意の整数 k に対して $\zeta_k := \zeta + 2\pi i k$ もまた $f(\zeta_k) = \lambda$ を満たし，$\zeta_k \to \infty$ ($k \to \infty$) である (f は無限遠点の任意の近傍で任意の $\lambda \in \hat{\mathbb{C}} \setminus \{0, \infty\}$ を無限回とっていることも分かった)．

問 9.11　点 c が関数 f の孤立真性特異点であるための必要十分条件は，極限値 $\lim_{z \to c} |f(z)|$ が ($+\infty$ を許しても) 存在しないことである．これを示せ．

問 9.12　非定数整関数は多項式ではない限り無限遠点を真性特異点としてもつ．

9.7　偏角の原理とルーシェの定理

この節でも G は有限個の区分的に C^1 級の単純閉曲線で囲まれた有界領域とする．また，関数 f は $\bar{G} = G \cup \partial G$ で有理型であるとする．

一般に，$\alpha \in \mathbb{C}$ に対して，f が G 上でもつ α 点の総数を ——位数に応じて繰

[*49)]　F. Casorati (1835–1890).

り返し数えて——$N(f,\alpha,G)$ で表す．$\alpha = \infty$ の場合も許し，$N(f,\infty,G)$ は f が G でもつ極の個数を表すとする．$\bar{G}$ 上の有理型関数 f の零点や極は (有限) 個だから，$N(f,\alpha,G), N(f,\infty,G), \deg(f)_G := N(f,0,G) - N(f,\infty,G)$ などは有限な量である．

例 9.16 $\bar{G}$ 上の有理型関数 f と任意の $\alpha \in \mathbb{C}$ について，$N(f,\alpha,G) = N(f-\alpha,0,G), N(1/f,\infty,G) = N(f,0,G)$ および $N(f,\infty,G) = N(f-\alpha,\infty,G)$ である．

前節で見たように，点 $c \in G$ の符号付きの位数を $\mu = \mathrm{ord}_c f$ とする[*50]と，点 c で正則かつ零ではない関数 $f_\mu(z)$ を用いて

$$f(z) = (z-c)^\mu f_\mu(z), \qquad \mu = \mathrm{ord}_c f \tag{9.35}$$

と ——c の近くで—— 書ける．特に次の関係式が成り立つ：

$$N(f,0,G) = \sum_{c \in G} \mu(f,c) = \sum_{\mathrm{ord}_c f > 0} \mathrm{ord}_c f, \tag{9.36}$$

$$N(f,\infty,G) = \sum_{c \in G} \nu(f,c) = -\sum_{\mathrm{ord}_c f < 0} \mathrm{ord}_c f. \tag{9.37}$$

特に，$\deg(f)_G = \sum_{c \in G} \mathrm{ord}_c f$ が成り立つ．

問 9.13 $\bar{G}$ 上の正則関数 f, g に対し，$N(fg,0,G) = N(f,0,G) + N(g,0,G)$ を示せ．

問 9.14 $\bar{G}$ 上の有理型関数 f, g について $\deg(fg)_G = \deg(f)_G + \deg(g)_G$, $\deg(f/g)_G = \deg(f)_G - \deg(g)_G$ であることを示せ．

問 9.15 任意の有理関数 f について $\deg(f)_{\hat{\mathbb{C}}} = 0$ であることを示せ．

さて，$\bar{G}$ 上の有理型関数 f は ∂G 上には零点も極ももたないとすると，関数 f'/f は $\bar{G}$ で有理型，∂G 上では正則である．さらに，各点 $c \in G$ の近くでは

$$\frac{f'(z)}{f(z)} = \frac{\mu}{z-c} + \frac{f'_\mu(z)}{f_\mu(z)}$$

と書ける (式 (9.35) による) から，留数定理によって

$$\frac{1}{2\pi i}\int_{\partial G} \frac{f'(z)}{f(z)} dz = \sum_{c \in G} \mathrm{Res}_c \frac{f'}{f} = \sum_{c \in G} \mu(f,c) \tag{9.38}$$

[*50] 165 ページの脚注を参照．$\mu = \mathrm{ord}_c f$ は c が零点であるときは正，極であるときは負の整数であって，$|\mu|$ が前節で述べたそれぞれの位数である (零点でも極でもない c に対しては $\mathrm{ord}_c f = 0$)．なお，ここで用いられた μ は $\mu(f,c)$ の略記ではなく $-\nu(f,c)$ をも表し得ることに注意．

が成り立つ．ここで，左辺を
$$\frac{1}{2\pi i}\int_{\partial G}\frac{f'(z)}{f(z)}dz = \frac{1}{2\pi i}\int_{\partial G}d\log f(z) = \frac{1}{2\pi}\int_{\partial G}d\arg f(z)$$
と書き換え，右辺を (9.36) と (9.37) を用いて書き換えれば，次の定理に至る．

定理 9.18 (偏角の原理，argument principle)　有限個の区分的に C^1 級の単純閉曲線で囲まれた有界領域 G の閉包で有理型な関数 f が，∂G 上では零点も極ももたなければ，次式が成り立つ：
$$N(f,0,G) - N(f,\infty,G) = \frac{1}{2\pi i}\int_{\partial G}\frac{f'(z)}{f(z)}dz = \frac{1}{2\pi}\int_{\partial G}d\arg f(z) \quad (9.39)$$

注意 9.3　関数 f が境界上に極や零点をもたないという条件を取り去ることもできる．∂G 上の極や零点が微分可能な点に位置する場合にはそれらの個数は半分として——さらに一般に，繋ぎ目 (コーナー) においてはそこでの接線の変化に応じた係数 (図 7.4 の θ を用いるならば $1 - \theta/(2\pi)$) をかけて——数えればよい．これらを含めて数えた $N(f,0,\bar{G})$ や $N(f,\infty,\bar{G})$ を $N(f,0,G)$ や $N(f,\infty,G)$ の代わりに用いて (9.39) が成り立つ．

例 9.17　方程式 $\psi(z) := 2z^5 - 4z + 1 = 0$ が右半平面でもつ解の個数を調べる．十分大きな $R > 0$ をとれば $|z| > R$ には解がない．関数 $w = \psi(z)$ を曲線 $\sigma_R : z = iy\ (-R \leq y \leq R)$ 上で考える．像曲線 $\psi(\sigma_R) : w = 2iy(y^4 - 2) + 1\ (-R \leq y \leq R)$ は $\mathrm{Re}\,w = 1$ 上にあって，始点 $\psi(-iR) = 1 - 2iR(R^4 - 2)$，終点 $\psi(iR) = 1 + 2iR(R^4 - 2)$ は $\lim_{R\to\infty}\mathrm{Im}\,\psi(\pm iR) = \pm\infty$ を満たすから，像曲線が途中で行きつ戻りつすることは

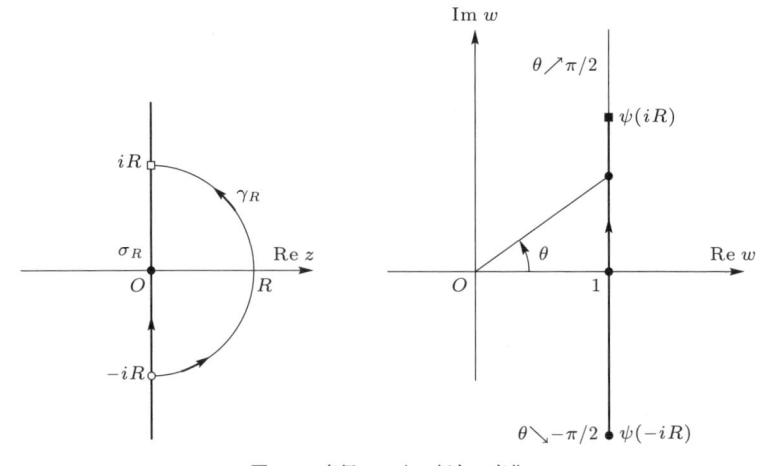

図 9.2　直径 σ_R 上の偏角の変化

あっても R が十分大きいときには
$$\int_{\sigma_R} d\arg\psi(z) \approx \pi$$
である.

他方で, 曲線 $\gamma_R : z = Re^{it}$ $(-\pi/2 \leq t \leq \pi/2)$ に沿う積分は
$$\int_{\gamma_R} d\arg[z^5(2-4z^{-4}+z^{-5})] = 5\int_{\gamma_R} d\arg z + \int_{\gamma_R} d\arg(2-4z^{-4}+z^{-5}) \approx 5\pi$$
したがって, R が十分大きいとき
$$\int_{\gamma_R - \sigma_R} d\arg\psi(z) = 5\pi - \pi = 4\pi$$
である[*51)]から, 偏角の原理によって右半平面にある $\psi(z) = 0$ の解は 2 個である.

問 9.16 代数学の基本定理 (3 ページ参照) を偏角の原理を用いて証明せよ.

定理 9.19 前定理と同じ仮定を満たす領域 G の閉包 $\bar{G}$ で正則な関数 f, g が
$$|f(z) + g(z)| < |f(z)| + |g(z)|, \qquad z \in \partial G \tag{9.40}$$
を満たせば, f と g とは G 内に同じ個数の零点をもつ.

[証明] 不等式 (9.40) から, f も g も境界上には零点をもたない. したがって関数 $h := f/g$ は $\bar{G}$ 上で有理型で ∂G 上では零点も極ももたない. ∂G 上での不等式 $|1+h| < 1+|h|$ は h が ∂G 上で正の実数値をとらない (すなわち曲線 $h(\partial G)$ は原点の周りを回らない) ことを意味するから, $d\arg h$ を ∂G 上で積分しても 0 である. したがって, 偏角の原理により $N(h, 0, G) - N(h, \infty, G) = 0$ が分かるが, これより容易に $N(f, 0, G) = N(g, 0, G)$ を得る. (証明終)

例 9.18 方程式 $2z^5 - 4z + 1 = 0$ が単位円板内にもつ解の個数を調べるために, 単位円周 $C : |z| = 1$ 上での値を考察する: $|2z^5 + 1| \leq 2|z|^5 + 1 = 3$ だから $|2z^5 - 4z + 1| \geq 4|z| - |2z^5 + 1| \geq 4 - 3 = 1$. 他方で $|4z - 1| \geq 4|z| - 1 = 3$. したがって, C の上では $|2z^5 - 4z + 1 + (4z - 1)| = 2|z|^5 = 2 < 1 + 3 \leq |2z^5 - 4z + 1| + |4z - 1|$ である. 定理 9.19 によって $2z^5 - 4z + 1 = 0$ と $4z - 1 = 0$ とは $\mathbb{D}$ 内に同じ個数の解をもつ. したがって, $2z^5 - 4z + 1 = 0$ は $\mathbb{D}$ にただ 1 つ (必然的に実数) 解をもつ[*52)].

[*51)] この等式の理由となっていた 2 つの式はともに近似式であったのにここで等号にしてしまって平然としているのを訝しく思うのはもっともであるが, 定理 7.12 により等号が成り立つ.

[*52)] Maple などの計算ソフトによれば, この方程式の解の近似値は (私たちにはあり余る精確さであるが) 0.2504931159, 1.116157124, $-0.06088550550 + 1.197015436i$, -1.244879229, $-0.06088550550 - 1.197015436i$ であり, 最初のものを除いて明らかに絶対値は 1 より大きい.

定理 9.20 (ルーシェ[*53]の定理)　定理 9.18 (および定理 9.19) と同じ仮定を満たす領域 G と $\bar{G}$ で正則な関数 f, g について，境界上で $|f| < |g|$ が成り立っているならば $f + g$ と g とは G 内に同じ個数の零点をもつ．

[証明]　仮定により境界上で不等式 $|(f+g) + (-g)| = |f| < |g| \leq |-g| + |f+g|$ が成り立つことに注意して定理 9.19 を用いればよい．　　　　　　　　(証明終)

例 9.19　方程式 $2z^5 - 4z + 1 = 0$ は $\mathbb{D}$ 内に 1 つだけ解をもつ (例 9.18)．他方で，$|z| = 2$ の上では $|-4z+1| \leq 4|z|+1 = 9 < 2^6 = 2|z^5|$ であるから，$2z^5 - 4z + 1 = 0$ と $2z^5 = 0$ とは $\mathbb{D}(0,2)$ で同じ個数の解をもつ．すなわち，$2z^5 - 4z + 1 = 0$ の 5 つの解はすべて $\mathbb{D}(0,2)$ 上にあり，そのうちの 1 つだけが $\mathbb{D}$ 内にある[*54][*55]．

問 9.17　方程式 $z^6 - 5z^4 + 2z - 1 = 0$ が単位円板内にもつ解の個数を調べよ．

例 9.20　ルーシェの定理の応用として代数学の基本定理の別証明が与えられる．多項式 $P(z) := a_n z^n + a_{n-1} z^{n-1} + \cdots + a_0$ ($n \geq 1, a_n \neq 0$) について，
$$\frac{a_{n-1} z^{n-1} + \cdots + a_0}{a_n z^n} = \frac{a_{n-1}}{a_n} \frac{1}{z} + \cdots + \frac{a_0}{a_n} \frac{1}{z^n} \to 0 \quad (|z| \to \infty)$$
であるから，十分大きな $R > 0$ をとれば，$|z| \geq R$ 上では $|a_{n-1} z^{n-1} + \cdots + a_0| < |a_n z^n|$ である．したがって，$|z| \geq R$ 上では $P(z) \neq 0$ である．他方で，$|z| < R$ では $(a_{n-1} z^{n-1} + \cdots + a_0) + a_n z^n = P(z)$ と $a_n z^n$ とは同じ個数の零点をもつ．すなわち $P(z) = 0$ は $\mathbb{C}$ にちょうど n 個の解をもつ (問 9.16 の略解も参照)．

9.8　正則関数・調和関数の写像としての性質

有理型関数には正則関数と違って有限な値をとらない点 (極) が許されるが，他方で，極は零点と非常に近い性質を有することも知った．したがって，有理型関数の局所的性質は正則関数の局所的挙動[*56]を調べれば分かる．正則関数の局所的な振る舞いをよく示すものとして次の定理がある．

[*53]　E. Rouché (1832–1910).
[*54]　この結果は定理 9.19 の代わりに，定理 9.20 を用いても得られる．問題 9.5 参照．
[*55]　たとえば Maple のようなソフトウエアを用いて数値解を求めることができて，それらは 3 つの実数解 .2504931159, 1.116157124, −1.244879229，および 2 つの複素数解 $-0.6088550550e-1 + 1.197015436*I$, $-0.6088550550e-1 - 1.197015436*I$ である．最初のものだけが単位円内，他はすべて単位円外にある．
[*56]　実際には正則関数の零点に限ってその近傍を見ればよいであろう．

定理 9.21 点 z_0 で $\mu(\geq 1)$ 位の w_0 点をもつ非定数正則関数 f に対し，次の性質をもつ正数 ρ, σ が存在する：任意の $w \in \mathbb{D}(w_0, \sigma)$ について方程式 $f(z) = w$ は $\mathbb{D}(z_0, \rho)$ 内にちょうど μ 個の解をもつ．

[証明] 定理 9.10 により，ある正数 ρ があって閉円板 $\overline{\mathbb{D}}(z_0, \rho)$ 上では f は点 z_0 を除いて w_0 点をもたない．したがって $\sigma := \min_{C(z_0, \rho)} |f(z) - w_0| > 0$ である．このとき任意の $w \in \mathbb{D}(w_0, \sigma)$ に対して，$C(z_0, \rho)$ 上では $|(f(z) - w) + (w_0 - f(z))| = |w - w_0| < \sigma \leq |f(z) - w_0| \leq |f(z) - w_0| + |w - f(z)|$ であるから，定理 9.19 により $N(f(z) - w, 0, \mathbb{D}(z_0, \rho)) = N(w_0 - f(z), 0, \mathbb{D}(z_0, \rho)) = \mu$ すなわち $N(f, w, \mathbb{D}(z_0, \rho)) = \mu$ が成り立つ． (証明終)

注意 9.4 この定理は実関数については成り立たない：関数 $f(x) = x^2 \, (x \in [-1, 1])$ は $x = 0$ を 2 位の零点とするが，どんなに小さな $\eta < 0$ に対しても方程式 $f(x) = \eta$ は解をもたない．

定理 9.22（フルヴィッツ[*57]の定理） 領域 G 上で正則な関数の例 $(f_n)_{n=1,2,\ldots}$ が非定数関数 f に広義一様収束するとし，$z_0 \in G, w_0 := f(z_0)$ とする．このとき，十分小さな任意の $\rho > 0$ に対しある自然数 n_0 があって，任意の $n \geq n_0$ については f_n は f と同数個の w_0 点を $\mathbb{D}(z_0, \rho)$ 内にもつ．

[証明] $w_0 = 0$ と仮定して一般性を失わない．十分小さな $\rho > 0$ をとれば $\overline{\mathbb{D}}(z_0, \rho) \setminus \{z_0\}$ 上で $f(z) \neq 0$ であるから，$m := \min_{C(z_0, \rho)} |f| > 0$ である．この m に対しある自然数 n_0 が存在して，$C(z_0, \rho)$ 上では任意の $n \geq n_0$ について $|f(z) - f_n(z)| < m$ が成り立つ．したがって，$C(z_0, \rho)$ 上では $|f_n(z) + (-f(z))| < m \leq |f_n(z)| + |-f(z)|$ が成り立つ．定理 9.19 によって，$N(f_n, 0, \mathbb{D}(z_0, \rho)) = N(f, 0, \mathbb{D}(z_0, \rho))$． (証明終)

注意 9.5 偏角の原理にまで遡ったより直截的な証明も可能である：仮定と定理 9.1 によって f'_n もまた f' に広義一様収束する．上の証明で用いた正数 ρ について $C(z_0, \rho)$ 上で f'_n/f_n は f'/f に一様収束する[*58]から，式 (9.39) によって $\lim_{n \to \infty} N(f_n, 0, \mathbb{D}(z_0, \rho)) = N(f, 0, \mathbb{D}(z_0, \rho))$ が成り立つ．ここで $N(f_n, 0, \mathbb{D}(z_0, \rho))$

[*57] A. Hurwitz (1859–1919).
[*58] $C(z_0, \rho)$ 上では $f \neq 0$ であることに注意．

も $N(f, 0, \mathbb{D}(z_0, \rho))$ もすべて (非負の) 整数であることに注意すれば，十分大きな n については $N(f_n, 0, \mathbb{D}(z_0, \rho)) = N(f, 0, \mathbb{D}(z_0, \rho))$ であることが分かる．

例 9.21 f の $\mathbb{D}(z_0, \rho)$ における零点は点 z_0 のみだが，f_n の $\mathbb{D}(z_0, \rho)$ における零点が唯 1 点であると主張しているわけではない．たとえば，$f_n(z) = z^2 - 1/n^2$ は $\mathbb{D}$ で広義一様に $f(z) = z^2$ に収束する．f の零点は原点のみであるが，f_n の零点は異なる 2 点 $z = \pm 1/n$ である．

系 9.2 領域 G 上で単葉な正則関数の列 $(f_n)_{n=1,2,\ldots}$ が非定数関数 f に広義一様収束するならば，f もまた G で単葉である．

例 9.22 上の定理や系における仮定「極限関数は定数でない」は重要である．平面上で単葉な $f_n(z) = z/n$ は単葉ではない関数 $f = 0$ に広義一様収束する．

点 z_0 で零点をもつ正則関数の表示 (9.24) を思い出そう．$\mu = 1$ のとき f は z_0 の近くで 1 対 1 である．$\mu > 1$ のとき，(9.24) が $\mathbb{D}(z_0, R)$ 上で有効であるとすれば，一価性の定理によって $\psi(z) := \sqrt[\mu]{f_\mu(z)}$ の 1 価な分枝が $\mathbb{D}(c, R)$ で見つかる[*59]．このとき $\zeta = \zeta(z) := (z - z_0)\psi(z)$ によって $w = \zeta^\mu$ と書ける．ζ 平面と w 平面の対応は見易い；$w \neq 0$ の場合には μ 個の異なる ζ が w に対応し，$w = 0$ には唯一の $\zeta = 0$ が (μ 重解として) 対応する．一方，$\zeta'(z_0) = \psi(z_0) \neq 0$ であるから，z 平面から ζ 平面への対応は (局所的に)1 対 1 である．したがって，f は z 平面から w 平面への対応として μ 対 1 である．以上をまとめて，

定理 9.23 点 z_0 で正則な関数 f は，$f'(z_0) \neq 0$ であるときかつその時に限って局所的な位相写像を定める．$f'(z_0) = f''(z_0) = \cdots = f^{(\mu-1)}(z_0) = 0$, $f^{(\mu)}(z_0) \neq 0$ であるときには f は z_0 の近くで ——z_0 を除いて—— μ 対 1 の写像である．

系 9.3 単葉正則関数の導関数は決して値 0 をとらない．

$\mathbb{D}_z$ で調和な関数 $u(z)$ が $u(0) = 0$ を満たす[*60]とする．u の共役調和関数 v を $v(0) = 0$ であるように選び $\mathbb{D}_z$ での正則関数 $w = f(z) = u(z) + iv(z)$ を作る．

[*59] 円板 $\mathbb{D}(c, R)$ が単連結であることとその上の正則関数 f_μ が値 0 をとらないことから，$\log f_\mu(z)$ の 1 価な分枝が取り出せる．$\psi(z) = \exp[\mu^{-1} \log f_\mu(z)], z \in \mathbb{D}(c, R)$ とすればよい．

[*60] $u(x, y)$ が本来の表示であるが，いつものように $z = x + iy$ により実数値複素関数として扱う．

$\mu := \mathrm{ord}_0 f \geq 1$ とすると，$z=0$ の近傍 $U(\subset \mathbb{D}_z)$ から $\mathbb{D}_\zeta$ の上への 1 対 1 正則な写像 $\zeta = \varphi(z)$ を見つけて，$\mathbb{D}_\zeta$ の上で $w = \zeta^\mu$ と表されるようにできる[*61]．このとき，$\mathbb{D}_w$ の半径 $\{\mathrm{Re}\, w = 0, \mathrm{Im}\, w > 0\}$ は $\mathbb{D}_\zeta$ の μ 本の半径に対応するが，正則関数 φ^{-1} によって $\mathbb{D}_\zeta$ から z 平面に移ればこれら μ 本の半径の各々は U 内の滑らかな曲線[*62] (を表す集合) になる．この結論を精確に述べるためには次の定義が有用である：曲線の径数表示 $z = \psi(t), t \in I$ における ψ が閉区間 I を含むある平面開集合で定義された正則関数の I への制限になっているときこの曲線を **解析曲線** (analytic curve) と呼ぶ．

問 9.18 円弧 $\gamma : z = \cos t + i \sin t, 0 \leq t \leq 1$ は解析曲線であることを示せ．

次の定理[*63]が示された．

定理 9.24 調和関数 u の等高線は，$(\mathrm{grad}\, u)_{z_0} \neq \boldsymbol{O}$ である z_0 の近傍においては z_0 を内点とする (単純な) 解析曲線である．一方，$(\mathrm{grad}\, u)_{z_0} = \boldsymbol{O}$ である z_0 の近傍では，u の等高線は z_0 を通る μ 本の解析曲線からなる $(\mu \geq 2)$．

定理 9.23 からはさらに次の定理が従う．

定理 9.25 正則関数は開写像である．すなわち開集合を開集合に写す．

注意 9.6 最大 [絶対] 値の原理はこの定理から直ちに従う．実際，任意の内点の像は (像集合の) 内点であるから，その像点は原点からもっとも離れた点ではあり得ない．

系 9.4 正則関数の逆関数は，もし存在するとすれば，連続である．

連続写像は連結性を保存する (問 1.20 参照) ことと上の定理とから

定理 9.26 (領域保存の原理, invariance of domains) 領域の正則関数による像はふたたび領域である．

[*61)] 一般にはこの表示の有効範囲を $w = 0$ あるいは $\zeta = 0$ それぞれのより小さな近傍に制限して考える必要があるが，記述を簡単にするために，半径はいずれも 1 であるとして考える．

[*62)] 一般には原点はこの曲線の端点である．$\mu = 1$ の場合にはもう 1 つの半径 $\{\mathrm{Re}\, w = 0, \mathrm{Im}\, w < 0\}$ と併せて形成された曲線が原点を通る等高線になる．

[*63)] この定理の内容は 37 ページの脚注で保留した等高線に関する主張よりも強くまた一般である．

本章の主題は正則関数の局所的な性質を調べることであったが，べき級数への展開が特に有効な手段を提供した．テイラー展開を用いて正則関数の零点を詳しく調べ，一致の定理や解析接続などの重要な概念に触れた．また，ローラン展開を用いて (除去可能ではない) 孤立特異点を極と真性特異点とに分類し，有理型関数を定義した．次に，極と零点の類似性に着目しそれらの個数を調べる方法として偏角の原理を証明した．さらにその応用としてルーシェの定理やフルヴィッツの定理などを得た．こうして明らかになった正則関数や有理型関数の局所的な性質を通して，実解析学と複素解析学の際立った相違点があらためて浮き彫りになった．本章の直接的な続きとして "平面全体での有理型関数を大局的構成的に作る問題" を考えることは次々章を待つことにし，次章では，流体力学の問題を複素関数論の応用という立場に立つのではなく，より自然科学的な立場からの正則関数の復習との観点で扱う．

演習問題

9.1 整関数は平面上の任意の点の周りでべき級数に展開できるが，その収束半径は (中心によらず) 無限大であることを示せ．

9.2 不等式 $|e^z - 1| \leq e^{|z|} - 1$ を示せ．

9.3 関数 $f(z) = 1/\{z^2(z^2+1)(z^2-1)\}$ のすべての極とその点の周りでのローラン展開を求めよ．

9.4 有理関数 $f(z) = (3z+1)z^{-3}$ について，方程式 $f(z) = a$ が多重解をもつような $a \in \hat{\mathbb{C}}$ を特定し，その a に対する解の重複度を調べよ．

9.5 方程式 $2z^5 - 4z + 1 = 0$ が円環領域 $\mathbb{A}(0; 1, 4/3)$ 内にもつ解の個数を調べよ．

9.6 方程式 $z^7 - 3z^6 + z^3 - 7z^2 - 1 = 0$ は円環領域 $\mathbb{A}(0; 1, 2)$ にいくつ解をもつか．

9.7 平面領域 G で実調和な関数 u が，G のある開部分集合 $G_0 \neq \emptyset$ で定数関数であれば，u は G 全体で定数関数であることを示せ．

9.8 平面領域での実数値関数 h について，h および h^2 がともに調和であるのはどんなときか．

9.9 単位円板 $\mathbb{D}$ で有界，穴あき開単位円板 $\mathbb{D}^* = \mathbb{D} \setminus \{(0,0)\}$ で調和な関数 $u(x,y)$ は $\mathbb{D}$ 全体で調和な関数に拡張され得ることを示せ．

9.10 次の3つの条件を満たす関数 $u(x,y)$ は定数関数に限ることを示せ．(1) 閉単位円板 $\overline{\mathbb{D}}$ で連続，(2) 穴あき開単位円板 $\mathbb{D}^* = \mathbb{D} \setminus \{(0,0)\}$ で調和，(3) 単位円周上では常に値 1 をとる．

第 10 章
翼 の 揚 力

CHAPTER 10

　私たちは第 4 章で 2 次元の完全流体の力学を学び，正則関数・調和関数との深い関係についても知った．一方で，調和関数や正則関数については第 5 章とその後の幾多の章で多くの知識を得た．本章では，"飛行機はなぜ飛べるか"，"翼はどうしてあのような形か" などの問題を扱う．ライト兄弟[*1]が初めて空を飛んだのは 1903 年のことであったが，翼の形や翼が得る揚力はそれに前後して——縮まない完全流体[*2]の定常流を対象とする 2 次元流体力学の問題として[*3]——クッタ[*4]（1902, 1910）やジューコフスキー（1906）により研究された．正則関数や等角写像の本質が物理学や科学技術への応用を通してより深く理解されるであろう[*5]．

10.1　一様流の中の円板

　速度が $[V\cos\tau, V\sin\tau]$ $(V>0, 0\leq\tau<2\pi)$ である一様流の複素速度ポテンシャル $\Phi(z)$ および複素速度 $\varphi(z):=\Phi'(z)$ は

$$\Phi(z):=V e^{-i\tau}z, \qquad \varphi(z)=V e^{-i\tau} \tag{10.1}$$

である（例 4.6 を参照）．この流れの中に半径 R の円板を置く．この円板の中心は座標原点であるとしてよい[*6]．円板 $\overline{\mathbb{D}}(0,R)$ の境界（＝円周 $C(0,R)$）では流体の出入りが起こらず $C(0,R)$ は流線の一部を形作るとする．閉円板 $\overline{\mathbb{D}}(0,R)$ の外部での流れの複素速度は正則関数だから，$\mathbb{C}\setminus\overline{\mathbb{D}}(0,R)$ 上で

$$\varphi(z):=\alpha_0+\frac{\alpha_{-1}}{z}+\frac{\alpha_{-2}}{z^2}+\frac{\alpha_{-3}}{z^3}+\cdots \qquad (\alpha_0, \alpha_{-1}, \alpha_{-2}, \alpha_{-3},\ldots\in\mathbb{C})$$

と書ける．ここで，無限の彼方での状況から分かるように

[*1]　W. Wright (1867–1012), O. Wright (1871–1948).
[*2]　飛行機の速さと音速との比の 2 乗を無視できるとき空気は縮まない流体と考えてよいことが知られている．また，粘性の小さい流体の例として水がしばしば挙げられるが，空気の粘性はそれよりずっと小さい（粘性は温度などに強く依存するが，おおむね 1/100 程度）．
[*3]　航空機そのものではなく無限に長い翼のみを考察して 2 次元の問題としている．
[*4]　W. M. Kutta (1867–1944).
[*5]　本章で登場する多くの物理量は数学の立場からは正規化して 1 であるとすることができるし，そうすれば計算はしばしば著しく簡単になるが，物理的意義を考慮して正規化は最小限にとどめる．
[*6]　当面は $\tau=0$ と仮定することもできなくはないが，後では一般の τ を扱うことが必要となる．

$$\alpha_0 = \lim_{z \to \infty} \varphi(z) = V e^{-i\tau} \tag{10.2}$$

である．また，速度 $[p, q]$ に対して $\varphi = p - iq$ であるから，$C(0, R)$ に沿う反時計回りの循環を Γ，$C(0, R)$ を外部から内部へ越える流束を Q と書くとき，式 (4.13) と式 (7.3) によって

$$\int_{C(0,R)} \varphi(z)\, dz = \Gamma + iQ$$

である．したがって，

$$\alpha_{-1} = -\operatorname*{Res}_{\infty} \varphi = \frac{1}{2\pi i} \int_{C(0,R)} \varphi(z)\, dz = \frac{1}{2\pi} (Q - i\Gamma) \tag{10.3}$$

である．物体表面での流体の出入りがないことから $Q = 0$ であり，$C(0, R)$ は流線の一部である．したがって α_{-1} は純虚数 $\alpha_{-1} = -i\Gamma/(2\pi)$ である．今後はしばしば $\kappa := -\Gamma/(2\pi) \in \mathbb{R}$ と置き直して $\alpha_{-1} = i\kappa$ と書く．$C(0, R)$ 上の各点 (x, y) において速度 $[p(x,y), q(x,y)]$ は $C(0, R)$ の法線ベクトル $[x, y]$ に直交するから，$xp(x,y) + yq(x,y) = 0$ が各点 $(x, y) \in C(0, R)$ で成り立つ．これを書き換えて $\operatorname{Re}[z\varphi(z)] = 0 \, (|z| = R)$ を知る．関数 $\psi_1(z) := z\varphi(z)$ は $\mathbb{C} \setminus \overline{\mathbb{D}}(0, R)$ で正則で $C(0, R)$ 上では $\operatorname{Re}\psi_1 = 0$ が成り立つ．したがって，シュヴァルツの鏡像原理 (定理 8.4) によって，関数 $\psi_1(z)$ は $C(0, R)$ 上でも正則であると考えてよい (問 8.1 を参照)．すなわち，適当な正数 $R', R'' \, (R' < R < R'')$ について，ψ_1 は円環領域 $\mathbb{A}(0; R', R'')$ で正則であるとしてよい[*7]．容易に分かるように——必要ならば R', R'' をさらに R に近く取り直せば，関数 $\psi_2(z) := -\overline{\psi_1(R^2/\bar{z})}$ もまた $\mathbb{A}(0; R', R'')$ で正則である．$C(0, R)$ 上では，$z\bar{z} = R^2$ かつ $\operatorname{Re}\psi_1(z) = 0$ であるから，$\psi_2(z) = -\overline{\psi_1(R^2/\bar{z})} = -\overline{\psi_1(z)} = \psi_1(z)$ である．一致の定理により $\mathbb{A}(0; R', R'')$ 上で $\psi_1(z) = \psi_2(z)$ が成り立つ．他方で，$\psi_1(z), \psi_2(z)$ の $\mathbb{A}(0; R', R'')$ におけるローラン展開はそれぞれ

$$\psi_1(z) = z\varphi(z) = \alpha_0 z + \alpha_{-1} + \frac{\alpha_{-2}}{z} + \frac{\alpha_{-3}}{z^2} + \cdots,$$

$$\psi_2(z) = -\overline{\psi_1(R^2/\bar{z})} = -\bar{\alpha}_0 \frac{R^2}{z} - \bar{\alpha}_{-1} - \bar{\alpha}_{-2} \frac{z}{R^2} - \bar{\alpha}_{-3} \frac{z^2}{R^4} - \cdots$$

であるから，ローラン展開の一意性によって

$$\alpha_{-1} = -\bar{\alpha}_{-1}, \quad \alpha_{-2} = -R^2 \bar{\alpha}_0, \quad \alpha_{-3} = \alpha_{-4} = \cdots = 0$$

であることが分かる[*8]．すなわち

[*7] 円板の外部での流れは $C(0, R)$ を越えて中には浸み込まないはずであったのに，数学上では円板内の——少なくとも $C(0, R)$ の近くでの——流れを考えることができる！

[*8] 第 1 式から α_{-1} は純虚数であることが再度確かめられた．

定理 10.1 一様流 (10.1) の中に置かれた円板 $\overline{\mathbb{D}}(0,R)$ の外部での流れ[*9] の複素速度ポテンシャル Φ と複素速度 φ は，ある実数 κ を用いて (多価) 正則関数

$$\Phi_{\tau,\kappa}(z) := V e^{-i\tau} z + i\kappa \log z + \frac{R^2 V e^{i\tau}}{z}, \tag{10.4}$$

$$\varphi_{\tau,\kappa}(z) := V e^{-i\tau} + \frac{i\kappa}{z} - \frac{R^2 V e^{i\tau}}{z^2} \tag{10.5}$$

と書ける．$C(0,R)$ に沿う反時計回りの循環は $\Gamma = -2\pi\kappa$ である．

問 10.1 一様流 (10.1) の中に点 z_0 を中心とする半径が R の (閉) 円板 $\overline{\mathbb{D}}(z_0,R)$ を置くとき，その外部での複素速度ポテンシャルを求めよ．

式 (10.4) から看取できる興味深いこととして，たとえば $\kappa = 0$ の場合に

定理 10.2 一様流の中の円板の外部での流れに対し，円板の中心に 2 重湧き出しをもつ内部での流れを上手く考えてこれら 2 つの流れが平面全体における 1 つの流れのそれぞれへの制限であるようにできる．すなわち，与えられた流れは，円板の中心に 2 重湧き出しをもつ平面全体での流れと同一視できる．

次の定理はこの節の議論や主張を一般化したものである．

定理 10.3 (ミルン–トムソン[*10] の円定理，Milne–Thomson's circle theorem) 円板 $\mathbb{D}(0,R_0)$ の外部に有限個の湧き出しや吸い込みをもった $\mathbb{C}$ 上の非回転的流れの複素速度ポテンシャルを $\Phi(z)$ とする $(R_0 > 0)$．この流れに閉円板 $\overline{\mathbb{D}}(0,R)$ $(0 < R < R_0)$ を挿入するとき，円板外の流れの複素速度ポテンシャルは次式で与えられる：

$$\tilde{\Phi}(z) := \Phi(z) + \overline{\Phi(R^2/\bar{z})}. \tag{10.6}$$

この定理は複素解析学的にはシュヴァルツの鏡像原理そのものであるが，流体力学的な証明を与えよう：$\Psi(z) := \overline{\Phi(R^2/\bar{z})}$ は円板 $\mathbb{D}(0,R^2/R_0)$ にだけ湧き出しや吸い込みをもつ $\mathbb{C}$ 上の流れで，無限遠点での速度は 0 であって，しかも $C(0,R)$ 上では $\overline{\Phi(z)}$ に等しい．$\tilde{\Phi}$ は Φ と Ψ を重ね合わせた $\mathbb{C}$ 上の流れであるから，$\tilde{\Phi}$ と Φ とは，

[*9] 循環の存在も許した一般の流れ．
[*10] Milne-Thomson (1891–1974).

円板 $\mathbb{D}(0, R^2/R_0)$ の外では同じ湧き出し・吸い込みをもち無限遠点では同じ速度をもつ.しかも,円周 $C(0,R)$ は——その上で $\tilde{\Phi}(z) = \Phi(z) + \overline{\Phi(z)} = 2\mathrm{Re}\,[\Phi(z)]$ が成り立つから——流れ $\tilde{\Phi}$ の流線の一部である.したがって $\tilde{\Phi}$ は流れ Φ の中に置かれた円板 $\overline{\mathbb{D}}(0,R)$ の周りの流れを表す複素速度ポテンシャル [の 1 つ[*11]] である.さらに一般化して[*12]

例 10.1 流れが $C(0,R)$ に沿って循環 $-2\pi\kappa$ をもつ場合には

$$\tilde{\Phi}(z) := \Phi(z) + \overline{\Phi(R^2/\bar{z})} + i\kappa \log z \tag{10.7}$$

が $\overline{\mathbb{D}}(0,R)$ の外部の流れの複素速度ポテンシャルを与える.実際,$\overline{i\kappa \log(R^2/\bar{z})} = -i\kappa \log(R^2/z) = i\kappa \log z - 2i\kappa \log R$ であるから,循環を保つためには項 $i\kappa \log z$ をそのまま用いておけばよい.

問 10.2 上の例を用いて定理 10.1 を示せ.

問 10.3 ミルン-トムソンの円定理を用いて問 11.5 を解け.

10.2 ベルヌーイの定理

この節で述べる重要な定理は,その原型をダニエル・ベルヌーイ[*13]に負う (1730) が,後にその父ヨハン・ベルヌーイ[*14]が一般化した (1740) ものである.

定理 10.4 (ベルヌーイの定理) 平面における縮まない完全流体の定常流が外力を受けないとき,流体の密度を ρ とすれば,各流線の上で

$$P + \frac{\rho}{2}V^2 = \mathrm{const.} \tag{10.8}$$

が成り立つ.ここで P は圧力,V は速さ,const. は流線に依存する定数である.

[証明] 2 本の流線と (これらに直交する) 2 本の等ポテンシャル線によって囲まれた無限小 4 辺形を考える (図 10.1).等ポテンシャル線からなる辺の長さを

[*11] 複素速度ポテンシャルはもともと定数差を除いてしか定まらないから $\tilde{\Phi}$ はたしかにそのようなものの "1 つ" であるが,他方では,正則関数の一意性の定理によって,指定された流体力学的な性質を満たす関数は定数差を除けば $\tilde{\Phi}$ に限られる.
[*12] 次の結果をミルン-トムソンの第 2 円定理と呼ぶことがある.
[*13] Daniel Bernoulli (1700–1782).
[*14] Johann Bernoulli (1667–1748).

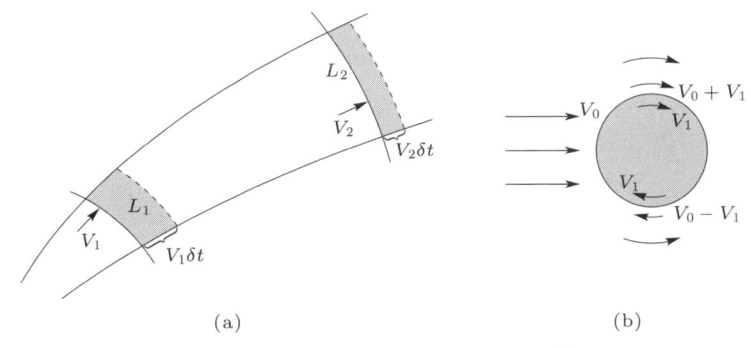

図 **10.1** (a) ベルヌーイの定理, (b) マグヌス効果

L_1, L_2, そこでの流速を V_1, V_2 とする. この4辺形を時間 δt に通り抜ける流体の質量 $\rho \cdot L_1 \cdot V_1 \delta t - \rho \cdot L_2 \cdot V_2 \delta t$ は質量保存の法則によって0である[*15]. 簡単のために $\delta W := L_k V_k \delta t \, (k=1,2)$ と書こう. 圧力は流体に対して仕事をするがその大きさは, 2つの位置での圧力を P_1, P_2 と書くとき, $(P_1 L_1) \cdot V_1 \delta t - (P_2 L_2) \cdot V_2 \delta t = (P_1 - P_2) \delta W$ である. 他方でこの4辺形を流れ行く際のエネルギーの変化[*16]は $\frac{1}{2}(\rho L_2 V_2 \delta t) \cdot V_2^2 - \frac{1}{2}(\rho L_1 V_1 \delta t) \cdot V_1^2 = \frac{\rho}{2}(V_2^2 - V_1^2)\delta W$ である. これら2式を等置すればただちに (10.8) を得る. (証明終)

ベルヌーイの定理の定性的応用として,

定理 10.5 (マグヌス[*17]効果, Magnus effect) 粘性[*18]のある流体の一様流中におかれた回転する円板には, 流れの方向に垂直な力がはたらく.

[証明] 回転する円板は粘性の影響によって周りの流体を同様の回転運動に巻き込み, 円板を取り囲む流体の速さは一様な流れに垂直な直径の両端で異なるから, ベルヌーイの定理によってこの直径の両端には圧力差が生じる. (証明終)

例 10.2 回転を与えられたボールの進路が曲がるのはまさしくマグヌス効果による.

[*15] これより $L_1 V_1 = L_2 V_2$ が分かる. すなわち, 速度は切り口の大きさに反比例する.
[*16] すなわち, 圧力がした仕事. もっと一般には, ここで外力——たとえば重力——や流体の内部エネルギー——それはたとえば密度の変化に基づく——が加味されるのであるが, 私たちはそのような項が現れないと仮定してきた. したがってここでもそのような項が登場しない形となる.
[*17] H. G. Magnus (1802–1870).
[*18] 経験からも知られるように, 自然界における流体の互いに接する2つの部分の速度が等しくないときには, それらの間に接線方向の応力がはたらいてその速度差を解消しようとする. 流体のこのような性質は**粘性** (viscosity) と呼ばれる.

10.3 ダランベールのパラドックス

静止流体の中を定速度で動く円板——あるいは一様流の中に置かれた静止円板——の周りの流れの複素速度ポテンシャル (10.4) において,$\tau = 0$ とする;これは以下の議論において大きな制限にはならない.

はじめに簡単な場合 $\kappa = 0$ を考える.この流れの複素速度ポテンシャルは

$$\Phi_{0,0}(z) = V(z + R^2/z), \tag{10.9}$$

複素速度は $\varphi_{0,0}(z) = V(1 - R^2/z^2)$ だから,円周 $C(0, R)$ 上の点 $Re^{i\theta}$ での速さの平方は $|\varphi_{0,0}(Re^{i\theta})|^2 = 4V^2 \sin^2\theta$ である.ベルヌーイの定理により,点 $Re^{i\theta}$ での圧力 $P(Re^{i\theta})$ は流体の密度 ρ と θ に依存しないある定数 c を用いて $P(Re^{i\theta}) = c - 2\rho V^2 \sin^2\theta$ で与えられる.点 $Re^{i\theta}$ での内向き単位法線ベクトルは $[-\cos\theta, -\sin\theta]$ であるから,円板全体が受ける力の成分表示は

$$\left[\int_0^{2\pi} P(Re^{i\theta}) \cdot (-\cos\theta) \, d\theta, \int_0^{2\pi} P(Re^{i\theta}) \cdot (-\sin\theta) \, d\theta \right] = [0, 0]$$

である.これは "一様流れの中の円板が流れからまったく力を受けず静止し続ける" ことを主張している.この不合理はダランベールのパラドックス (d'Alembert paradox) と呼ばれ,150 年間にわたって未解決状態が続いた.

例 10.3 上の議論に複素解析を活用しよう.$C(0, R)$ 上の点 z において流体が円板に及ぼす力は,向きが z での $C(0, R)$ の接ベクトル dz を用いて単位ベクトル $i\,dz/|dz|$ によって与えられ,大きさは z での $C(0, R)$ の線素 $|dz|$ を用いて $P(z)|dz|$ と書ける.したがって,流体が z において円板に及ぼす力の複素数を用いた表示は $iP(z)\,dz$ である.これを円周全体にわたって積分したものは,ベルヌーイの定理から

$$F := \int_C iP(z)\,dz = i\int_C \left(c - \frac{\rho}{2}|\varphi_{0,0}(z)|^2 \right) dz = -\frac{i\rho}{2}\int_C |\varphi_{0,0}(z)|^2\,dz \tag{10.10}$$

である.ここで $\varphi_{0,0}(z) = V(1 - R^2/z^2)$ を思い出して,さらに周 $C(0, R)$ 上では $\bar{z} = R^2/z$ であることに注意すれば,$|\varphi_{0,0}(z)|^2 = V^2(1 - R^2/z^2)(1 - R^2/\bar{z}^2) = V^2(2 - R^2/z^2 - z^2)$ と書ける.したがって,複素積分の基本的な性質により

$$F = -\frac{i\rho}{2} V^2 \int_{C(0,R)} \left(2 - z^2 - \frac{R^2}{z^2} \right) dz = 0,$$

すなわちダランベールのパラドックスが証明された.

$\kappa \neq 0$ のときはどうだろうか.以下に見るように,基本的に $\kappa = 0$ の場合の推

論が使える．この場合の複素速度ポテンシャルと複素速度は (10.4) および (10.5) で与えられるから，淀み点は方程式 $Vz^2 + i\kappa z - R^2 V = 0$ の解である．すなわち，淀み点は (i) $|\kappa| < 2RV$ の時には $C(0, R)$ 上の 2 点であり，(ii) $|\kappa| = 2RV$ の時には $C(0, R)$ 上の 1 点であり，(iii) $|\kappa| > 2RV$ のときには $C(0, R)$ から離れた虚軸上の 2 点で，そのうち 1 つは円内にもう 1 つは円外にある．$\kappa > 0$ の場合を図 10.2 に示す．

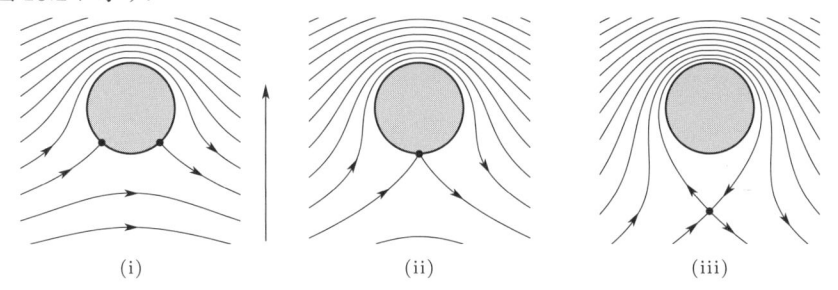

図 10.2 (i) $0 < \kappa < 2RV$, (ii) $\kappa = 2RV$, (iii) $\kappa > 2RV$

さて，円周 $C(0, R)$ 上の点 z については，$\bar{z} = R^2/z$ を用いて $\overline{\varphi_{0,\kappa}(z)} = V(1 - z^2/R^2) - i\kappa z/R^2$ と書き直せるから，$|\varphi_{0,\kappa}|^2 = \varphi_{0,\kappa}\overline{\varphi_{0,\kappa}(z)} = \{V(1 - R^2/z^2) + i\kappa/z\}\{V(1 - z^2/R^2) - i\kappa z/R^2\}$ となる．この式を円周に沿って積分するとき，積分の値に貢献するのは $1/z$ の係数——それは容易に分かるように $-2iV\kappa$ だけである．例 10.3 と同様に式 (10.10) を計算すれば，

$$F = -\frac{i\rho}{2} \cdot (2\pi i \cdot 2iV\kappa) = 2i\pi\rho\kappa V \tag{10.11}$$

である．したがって，$\kappa \neq 0$ であっても円板は依然として "流れに平行な力" を受けない[*19]．こうしてダランベールのパラドックスがより一般に示された．

問 10.4 流れ (10.4) が円板に及ぼす力を，本節冒頭のように，成分に分けて求めよ．

10.4 流れの中の物体が受ける力とモーメント

前節では一様流の中の円板が受ける力を計算したが，その計算には円板の性質を本質的に用いた．本節では，任意の物体[*20]について，流れが物体に及ぼす力

[*19] $\kappa \neq 0$ だから F は 0 でない純虚数である．すなわち，円板は流れに垂直な方向に動かされる．これこそが後に翼の揚力として得られるものであるがここではこれ以上立ち入らない．

[*20] 物体の数学的な定義は "連結かつ単連結な有界閉集合" とするのが自然であるが，さらに，物体表面での流体の出入りがないという物理的性質に呼応して，"境界が流線 [の一部] である"，すなわち境界は区分的に解析的な曲線であると仮定する (定理 9.24 参照)．

F と (原点周りの) モーメント M を求める．複素解析的手法を活用するために，平面の点を位置ベクトル r を複素数 z で，その点に作用する力 F を複素数 $F(z)$ で表す．このとき，原点 (で平面に垂直な軸) の周りのモーメント $\vec{M} = r \times F$ の (符号つきの) 大きさ $M = \boldsymbol{M} \cdot \boldsymbol{k}$ は命題 1.2 によって $M = \mathrm{Im}[\bar{z} F(z)]$ と書ける[*21]．

10.4.1 ブラジウスの公式

次の定理は完全流体の複素解析的取り扱いの成果の 1 つである：

定理 10.6 (ブラジウス[*22]の公式) z 平面内におかれた物体 B の外に複素速度 $\varphi(z)$ の流れ[*23]があったとする．このとき，この物体にはたらく力 F の複素数表示 F および座標原点の周りの力のモーメントの符号つきの大きさ M は，それぞれ次式で与えられる：

$$F = -\frac{i\rho}{2}\overline{\int_{\partial B} \varphi(z)^2\, dz}, \qquad M = -\frac{\rho}{2}\mathrm{Re}\left[\int_{\partial B} \varphi(z)^2\, z\, dz\right]. \tag{10.12}$$

[証明] F に関する主張の証明：　物体 B にはたらく力 F は B の境界上の点 z における圧力 $P(z)$ による力の合力である (図 10.3)．これを複素数を用いて書き表せば

$$F = i\int_{\partial B} P(z)\, dz \tag{10.13}$$

となるが，ベルヌーイの定理を用いて

$$F = -\frac{i\rho}{2}\int_{\partial B} |\varphi(z)|^2\, dz = -\frac{i\rho}{2}\int_{\partial B} \overline{\varphi(z)}\varphi(z)\, dz = \overline{\frac{i\rho}{2}\int_{\partial B} \varphi(z)\, \overline{d\Phi(z)}}$$

と書き換えることができる．B の境界上では $\mathrm{Im}\,\Phi(z) = \mathrm{const.}$ であるから，

$$\overline{F} = \frac{i\rho}{2}\left(-\int_{\partial B} \varphi(z)\left[d\Phi(z) - \overline{d\Phi(z)}\right] + \int_{\partial B} \varphi(z)\, d\Phi(z)\right)$$
$$= \frac{i\rho}{2}\int_{\partial B} \varphi(z)\, d\Phi(z) = \frac{i\rho}{2}\int_{\partial B} \varphi(z)^2\, dz$$

が分かる．したがって (10.12) の第 1 式が示された．

M に関する主張の証明：　原点の周りの力のモーメントの (符号つきの) 大きさ M についても，ベルヌーイの定理で定まる流線 ∂B 上の定数 c を用いれば

[*21] モーメント $\boldsymbol{M}$ は 5.2 節の $\boldsymbol{k}$ を用いて $M\boldsymbol{k}$ と書ける ($M \in \mathbb{R}$)．
[*22] P. R. H. Blasius (1883–1970)．1910 年の仕事．
[*23] 湧き出しや吸い込みは，物体から離れたところならばあってもよいことが以下の証明から分かる．

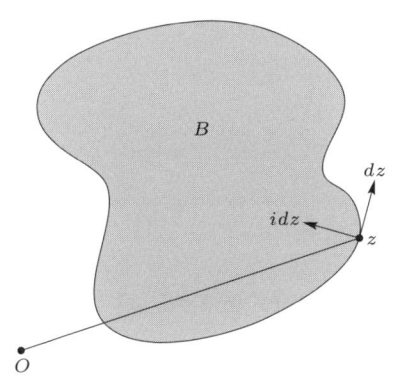

図 **10.3** 物体が受ける力とモーメント

$$M = \int_{\partial B} \mathrm{Im}\,[i\bar{z}P(z)\,dz] = \mathrm{Re}\left[\int_{\partial B}\left(c - \frac{1}{2}\rho|\varphi(z)|^2\right)\bar{z}\,dz\right]$$

と表されるが，$d|z|^2 = d(z\bar{z}) = z\,d\bar{z} + \bar{z}\,dz = 2\,\mathrm{Re}\,[z\,d\bar{z}]$ に注意すれば

$$\begin{aligned}
M &= c\int_{\partial B}\frac{d|z|^2}{2} - \frac{\rho}{2}\mathrm{Re}\int_{\partial B}\overline{\varphi(z)\,z}\,d\Phi(z) \\
&= -\frac{\rho}{2}\mathrm{Re}\left[\int_{\partial B}\overline{\varphi(z)\,z}\,[d\Phi(z) - \overline{d\Phi(z)}] + \overline{\int_{\partial B}\varphi(z)\,z\,d\Phi(z)}\right] \\
&= -\frac{\rho}{2}\mathrm{Re}\,\overline{\int_{\partial B}\varphi(z)^2\,z\,dz} = -\frac{\rho}{2}\mathrm{Re}\left[\int_{\partial B}\varphi(z)^2\,z\,dz\right]
\end{aligned}$$

となる[*24]．したがって (10.12) の第 2 式が示された． (証明終)

注意 10.1 上の証明では ∂B に直接作用する力を計算したから，境界の滑らかさに関する仮定が必要であった．定理に登場する 2 つの線積分の被積分関数はともに B の十分近くでは正則であるから，∂B に沿う積分は B を囲む任意の ——しかし十分 B に近い—— 閉曲線[*25]によって置き換えることができる[*26]．

問 10.5 閉円板 $\overline{\mathbb{D}}(0, R)$ の外での流れの複素速度が (10.4) であるとき，この円板が受ける力をブラジウスの公式を用いて計算せよ．

[*24] 第 1 行目から第 2 行目への変形では $|z|^2$ が閉曲線 ∂B 上の 1 価関数であること，第 2 行目から第 3 行目への変形では Φ が ∂B 上で純虚数値であること，がそれぞれ使われている．(B は単位円板とは限らないから $|z|^2$ が ∂B 上で定数とはいえない！)
[*25] 実際には，曲線同士が近いかどうかが問題ではなく，曲線を取り換えようとする過程で新たに湧き出し・吸い込み，渦などが発生したり消滅したりしないことだけが重要である．
[*26] たとえば[23] の問題 10.1(p.56) の注意にもあるように，鳥が飛ぶときの表面上での速度を知るのは困難である！ なお同書 p.66, 5–7 行をも参照のこと．

問 10.6 複素速度 (10.4) の流れの中に置かれた閉円板の原点の周りのモーメントの大きさ M を，ブラジウスの公式を利用して求めよ．

10.4.2 クッタ・ジューコフスキーの定理

一様流の中におかれた物体にはたらく力を，流れに平行な成分 D と流れに垂直な成分 L に分け[*27]，前者を**抵抗** (drag)，後者を**揚力** (lift) と呼ぶ[*28]．すでに見たように，一様流の中に置かれた円板については，抵抗 D は循環に関係なく常に 0 であったが，揚力 L は [非零の] 循環を仮定して初めて生じた．次の定理は一般の物体に関しても同様であることを述べたものである[*29]．

定理 10.7 (クッタ・ジューコフスキーの定理[*30]) 一様流の中におかれた物体の周りの循環[*31]を Γ とすると，抵抗 D と揚力 L は次式で与えられる[*32]：

$$D = 0, \quad L = -\rho \Gamma V. \tag{10.14}$$

[証明] この流れの複素速度の無限遠点の周り[*33]でのローラン展開は

$$\varphi(z) := \alpha_0 + \frac{\alpha_{-1}}{z} + \frac{\alpha_{-2}}{z^2} + \frac{\alpha_{-3}}{z^3} + \cdots \tag{10.15}$$

の形である[*34]．ここで 10.1 節と同様の議論を使えば

$$\alpha_0 = \lim_{z \to \infty} \varphi(z) = V e^{-i\tau}, \quad \alpha_{-1} = -\frac{\Gamma}{2\pi} i \tag{10.16}$$

が分かる．したがって，物体 B にはたらく力の複素数表示 F は

$$\bar{F} = \frac{i\rho}{2} \int_{\partial B} \varphi(z)^2 dz = \frac{i\rho}{2} \cdot 2\pi i \cdot 2\alpha_0 \alpha_{-1} = i\rho V e^{-i\tau} \Gamma$$

である．すなわち $D = 0, L = -\rho \Gamma V$ である． (証明終)

例 10.4 閉円板 $\overline{\mathbb{D}}(0, R)$ の外での流れの複素速度 (10.4) においては $\alpha_{-1} = i\kappa$ であったから，$\Gamma = -2\pi\kappa$．すなわち，式 (10.11) が ($\tau = 0$ の場合に) 再確認された．

[*27] 流れの向きを D の正方向，流れを右から左に横切る向きを L の正方向にとる．
[*28] 抵抗・揚力は座標系の軸とは関係ない！
[*29] 物体の形が揚力の大きさに影響を与えていないことには注目すべきである．
[*30] クッタ (1902 年の学位論文は公刊されず 1910 年に刊行された) とジューコフスキー (1906 年) によって独立に示された．
[*31] 循環は反時計回りを正の向きとしてある．
[*32] 以下の証明からも分かるように，流れは物体の外に湧き出しも・吸い込みをもたず，渦もないとする；この流れの複素速度ポテンシャルも複素速度も物体の外では正則である．
[*33] たとえば，原点を中心とする十分大きな半径の閉円板の外部．
[*34] 実際には無限遠点を中心としたテイラー展開といってもよい．

10.5 翼 の 揚 力

10.5.1 ジューコフスキーの翼

空気には粘性がないと仮定しているし飛行機の翼そのものが回転するわけではないからマグヌス効果 (定理 10.5) によって翼が揚力を得るわけではない．翼の周りに (その形によって) 引き起こされた循環が揚力を生む．

翼形を得るためには (一般化された) ジューコフスキー変換

$$w = J_R(z) = z + R^2/z, \qquad z \in \mathbb{C} \setminus \overline{\mathbb{D}}(0, R) \tag{10.17}$$

が利用される．虚軸上に中心をもち 2 点 $z = \pm R$ を通る円周 K は，点 $w = \pm 2R$ を通る円弧 K' の上に写される (図 10.4：問題 3.8 を参照[*35])．次に，

  (i) 円弧 K を取り囲み， (ii) 点 $z = R$ で円弧 K に接する

円周 $K_0 := C(z_0, |R - z_0|)$ をとれば，その像 $K_0' := J_R(K_0)$ は，

  (i') 円弧 K' を取り囲み， (ii') 点 $w = 2R$ で円弧 K' に接する

曲線である．特に K_0 の中心 z_0 がいわゆる第 II 象限内にあるとき，すなわち

$$\operatorname{Re} z_0 < 0 < \operatorname{Im} z_0 \tag{10.18}$$

のとき，曲線 K_0' で囲まれる領域

$$A_R(z_0) := J(\overline{\mathbb{D}}(z_0, |R - z_0|)) \tag{10.19}$$

をジューコフスキーの翼 (Joukowski profile, Joukowski aerofoil) と呼ぶ．翼の後端 $J_R(R)$ を翼の後縁 (trailing edge) と呼ぶ．

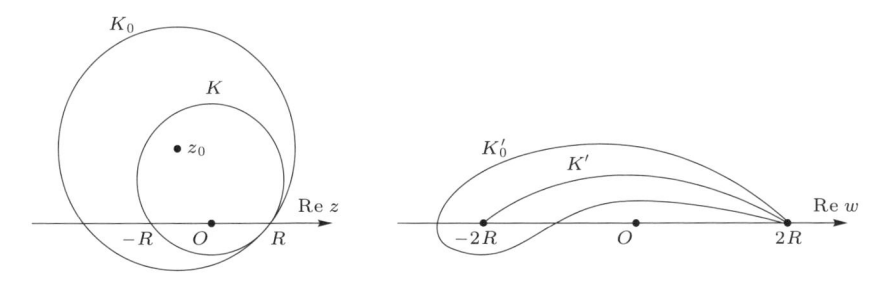

図 10.4 ジューコフスキーの翼

問 10.7 上の主張 (i'),(ii') を確認せよ．

[*35) もちろんここでは等式 $\{(z - R)(z + R)^{-1}\}^2 = (w - 2R)(w + 2R)^{-1}$ を使わねばならない．

10.5.2 クッタの仮定・ジューコフスキーの条件

一様流の中に置かれたジューコフスキーの翼 $A_R(z_0) = J_R(\overline{\mathbb{D}}(z_0, |R-z_0|))$ が受ける揚力を計算するには，たとえばクッタ・ジューコフスキーの定理を用いればよいが，領域 $\mathbb{C}_w \setminus A_R(z_0)$ の形は単純ではないから流れの複素速度ポテンシャル $\Psi(w)$ の具体的な形を直接的に知ることは難しい．しかし，$A_R(z_0)$ の構成に用いた等角写像 J_R (式 (10.17)) を用いて Ψ の性質を間接的に知ることができる．1 対 1 かつ上への等角写像 $J_R : \mathbb{C}_z \setminus \overline{\mathbb{D}}(z_0, |R-z_0|) \to \mathbb{C}_w \setminus A_R(z_0)$ によって関数 $\Psi(w)$ を引き戻した $\Psi(J_R(z))$ は，$\mathbb{C}_z \setminus \overline{\mathbb{D}}(z_0, |R-z_0|)$ での正則関数である．翼の表面は流線の一部であり[*36)]，しかも円周 K_0 と曲線 K_0' の対応 "$K_0 \ni \zeta \leftrightarrow \omega := J_R(\zeta) \in K_0'$" は 1 対 1 だから，円周 $K_0 = C(z_0, |R-z_0|)$ 上では $\operatorname{Im} \Psi(J_R(\zeta)) = \operatorname{Im} \Psi(\omega) = \mathrm{const.}$ である[*37)]．すなわち $\Phi(z) := \Psi(J_R(z))$ は $\mathbb{C}_z \setminus \overline{\mathbb{D}}(z_0, |R-z_0|)$ における複素速度ポテンシャルである．したがって

$$\frac{d\Psi}{dw}(w) \frac{dJ_R}{dz}(z) = \frac{d\Phi}{dz}(z) \quad \text{あるいは} \quad \Psi'(J_R(z)) J_R'(z) = \Phi'(z) \tag{10.20}$$

である[*38)]．特に，十分大きな正数 R', R'' に対して関係式

$$\int_{C(0,R')} \Phi'(z) \, dz = \int_{C(0,R'')} \Psi'(w) \, dw \tag{10.21}$$

が成り立つ[*39)]．流れ Ψ の $w = \infty$ での複素速度を $V e^{-i\tau}$，原点の周りの循環を $\Gamma = -2\pi\kappa$ とすれば，流れ Φ の $z = \infty$ での複素速度と原点の周りの循環はそれぞれ $V e^{-i\tau}$ と Γ である．実際，前者は $\lim_{z\to\infty} J_R'(z) = 1$ である[*40)]ことに注意して $\lim_{z\to\infty} \Phi'(z) = \lim_{w\to\infty} \Psi'(J_R(z)) J_R'(z) = V e^{-i\tau}$ によって確かめられ，後者は (10.21) の両辺の実部比較からただちに従う．ここで得た複素速度 $\Phi'(R)$ の特徴づけによって[*41)]次式が分かる：

$$\Phi'(z) = V e^{-i\tau} - V \frac{|R-z_0|^2}{e^{-i\tau}(z-z_0)^2} + \frac{i\kappa}{z-z_0}, \qquad \kappa = -\frac{\Gamma}{2\pi}. \tag{10.22}$$

[*36)] これは現象に忠実でない仮定であるが，以下の理論的結果は (しかるべき条件下では) 実際のデータとの対比に耐える．精確な説明には "流線形" の概念や "境界層理論" を必要とする．

[*37)] 複素速度ポテンシャルには定数差による影響が本質的ではないので，いつものようにこの定数は 0 と考えても差支えない．

[*38)] 第 2 式においては，左辺の ′ は w に関する微分を表すのに対してその他の ′ は z に関する微分を表す．常用されるが誤解のないよう注意を要する．

[*39)] 式 (10.20) から得られるこの等式は "留数の不変性" の特殊な場合にすぎない．

[*40)] ここで表現 "$J_R'(\infty) = 1$" を用いるのは適切でない．$J_R(\infty) = \infty$ である以上 $J_R'(\infty)$ は無意味だからである．にもかかわらず複素関数 f について $f'(\infty) = \lim_{z\to\infty} f'(z)$ などと定義した文献もある (もちろん誤り！) から，注意を要する．

[*41)] 本質的には定理 10.1，具体的には問 11.5 あるいは問 10.3 で得た結果．

さて，$A_R(z_0)$ の境界上でも有限な[*42]複素速度 $\Psi'(w)$ は (10.20) を満たすが，$J_R'(z) = 1 - R^2/z^2$ は翼の後縁に対応する点 $z = R$ で $J_R'(R) = 0$ となるから

$$\Phi'(R) = 0, \quad \text{すなわち} \quad \kappa = -2V\mathrm{Im}\,[e^{-i\tau}(R - z_0)] \tag{10.23}$$

の成立が必要である[*43]．式 (10.23) をクッタの条件 (Kutta's condition) またはジューコフスキーの仮定 (Joukowski's hypothesis) と呼ぶ．

こうして翼 $A_R(z_0)$ の周りの流れの循環 $\Gamma = 4\pi V\mathrm{Im}\,[e^{-i\tau}(R - z_0)]$ が定まる．この循環をもった流れの複素速度ポテンシャルを $\Psi_*(w)$，対応する $\mathbb{C}_z \setminus \overline{\mathbb{D}}(z_0, |R - z_0|)$ 上の複素速度ポテンシャルを $\Phi_*(z) := \Psi_*(J_R(z))$ と書く．

例 10.5 ジューコフスキーの翼の後縁における流速は，式 (10.20) とロピタルの定理によって次のように計算される．

$$\begin{aligned}
\Psi_*'(2R) &= \lim_{z \to R} \Phi_*'(z)/J_R'(z) = \lim_{z \to R} \Phi_*''(z)/J_R''(z) \\
&= \lim_{z \to R} \left(2V e^{i\tau} \frac{|R - z_0|^2}{(z - z_0)^3} + 2iV\frac{\mathrm{Im}\,[e^{-i\tau}(R - z_0)]}{(z - z_0)^2} \right) \Big/ \left(2\frac{R^2}{z^3} \right) \\
&= RV \frac{\mathrm{Re}\,[e^{-i\tau}(R - z_0)]}{(R - z_0)^2}.
\end{aligned}$$

問 10.8 式 (10.21) において虚部を比較した場合に分かることは何か．

10.5.3 ジューコフスキー翼の揚力

クッタ・ジューコフスキーの定理 10.7 と式 (10.23) とからただちに

定理 10.8 密度が ρ の縮まない流体の一様流 (10.1) の中に置かれたジューコフスキーの翼 $A_R(z_0)$ の得る揚力は次式で与えられる：

$$L = 4\pi\rho V^2 \mathrm{Im}\,[e^{i\tau}(R - \bar{z}_0)]. \tag{10.24}$$

系 10.1 z_0 が不等式 (10.18) を満たすとき，$A_R(z_0)$ にはたらく揚力は

$$L = 4\pi\rho V^2 |R - z_0| \sin(\sigma + \tau) \tag{10.25}$$

である．ただし，$\sigma := -\arg(R - z_0) \in (0, \pi/2)$.

[*42] 188 ページの脚注を参照．
[*43] 同じく $J_R'(z) = 0$ の解に対応する $w = J^{-1}(-R)$ は翼の内部にあって何ら問題にならない．

注意 10.2 私たちの主目標は正則性と2次元完全流体の力学との深い関係を示しながら複素解析の復習をすることであって，現実の航空機の飛行理論まで迫ることではなかった．しかし，得られた計算結果を実際的な ——大きな揚力を得るための—— 工夫[*44]に照らして考えておくことにも意味がある．

1) 翼の形状に関しては，円周 K の中心 (虚軸上にある) を原点から遠ざければ，
   a) 円弧 K' はより強く曲がり，
   b) $\operatorname{Im} z_0$ も大きくできる

   ので，揚力を大きくすることができる．

2) 系 10.1 で定義した τ は迎え角 (angle of attack) と呼ばれる．迎え角については
   a) 迎え角が小さくなると揚力は小さくなる；現実の航空機では $-10°$ 位まで下がると揚力が完全に負になってしまう．
   b) 迎え角が大きくなると大きい揚力が得られる；実際，着陸体勢にある飛行機は ——速度の低下を補うために—— かなり大きい迎え角 (約 $15°$) をもっている[*45]．
   c) ただし，迎え角が余り大きいと $\sin(\sigma+\tau) < 0$ となるのでいわゆる失速状態になる．

複素解析的手技により式 (10.24) を再確認して本章を締め括る．

例 10.6 翼にはたらく力の複素表示 F の共役複素数は，ブラジウスの公式と変数変換規則によって

$$\bar{F} = \frac{i\rho}{2} \int_{\partial A_R(z_0)} \left(\frac{d\Psi_*(w)}{dw}\right)^2 dw = \frac{i\rho}{2} \int_{\partial \mathbb{D}(z_0, |1-z_0|)} \frac{1}{J_R'(z)} \left(\frac{d\Phi_*(z)}{dz}\right)^2 dz$$

で与えられる．ここで，$1/J_R'(z)$ は $\hat{\mathbb{C}}_z \setminus \{\pm R\}$ において，また $\Phi_*'(z)$ は $\hat{\mathbb{C}}_z \setminus \{z_0\}$ において，正則な[*46]関数だから，被積分関数は全体として $\hat{\mathbb{C}}_z \setminus \{\pm R, z_0\}$ において正則である．その無限遠点の周りのローラン展開を，たとえば Ψ_* の展開に合わせて，$\hat{\mathbb{C}}_z \setminus \overline{\mathbb{D}}(z_0, |R-z_0|) = \mathbb{A}(z_0; R, +\infty)$ で行う．ランダウの記号 o を用いれば

$$\frac{1}{J_R'(z)} = \frac{z^2}{z^2 - R^2} = 1 + \frac{R^2}{z^2 - R^2} = 1 + \frac{R^2}{(z-z_0)^2} + o\left((z-z_0)^{-2}\right),$$

$$\Phi_*'(z)^2 = V^2 e^{-2i\tau} - \frac{4iV^2 e^{-i\tau} \operatorname{Im}\left[e^{-i\tau}(R - z_0)\right]}{z - z_0} + o\left((z-z_0)^{-1}\right)$$

[*44] 現代の航空機は，離着陸時に大きな揚力を得たり高速飛行時に抵抗を減らしたりするために，翼の形を ——スロット (slot)，フラップ (flap)，エルロン (aileron) などのさまざまな装置により—— 変える．

[*45] 鳩などが着地するときの姿勢を思い出せばこの事情は理解される．

[*46] 容易に看取できるように，いずれの関数も無限遠点で正則であるので無限遠点中心のテイラー展開と考えることもできる．

と書けるから，被積分関数全体としてはこれら 2 式を掛けあわせた
$$V^2 e^{-2i\tau} - \frac{4iV^2 e^{-i\tau} \mathrm{Im}\,[e^{-i\tau}(R-z_0)]}{z-z_0} + o\left((z-z_0)^{-1}\right)$$
である．したがって，積分路を十分大きな半径の円周に置き換えることによって，
$$\bar{F} = \frac{i\rho}{2} \cdot 2\pi i \cdot (-4iV^2 e^{-i\tau} \mathrm{Im}\,[e^{-i\tau}(R-z_0)]) = -4i\pi\rho V^2 \mathrm{Im}\,[e^{i\tau}(R-\bar{z}_0)]e^{-i\tau}$$
が，すなわち式 (10.24) が得られた．

問 10.9 Ψ_* を，J_R や J'_R の性質に合わせて，$\mathbb{A}(z_0;R,+\infty)$ で展開することによって式 (10.24) を導け．

本章は流体力学の話題に終始した．正則関数・調和関数・有理型関数や等角写像について前章までに学んだことが随所に用いられているが，複素関数の応用の一場面を提示するためだけではなく，正則性の本質を別の角度から眺めるためにこそ設けられた章である．次章は前章から直接に繋がる．

演 習 問 題

10.1 一様流の中に置かれた単位円板 $\mathbb{D}$ の外部での複素速度ポテンシャルが式 (10.4) の形に限ることを，正則関数の一意性の観点から示せ．

10.2 z 平面 $\mathbb{C}_z$ 内に物体 B_z が，また w 平面 $\mathbb{C}_w$ 内に物体 B_w がある．$\hat{\mathbb{C}}_z \setminus B_z$ から $\hat{\mathbb{C}}_w \setminus B_w$ への等角写像 $w=f(z)$ があって $f(\infty)=\infty$ かつ $\lim_{z\to\infty} f'(z) > 0$ とする[47]．この等角写像は物体の境界間にも連続な 1 対 1 対応を与えることを認めた上で，f によって定まる B_z の外の流れ Φ と B_w の外の流れ Ψ について調べよ．

10.3 w 平面内の無限遠点での速度が V である一様流の中に，長さ 4 の線分 S が，(i) その中点を座標原点 $w=0$ に一致するように，また (ii) 流れの向きに対して角 $\pi-\theta$ $(-\pi/2 < \theta < \pi/2)$ をなすように，置かれたとき（図 10.5），この線分が流れから受ける力とその作用点を次の手順によって求めよ[48]．(1) 関数 $w=f(z)=z+e^{-2i\theta}/z$ は，領域 $\mathbb{C}_z \setminus \overline{\mathbb{D}}(0,R)$ を領域 $\mathbb{C}_w \setminus S$ の上に 1 対 1 等角に写すことを示せ．この等角写像による円周 $C(0,R)$ と線分 S の対応を明らかにせよ．(2) $\mathbb{C}_w$ における一様流が S の周りに（反時計回りの）循環 $-\kappa/(2\pi)$ をもつとき，f が対応づける $\mathbb{C}_z \setminus \overline{\mathbb{D}}(0,R)$ での流れの複素速度ポテンシャル Φ を求めよ．(3) Φ が満たすべきクッタ・ジューコフスキーの条件を利用して κ の値を求めよ．

[47) この値を正の実数と仮定することはできるが，1 と正規化することは一般にはできない：その証明は残念ながら本書の範囲を超える．

[48) 空間一様流の中に幅 $4R$，厚さ無限小，長さ無限大の平らな板を置く問題．

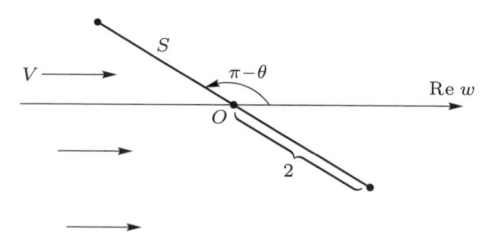

図 10.5 静止平板が一様流から受ける力

(4) S が受ける力 $F = R + iL$ を求めよ. (5) 力 F の原点の周りのモーメント (の大きさ) M を求めよ. (6) 力 F が作用する点を求めよ.

10.4 手持ちの計算機を援用してジューコフスキーの翼を描け.

第 11 章
正則関数および有理型関数の大域的な表示とその応用

正則関数の典型例は多項式関数であり有理型関数のそれは有理関数である．多項式関数や有理関数をより詳しく調べるためには，前者については因数分解が，後者については部分分数分解が非常に有効であった．本章では，全複素平面を定義域とする正則関数[*1]と有理型関数についてこれらの一般化を考える[*2]．応用として，全平面での有理型関数が整関数の商として書けること[*3]を示し，ガンマ関数や楕円関数の構成とそれらの基本的性質を述べる．

11.1 無 限 積

多項式関数は本質的に有限個の 1 次多項式の積として書ける．一般の整関数は無限に多くの零点をもち得るから，因数分解においても可算無限個の因子を扱わねばならない．したがって無限積の簡単な復習から本章を始める[*4]．第 1 章では数列を基礎として級数を考え，第 9 章ではさらに関数列や関数項級数を考えた．可算無限個の複素数の積についても同じような道筋が考えられる．まず，k 個の複素数 $\alpha_1, \alpha_2, \ldots, \alpha_k$ の積 $\alpha_1 \cdot \alpha_2 \cdots \alpha_k$ は一般に記号 $\prod_{n=1}^{k} \alpha_n$ で表されるが，ここではこれを簡単に P_1^k と書こう[*5]．複素数列 $(\alpha_n)_{n=1,2,\ldots}$ に対しては，数列 (P_1^k) の極限値 $P := \lim_{k \to \infty} P_1^k$ が存在するときに P を $\prod_{n=1}^{\infty} \alpha_n$ の定義とするのがもっとも自然であろう．ただしこれには欠点もある；(α_n) の中に 1 つでも 0 に等しいものがあれば，"全体とは無関係に" $P = 0$ となってしまう[*6]．この不都合を避けるために，次の定義を採用する．

[*1] すなわち (多項式の一般化である) 整関数にほかならない．
[*2] 本章では因数分解および部分分数分解は，もっぱら可算無限個の項からなるものを対象とする．
[*3] これは，有理関数が多項式関数の商として表されることの一般化である．定理 9.16 をも参照．
[*4] この節の大部分は実解析学で扱われる話題の複素数への拡張として済ませることもできなくはないが，最近の実解析学の教科書では実数の範囲内での無限積すら詳しく扱われなくなった．
[*5] 2 つの添え字のうち下にある 1 は，この段階では不必要だが後に登場する記号との整合性を見込んで敢えて付けてある．
[*6] 無限に多くの複素数を相手に話を始めようとしているのに，わずか 1 つの 0 である項によって文字通り無に帰してしまう．数列や級数の定義においては有限個の項が大勢に何の影響も与えないところに意味があったことを思い出せばよく理解されるであろう．

定義 11.1 複素数列 $(\alpha_n)_{n=1,2,\ldots}$ に対し,(1) ある自然数 N について $\alpha_n \neq 0 \, (n \geq N)$ であって,(2) $P_N^k := \prod_{n=N}^{k} \alpha_n$ とおいたとき $P_N := \lim_{k \to \infty} P_N^k$ が 0 ではない有限な値として存在するならば,**無限 [乗] 積** (infinite product)

$$\prod_{n=1}^{\infty} \alpha_n \qquad (11.1)$$

は**収束** (convergent) して,その値は $P := \alpha_1 \alpha_2 \cdots \alpha_{N-1} \cdot P_N$ であるといい,$P = \prod_{n=1}^{\infty} \alpha_n$ と書き表す.収束しない無限積は**発散** (diverdent) するという.

注意 11.1 無限積 (11.1) が収束する場合,その値は N の選び方にはよらず定まる.

注意 11.2 発散する無限積 (11.1) の中には,数列 $(P_N^k)_{k=N+1,k+2,\ldots}$ が収束するがその極限値 P_N が 0 である場合が含まれる.このとき無限積 (11.1) は "0 に発散する" といわれる.無限積 (11.1) が "0 に収束する" 場合も起こり得る (問 11.1).

問 11.1 無限積が 0 に収束するならば $a_n = 0$ となる n があることを示せ.

数列の収束に関するコーシーの判定法 (定理 1.4) から容易に,

定理 11.1 無限積 (11.1) が収束するための必要十分条件は,任意の正数 ε に対して上手に自然数 k_0 をとれば,$l > k \geq k_0$ を満たすすべての k, l について $|\prod_{n=k}^{l} \alpha_n - 1| < \varepsilon$ が成り立つことである.

問 11.2 上の定理を示せ.

系 11.1 収束する無限積 (11.1) については $\lim_{n \to \infty} \alpha_n = 1$ が成り立つ.

無限積 (11.1) の収束・発散を論じるためには,すべての n について $\alpha_n \neq 0$ ——すなわち $N = 1$ —— と仮定してよい.この考察と上の定理および系に基づき,$\alpha_n = 1 + \beta_n$ と書き直して無限積を次の形で書くことが多い:

$$\prod_{n=1}^{\infty} (1 + \beta_n), \qquad \beta_n \neq -1. \qquad (11.2)$$

対数関数は積を和に書き換えるから,無限積の収束条件を級数の収束条件によって表そうとするのは自然である.その際に対数関数の多価性に関する議論が不可避であることはいうまでもない.まず,無限積 (11.2) が収束すると仮定する.複素数

$P \neq 0$ があって $P_1^k := \prod_{n=1}^k (1+\beta_n) \to P \, (k \to \infty)$ である．対数関数の主枝 (主値) を選んで $\Lambda := \log P$ とする．技術的な困難を避けるため P が負の実数ではない——すなわち $\operatorname{Im} \Lambda \in (-\pi, \pi)$ である——と仮定する[*7]．次に各 $n = 1, 2, \ldots$ についても Λ と同じ分枝の取り方で $\Lambda_n := \log P_1^n$ とすると，$P_1^k \to P$ であることと対数関数の連続性から，任意に与えられた $\varepsilon \, (0 < \varepsilon < \pi)$ に対して十分大きな自然数 k_0 をとれば $k \geq k_0$ なるすべての k については $|\Lambda_k - \Lambda| < \varepsilon/3$ である．したがって，任意の $l > k \geq k_0$ について $|\Lambda_l - \Lambda_k| < 2\varepsilon/3$ が成り立つ．他方で，各 n について主枝をとって $\lambda_n := \log(1+\beta_n)$ とおけば $\sum_{n=1}^k \lambda_n$ は確定した複素数であって，

$$\exp\left[\Lambda_k - \sum_{n=1}^k \lambda_n\right] = \frac{\exp \Lambda_k}{\prod_{n=1}^k \exp \lambda_n} = \frac{P_1^k}{\prod_{n=1}^k (1+\beta_n)} = 1$$

であるから，ある $p_k \in \mathbb{Z}$ を用いて $\Lambda_k = \sum_{n=1}^k \lambda_n + 2\pi i p_k$ と書ける．よって $\lambda_k = \sum_{n=1}^k \lambda_n - \sum_{n=1}^{k-1} \lambda_n = (\Lambda_k - \Lambda_{k-1}) + 2\pi i (p_k - p_{k-1})$ である．さらに，$\beta_k \to 0$ であるから適当な k_1 をとれば $k \geq k_1$ とき $|\lambda_k| < \varepsilon/3$ である．したがって，$k > k_2 := \max(k_0, k_1)$ ならば $2\pi |p_k - p_{k-1}| \leq |\Lambda_k - \Lambda_{k-1}| + |\lambda_k| < \varepsilon < \pi$ を得るが，これよりただちに，ある $p \in \mathbb{Z}$ があって任意の $k > k_2$ に対して $p_k = p$ であることが分かる．以上のことから，$l > k > k_2$ を満たす k, l については $|\sum_{n=k}^l \lambda_n| = \left|\sum_{n=k}^l (\Lambda_n - \Lambda_{n-1})\right| = |\Lambda_l - \Lambda_{k-1}| < 2\varepsilon/3 < \varepsilon$ が成り立つ．これは対数関数の主枝を選んだときに

$$\sum_{n=1}^\infty \log(1+\beta_n) \tag{11.3}$$

が収束することを示している．

逆に，級数 (11.3) が収束すると仮定する[*8]．任意に $\varepsilon > 0$ を与える．実関数 $\log(1+x)$ の性質により，$0 < \delta < \log(1+\varepsilon)$ を満たす δ が存在するから，k_0 を十分大きく選べば，$l > k \geq k_0$ を満たす k, l については $\left|\sum_{n=k}^l \log(1+\beta_n)\right| < \delta$ が成り立つ．不等式 $|e^z - 1| \leq e^{|z|} - 1$ (問題 9.2 参照) により

$$\left|\exp \sum_{n=k}^l \log(1+\beta_n) - 1\right| \leq \exp\left|\sum_{n=k}^l \log(1+\beta_n)\right| - 1 < \exp \delta - 1 < \varepsilon$$

であるから，定理 11.1 により無限積 (11.2) は収束する．以上のことから，

定理 11.2 複素数列 $(\beta_n)_{n=1,2,\ldots}$ $(\beta_n \neq -1)$ について，無限積 $\prod_{n=1}^\infty (1+\beta_n)$

[*7] P が負の実数であるときには，十分小さな正数 η を用いて対数関数の虚部の値域を $(-\pi+\eta, \pi+\eta]$ として，Λ が "値域の内点である" ようにしておく．

[*8] この仮定は各項の対数関数の分枝がすでに選ばれていることを含んでいる．

が収束するための必要十分条件は級数 $\sum_{n=1}^{\infty} \log(1+\beta_n)$ が収束することである．ただし，対数関数は常に主枝をとるものとする．

十分小さな複素数 z に対する不等式 $|z|/2 \leq |\log(1+z)| \leq 2|z|$ から容易に，

命題 11.3 複素数列 $(\beta_n)_{n=1,2,\ldots}$ $(\beta_n \neq -1)$ について，級数 $\sum_{n=1}^{\infty} |\log(1+\beta_n)|$ が収束するためには級数 $\sum_{n=1}^{\infty} |\beta_n|$ が収束することが必要十分である．

問 11.3 $\sum |\log(1+\beta_n)|$, $\sum \log(1+|\beta_n|)$ は同時に収束または発散することを示せ．

級数 $\sum_{n=1}^{\infty} |\log(1+\beta_n)|$ が収束するとき，無限積 (11.2) は**絶対収束** (absolutely convergent) するという．この定義と上の命題とから

定理 11.4 複素数列 $(\beta_n)_{n=1,2,\ldots}$ $(\beta_n \neq -1)$ について，無限積 $\prod_{n=1}^{\infty}(1+\beta_n)$ が絶対収束するための必要十分条件は級数 $\sum_{n=1}^{\infty} \beta_n$ が絶対収束することである．

系 11.2 絶対収束する無限積は収束する．

注意 11.3 無限積 $\prod_{n=1}^{\infty}(1+\beta_n)$ が絶対収束することは，上の定義のほかに，次のいずれかの収束によっても定義できる：$\sum \log(1+|\beta_n|)$ あるいは $\prod(1+|\beta_n|)$.

問 11.4 次の無限積の収束・発散を調べよ (最後の無限積においては $0 < a < 1$)：
$\prod_{n=1}^{\infty}(1+1/n)$, $\prod_{n=1}^{\infty}(1-1/n^2)$, $\prod_{n=1}^{\infty}(1+a^n)$.

11.2 ワイエルシュトラスの定理

複素数から作られる無限積と同様に関数列 $(f_n(z))_{n=1,2,\ldots}$ から作られる無限積も考えられる．この際，どれかの f_n が零点をもっても構わないが，そのような f_n は (領域のどの点でも) 有限個しかないと仮定する必要があろう．さらに，無限積 $\prod_{n=1}^{\infty} f_n(z)$ の集合 S 上での**一様収束** (uniform convergence) を考えるためには，高々有限個の f_n のみが S 上に零点をもつことを仮定しておいて，このような f_n を除いた上での収束を考えればよい．

この節では，与えられた有限または可算無限個の点において与えられた位数の零点をもつ整関数を構成する．零点が有限個の場合は極めて容易なので，与えられた

11.2 ワイエルシュトラスの定理

零点は可算無限個であるとする.また,原点は零点でないと仮定しておくことができる;その場合に得られた整関数に z^μ を掛ければ原点を μ 位の零点とする整関数が得られるからである.原点以外の零点の位数 μ が 1 を超える場合にはその点を μ 回繰り返して数える (番号づける) ことにして,得られた点列を $(a_n)_{n=1,2,\ldots}$ $(a_n \neq 0)$ とする.さらに,番号付けを変えて $0 < |a_1| \leq |a_2| \leq |a_3| \leq \cdots \to +\infty$ としてよい.これらの仮定の下で,各 a_n において 1 位の零点をもち (他の点では決して値 0 をとらない) 整関数を作る.

各 n について原点の周りでのテイラー展開

$$\log\left(1 - \frac{z}{a_n}\right) = -\frac{z}{a_n} - \frac{1}{2}\left(\frac{z}{a_n}\right)^2 - \frac{1}{3}\left(\frac{z}{a_n}\right)^3 - \cdots$$

がある.右辺の最初の $n-1$ 項を移項して

$$p_n(z) := \log\left(1 - \frac{z}{a_n}\right) + q_n(z), \tag{11.4}$$

$$q_n(z) := \frac{z}{a_n} + \frac{1}{2}\left(\frac{z}{a_n}\right)^2 + \frac{1}{3}\left(\frac{z}{a_n}\right)^3 + \cdots + \frac{1}{n-1}\left(\frac{z}{a_n}\right)^{n-1} \tag{11.5}$$

とおく.正数 R を 1 つ固定する.N が十分大きいとき $n \geq N$ ならば $a_n \notin \mathbb{D}(0, 2R)$ である[*9].このとき,$|z| \leq R$ に対しては $|z|/|a_n| \leq 1/2$ であるから,

$$|p_n(z)| \leq \sum_{k=0}^\infty \frac{1}{n+k}\left(\frac{|z|}{|a_n|}\right)^{n+k} \leq \sum_{k=0}^\infty \frac{1}{n+k}\left(\frac{1}{2}\right)^{n+k} < \frac{1}{n} \cdot \frac{1}{2^{n-1}} \tag{11.6}$$

が得られる.よって $\sum_{n=N}^\infty p_n(z)$ は $\overline{\mathbb{D}}(0,R)$ 上で絶対一様収束する.したがって $\prod_{n=1}^\infty \exp p_n(z)$ は (収束して) 整関数を表す.こうして次の定理が得られた.

定理 11.5 (ワイエルシュトラスの定理) 任意の複素数列 $0 < |a_1| \leq |a_2| \leq \cdots \to +\infty$ に対して式 (11.5) で与えられる q_n をとれば,

$$\varphi(z) := \prod_{n=1}^\infty \left(1 - \frac{z}{a_n}\right) e^{q_n(z)} \tag{11.7}$$

は各 a_n で 1 位の零点をもち[*10]ほかには零点をもたない整関数である.

さて,全平面で有理型な関数 f に対し,上の定理によってその極に (位数も含めて) 零点をもつ関数 φ を作ることができる.このとき $\psi := f\varphi$ は整関数であ

[*9] $\mathbb{D}(0, 2R)$ 内にある有限個の a_n に零点をもつ関数は $1 - z/a_n$ の有限積として構成される.
[*10] 列 (a_n) には同一の複素数が繰り返し登場し得る.たとえば,互いに異なる番号 $n_1, n_2, \ldots, n_\mu$ について $a_{n_1}, a_{n_2}, \ldots, a_{n_\mu}$ がすべて同じ複素数 a でしかも他の番号 n については $a_n \neq a$ である場合には,"φ は a でちょうど μ 位の零点をもつ" というのがこの部分の慣用的な表現であり実質的な内容である.

るから f は整関数の商 ψ/φ として書ける.同様に f が整関数であれば,その零点を (位数を考慮して) もつ φ がある.f/φ は零点をもたない整関数であるから,$\log(f/\varphi)$ の 1 価な分枝 g がとれる.したがって f は整関数 g を用いて $f = e^g \varphi$ の形で書ける.以上の考察により次の 2 つの定理が得られた.

定理 11.6 全平面で有理型な関数は整関数の商として表現される.

定理 11.7 任意の整関数は,それが原点で零点をもつか否かにしたがって
$$z^\mu e^{g(z)} \prod_{n=1}^{\infty} \left(1 - \frac{z}{a_n}\right) e^{q_n(z)} \quad \text{あるいは} \quad e^{g(z)} \prod_{n=1}^{\infty} \left(1 - \frac{z}{a_n}\right) e^{q_n(z)}$$
の形で書ける.ただし,原点に零点をもつ場合には μ をその位数とし,原点以外の零点 a_n は,$|a_1| \leq |a_2| \leq |a_3| \leq \cdots$ であるように[*11],その位数だけ繰り返し並べた.また,g は (任意の) 整関数,q_n は (11.5) で定まる関数である.

注意 11.4 (11.5) の項数は ── なるほど列 (a_n) によらない利点はあったが ── 不等式 (11.6) を経て級数 $\sum |p_n|$ を収束させるための十分条件にすぎない.たとえば $a_n = n (\in \mathbb{N})$ の場合には,$q_n(z) = z/n$ とすると,$|z| \leq R \leq n/2$ を満たす z と n について,p_n は次のように評価できる:
$$|p_n(z)| \leq \frac{1}{2} \cdot \left(\frac{|z|}{n}\right)^2 \left\{ 1 + \left(\frac{|z|}{n}\right) + \left(\frac{|z|}{n}\right)^2 + \cdots \right\} \leq \left(\frac{|z|}{n}\right)^2 \leq \frac{R^2}{n^2}.$$
よって $\sum_{n \geq 2R} |p_n(z)|$ は収束し,(11.7) は $\varphi(z) = \prod_{n=1}^{\infty} (1 - z/n) \, e^{z/n}$ になる.

例 11.1 関数 $\sin \pi z$ は $n \in \mathbb{Z}$ に 1 位の零点をもつ.上の注意により $q_n(z) = z/n$ ととれるから,適当な整関数 g を用いて $\sin \pi z = e^{g(z)} z \prod_{n=1}^{\infty} (1 - z^2/n^2)$ と書ける[*12].両辺の対数微分によって $\pi \cot \pi z = g'(z) + 1/z + \sum_{n=1}^{\infty} 2z/(z^2 - n^2)$ を得るが,例 9.14 で見たように右辺から $g'(z)$ を除いた部分は $\pi \cot \pi z$ に等しい (式 (9.33) 参照).よって,$g'(z) = 0 \, (z \in \mathbb{C})$ すなわち g は定数関数である.この定数は,$z \to 0$ のとき $z^{-1} \sin \pi z \to \pi$ であることから,$\log \pi$ に等しい.こうして次の乗積展開が得られた:
$$\sin \pi z = \pi z \prod_{n=1}^{\infty} \left(1 - \frac{z^2}{n^2}\right). \tag{11.8}$$

例 11.2 式 (11.8) から
$$\sin 2\pi z = 2\pi z \prod_{n \in \mathbb{N}} \left(1 - \frac{4z^2}{n^2}\right) = 2\pi z \prod_{n \in \mathbb{N}, even} \left(1 - \frac{4z^2}{n^2}\right) \prod_{n \in \mathbb{N}, odd} \left(1 - \frac{4z^2}{n^2}\right)$$

[*11)] 無限個の零点がある場合には当然 $|a_n| \to +\infty \, (n \to \infty)$ である.
[*12)] $\exp(z/n)$ は正負の n によって互いに消しあう.

$$= 2\pi z \prod_{n \in \mathbb{N}} \left(1 - \frac{4z^2}{4n^2}\right) \prod_{n \in \mathbb{N}} \left(1 - \frac{4z^2}{(2n-1)^2}\right) = 2 \sin \pi z \prod_{n \in \mathbb{N}} \left(1 - \frac{4z^2}{(2n-1)^2}\right)$$

左辺は $2 \sin \pi z \cos \pi z$ に等しいから次式を得る[*13)]：

$$\cos \pi z = \prod_{n \in \mathbb{N}} \left(1 - \frac{4z^2}{(2n-1)^2}\right) = \prod_{n \in \mathbb{Z}} \left(1 - \frac{2z}{2n-1}\right) e^{2z/(2n-1)}. \tag{11.9}$$

11.3 指定された極をもつ有理型関数の構成

この節では有理関数の部分分数分解の一般化を論じる．その1つの例は――組織的な方法によってではないが――すでに例 9.14 で見た：

$$\pi \cot \pi z = \frac{1}{z} + \sum_{k=1}^{\infty} \frac{2z}{z^2 - k^2}, \qquad z \in \mathbb{C} \setminus \mathbb{Z}. \tag{9.33}$$

別の例を挙げることもできる．

例 11.3 $\cos \pi z$ の無限積展開 (11.9) の両辺を対数微分すれば次式が得られる：

$$\pi \tan \pi z = -\sum_{n \in \mathbb{Z}} \left(\frac{1}{z - (2n-1)/2} + \frac{2}{2n-1} \right). \tag{11.10}$$

問 9.10 でも考察したように，(9.34) は絶対収束しない[*14)]から，(9.33) の右辺を無思慮に変形して (9.34) とすることはできない．一方で，式 (11.10) には，主要部にはない項 $2/(2n-1)$ が自然な形で登場している．すなわち，主要部から有理型関数を構成するには，そのすべての主要部を単純に加えただけでは不都合だが，例 11.3 が示唆するように，この困難は各項について特異性に影響をもたらさない修正を加えれば克服される．次の定理はミッターク–レフラー[*15)]の定理と呼ばれるものの特別な場合[*16)]である．

定理 11.8 複素平面内に集積しない複素数列 $(b_n)_{n=1,2,...}$ と関数列

$$S_n(z) := \sum_{k=1}^{\mu_n} \frac{\beta_k^{(n)}}{(z - b_n)^k}, \qquad n = 1, 2, \ldots \tag{11.11}$$

に対し，$\mathbb{C}$ 上の有理型関数で b_n で主要部 $S_n(z)$ をもつものが構成できる[*17)]．

[*13)] 各項を因数分解する際には収束のための項が必要であることに注意．
[*14)] $n = 0$ の項を除いた $\sum_{n \neq 0} 1/(z-n)$ が原点において収束しないことにも注意！
[*15)] Mittag-Leffler, M. G. (1846–1927). Mittag-Leffler 全部が姓．
[*16)] 一般の形は平面全体ではなく任意の領域について述べたもの．
[*17)] 任意の整関数を加える自由度は常にある．

[証明] 原点に極がある場合は後で加えれば良いから $b_n \neq 0$ とする. さらに, $0 < |b_1| \leq |b_2| \leq |b_3| \leq \cdots \to \infty$ であるとしよう. $S_n(z)$ は $\mathbb{D}(0, |b_n|)$ で正則だから, そこでテイラー級数に展開される: $S_n(z) = \sum_{k=0}^{\infty} \alpha_k^{(n)} z^k$. この級数は $\mathbb{D}(0, |b_n|)$ の任意のコンパクト集合上で絶対一様収束する. 任意の正数 R を1つとめる. $s_n \in \mathbb{N}$ を十分大きくとれば $p_n(z) := S_n(z) - \sum_{k=0}^{s_n} \alpha_k^{(n)} z^k$ は閉円板 $\overline{\mathbb{D}}(0, |b_n|/2)$ 上で, 特に $|b_n| > 2R$ ならば $\overline{\mathbb{D}}(0, R)$ 上で, $|p_n(z)| < 1/2^n$ を満たす. したがって, $\sum_{|b_n| \geq 2R} p_n(z)$ に除外された $|b_n| \leq 2R$ に対応する有限個の p_n を加えた $\sum_{n=1}^{\infty} p_n(z)$ は, 各 b_n において主要部 S_n をもつ ($\mathbb{C}$ 上の) 有理型関数である. (証明終)

例 11.4 証明における s_n の決定は個別の問題である. たとえば $S_n(z) = (-1)^n/(z-n), n \in \mathbb{Z} \setminus \{0\}$ であるとき, $s_n = 0$ とした $p_n(z)$ は $|z| < R < n/2$ である限り

$$|p_n(z)| \leq \frac{1}{n}\left\{\frac{|z|}{n} + \frac{|z|^2}{n^2} + \cdots\right\} = \frac{1}{n} \cdot \frac{|z|/n}{1 - |z|/n} < \frac{2R}{n^2}$$

を満たす. 級数 $\sum 1/n^2$ は収束するから, $\sum_{n \in \mathbb{Z} \setminus \{0\}} (-1)^n \{1/(z-n) + 1/n\}$ は $\mathbb{C} \setminus (\mathbb{Z} \setminus \{0\})$ で広義一様絶対収束する.

例 11.5 任意の複素数 z に対して $\tan z + \cot z = 2/\sin(2z)$ が成り立つから,

$$\frac{\pi}{\sin \pi z} = \frac{1}{z} + \sum_{n \in \mathbb{N}} (-1)^n \frac{2z}{z^2 - n^2}. \tag{11.12}$$

問 11.5 例 11.5 の計算を確認せよ.

11.4 ガンマ関数

自然数 n の階乗 $n! = n \cdot (n-1) \cdots 2 \cdot 1$ を複素平面全体で定義された有理型関数[18]へと拡張するために, 次の関数方程式を考える[19]:

$$f(z+1) = zf(z), \qquad f(1) = 1 \tag{11.13}$$

この方程式からただちに, $\lim_{z \to 0} zf(z) = \lim_{z \to 0} f(z+1) = 1$ が分かる. したがって, f は原点で 1 位の極をもつ. もっと一般に, 同じく式 (11.13) から, 自然数 k に対して $(z+k)f(z) = f(z+k+1)/\prod_{j=0}^{k-1}(z+j)$ が得られるので

---

[18] 整関数への拡張ができないことはすぐ後で分かる.
[19] 歴史的な理由から $f(z+1) = (z+1)f(z)$ ではなく (11.13) を考えるが, 本質的な差はない.

$$\lim_{z \to -k}(z+k)f(z) = \lim_{z \to -k} \frac{f(z+k+1)}{(z+(k-1))\cdots(z+1)\cdot z} = \frac{(-1)^k}{k!} \quad (11.14)$$

が成り立つ. すなわち, f は各 $-k$ ($k = 0, 1, 2, \ldots$) において 1 位の極をもつ. 関数 f の代わりに $g := 1/f$ を考えると, g の零点は各 $-k$ にあり, すべて 1 位である. したがって, g は整関数 h を用いて次のように表示される:
$g(z) = e^{h(z)} z \prod_{n=1}^{\infty}(1 + z/n)e^{-z/n}$. よって

$$f(z) = e^{-h(z)} \frac{1}{z} \prod_{n=1}^{\infty}\left(1 + \frac{z}{n}\right)^{-1} e^{z/n}$$

である. 関数 h を都合よく選ぶために,

$$\begin{aligned}
\frac{zf(z)}{f(z+1)} &= e^{h(z+1)-h(z)}(z+1) \lim_{n\to\infty} \prod_{k=1}^{n}\left(\frac{z+1+k}{k} \cdot \frac{k}{z+k}\right) e^{-1/k} \\
&= e^{h(z+1)-h(z)} \lim_{n\to\infty}\left\{\frac{z+1+n}{n} \exp\left(\log n - \sum_{k=0}^{n}\frac{1}{k}\right)\right\} \\
&= e^{h(z+1)-h(z)-\gamma}
\end{aligned}$$

と変形する. ここで γ は**オイラー定数** (Euler's constant) と呼ばれる数である[*20]. 特に $h(z) = \gamma z$ と選べば, f は関数方程式 (11.13) を満たす.

定義 11.2 $\mathbb{C}$ 上の有理型関数

$$\Gamma(z) := e^{-\gamma z} \frac{1}{z} \prod_{n=1}^{\infty}\left(1 + \frac{z}{n}\right)^{-1} e^{z/n} \quad (11.15)$$

を (オイラーの) **ガンマ関数** (Γ 関数, gamma function) と呼ぶ.

問 11.6 $\Gamma(z)\Gamma(1-z) = \pi/\sin(\pi z)$ を示せ.

さて,

$$\prod_{k=1}^{n}\left(1 + \frac{z}{k}\right)^{-1} = \frac{n!}{(z+1)(z+2)\cdots(z+n)},$$
$$e^{-\gamma z} \prod_{k=1}^{n} e^{z/k} z = \exp\left[z\left(-\gamma + \sum_{k=1}^{n}\frac{1}{k} - \log n\right)\right] \cdot n^z$$

であるから, ガンマ関数のガウスによる表現

$$\Gamma(z) = \lim_{n\to\infty} \frac{n! n^z}{z(z+1)(z+2)\cdots(z+n)} \quad (11.16)$$

[*20] この重要な数も最近の実解析学の基礎的な教科書で解説されることが少なくなった. その基本的な性質については, たとえば, [6], p.128 などを参照されたい.

が得られる．ここで n 回部分積分を繰り返して得られる関係式[*21)]
$$\frac{n!n^x}{x(x+1)(x+2)\cdots(x+n)} = \int_0^n \left(1-\frac{t}{n}\right)^n t^{x-1}\,dt, \qquad x>0$$
を用いて，さらに $n\to\infty$ とすれば，次の定理が得られる．

定理 11.9 次式が成り立つ[*22)]．
$$\Gamma(z) = \int_0^\infty e^{-t} t^{z-1}\,dt, \quad \operatorname{Re} z > 0. \tag{11.17}$$

問 11.7 上の定理を証明せよ．

注意 11.5 ガンマ関数は零点をもたない．

11.5 ペー関数：楕円関数序論

前節ではワイエルシュトラスの定理を用いてガンマ関数を構成したが，本節ではミッターク・レフラーの定理の応用としてペー関数を構成する．複素数 ω_1,ω_2 は $\mathbb{R}$ 上 1 次独立とし，正規化して $\operatorname{Im}(\omega_2/\omega_1)>0$ と仮定する．集合
$$\Lambda := \Lambda(\omega_1,\omega_2) = \{z\in\mathbb{C} \mid z = n_1\omega_1 + n_2\omega_2,\ (n_1,n_2)\in\mathbb{Z}\times\mathbb{Z}\} \tag{11.18}$$
を (ω_1,ω_2 で生成された) **格子** (lattice) と呼ぶ．格子 Λ によって平面の点には同値関係が導入される：$z_1 \sim z_2 \Leftrightarrow z_1 - z_2 \in \Lambda$．同値関係 $\sim$ を Λ 同値と呼ぶ．

定義 11.3 複素平面上の有理型関数 f は，任意の $\omega\in\Lambda$ に対して
$$f(z+\omega) = f(z), \quad z\in\mathbb{C} \tag{11.19}$$
を満たすとき，Λ を**周期格子** (period lattice) とする**楕円関数** (elliptic function) と呼ばれる[*23)]．このとき，点 $z_0\in\mathbb{C}$ に対し，4 点 $z_0,z_0+\omega_1,z_0+\omega_1+\omega_2,z_0+\omega_2$ を頂点とする平行 4 辺形 Π_{z_0} を (楕円関数 f の) **周期平行 4 辺形** (period parallelogram) と呼ぶ (図 11.1)．

[*21)] 実解析における議論とまったく同じ．たとえば[6]，p.153 を参照．
[*22)] Γ は右辺の積分で定められる関数の解析接続である．
[*23)] 楕円関数は **2 重周期関数** (doubly periodic function) と呼ばれることもある．後者は——実体を直接に表してはいるが——正則性などを考えずに使える言葉であるから，誤解を避けるためには楕円関数の方が適切であろう．ここで "楕円" が使われているのは偏に歴史的な理由による．楕円の周の長さを計算するためにはある無理関数の積分が必要であったが，それは初等関数では表せないもので，ここで扱う楕円関数の逆関数によって表される．

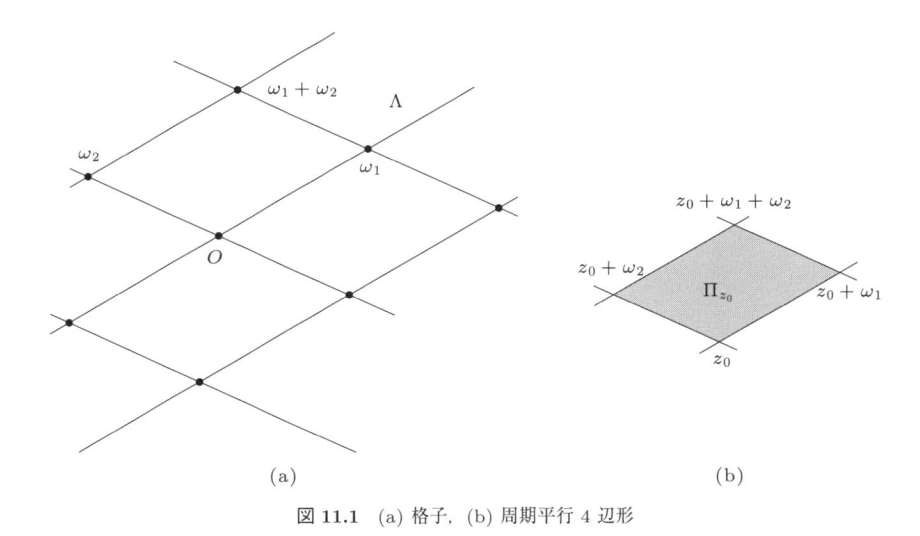

図 11.1 (a) 格子．(b) 周期平行 4 辺形

問 11.8 条件 (11.19) は「$k = 1, 2$ に対して $f(z + \omega_k) = f(z), z \in \mathbb{C}$ が成り立つ」という条件に置き換え得ることを示せ．

以下では Λ を 1 つ固定して考える．容易に分かるように

定理 11.10 周期格子 Λ の楕円関数の全体は体をなす．

Λ 同値の定義によって自然な射影 $\pi : \mathbb{C} \to \mathbb{C}/\Lambda$ がある．商空間 $T := \mathbb{C}/\Lambda$ は **輪環面** (トーラス，torus) と呼ばれるコンパクトな実 2 次元連結多様体[*24)]であるが (図 11.2)，さらにその上で定義された複素数値関数 $w = f(p)$ の点 $p_0 \in T$ での正則性を合成写像 $f \circ \pi$ の $z_0 := \pi^{-1}(p_0)$ での正則性として定義できる[*25)]．ここで z_0 の選択には無限に多くの可能性があるのだが，いったん 1 つ選んでしまえば $z = \pi^{-1}(p)$ は局所的には 1 価に定まるので．$f \circ \pi$ が複素変数の複素数値関数になる．その正則性は z_0 を (それと Λ 同値な) 他のどんな点に取り替えても変わらない．指数関数 e^z が $\mathbb{C}/2\pi i\mathbb{Z}$ 上の正則関数であったように，

[*24)] 3 角形分割可能な実 2 次元連結多様体を**曲面** (surface) と呼ぶ．
[*25)] この議論はその上の関数の正則性を論じることができる多様体としての**リーマン面** (Riemann surface) とその局所座標系 (local coordinate system) の特別な場合である．(多様体としてのリーマン面は本書の前半で触れた"被覆リーマン面"と見かけは非常に異なるが，もちろん本質的な関係がある．) トーラスは，平面あるいはリーマン球面の一部分ではなく把手をもった曲面として最も簡単なリーマン面の例であるが，アーベルやヤコビによって深く研究された．

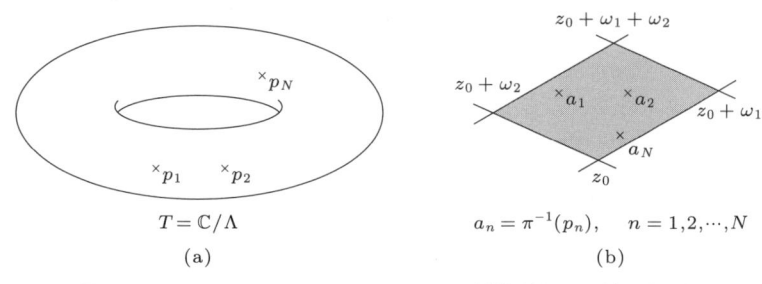

図 11.2 (a) トーラス $T = \mathbb{C}/\Lambda$ (b) 1 つの周期平行 4 辺形内にある極

定理 11.11 周期格子 Λ の楕円関数はトーラス $\mathbb{C}/\Lambda$ 上の有理型関数である.

T のコンパクト性と最大値の原理により,リューヴィルの定理に対応して

定理 11.12 正則な楕円関数は定数に限る.

非定数楕円関数 f は定理 11.12 により必ず極をもつ.$\mathbb{C}$ 全体には無限に多くの極をもつが,その Λ 同値類は有限個しかない.点 z_0 をうまく選べば周期平行 4 辺形 Π_{z_0} の周上には f の極がないようにできる.さらに,f の極の代表元 $a_1, a_2, \ldots, a_N$ はすべて Π_{z_0} の内部にあるとしてよい.このとき留数定理から

$$2\pi i \sum_{n=1}^{N} \operatorname*{Res}_{a_n} f = \int_{\partial \Pi_{z_0}} f(z)\, dz \tag{11.20}$$

が成り立つ.Π_{z_0} の 4 つの辺を $\alpha := [z_0, z_0 + \omega_1], \beta := [z_0, z_0 + \omega_2], \alpha' := [z_0 + \omega_2, z_0 + \omega_1 + \omega_2], \beta' := [z_0 + \omega_1, z_0 + \omega_1 + \omega_2]$ と記せば $\partial \Pi_{z_0} = \alpha + \beta' - \alpha' - \beta$ であるから (11.20) の右辺は

$$\int_\alpha - \int_{\alpha'} + \int_{\beta'} - \int_\beta f(z)\, dz$$

であるが,f の周期性 (11.19) により α に沿う積分と α' に沿う積分は互いに消しあう.β と β' についても同様なので,次の定理が証明された:

定理 11.13 楕円関数の留数の総和[*26)]は 0 である.

非定数楕円関数の存在を示すために,実際に有理型関数を作ってみせる.もっ

[*26)] Λ 同値類 (の代表元) の全体にわたる総和を意味する.あるいは,T 上での留数和ともいえる.

とも簡単な場合は, (i) 2つの Λ 同値類 (の代表元) の各々に 1 位の極 (留数和は 0) をもつか, (ii) ただ 1 つの Λ 同値類 (の代表元) で 2 位の極をもつか, のいずれかである. ここでは, 各格子点 $\omega := n_1\omega_1 + n_2\omega_2$ に 2 位の極をもつ楕円関数を構成する. まず, 正数 R を固定して, $|z| \leq R$, $2R \leq |\omega|$ とすると

$$\left|\frac{1}{(z-\omega)^2} - \frac{1}{\omega^2}\right| = \left|\frac{z(2\omega - z)}{\omega^2(z-\omega)^2}\right| \leq \frac{10R}{|\omega|^3} \tag{11.21}$$

が成り立つ[*27]. 一方, $\mathbb{C}$ 上の線形同相写像 T を $T(1) = \omega_1, T(i) = \omega_2$ によって定義すると, ある正数 k に対して不等式 $|T(z)| \geq k|z|$ が成り立つ[*28]から, $|n_1\omega_1 + n_2\omega_2| = |T(n_1 + n_2 i)| \geq k|n_1 + in_2| = k\sqrt{n_1^2 + n_2^2}$ を得る.

さて, 2 重数列 (n_1, n_2) を 1 列化するために, 各 $n \in \mathbb{N}$ について, 正方形 $Q_n := \{z = x + iy \in \mathbb{C} \mid |x| < n, |y| < n\}$ を考える. Q_n の周の上にある点 $(n_1, n_2) \in \mathbb{Z} \times \mathbb{Z}$ は $8n$ 個であってしかもそれらの各々については $\sqrt{n_1^2 + n_2^2} \geq n$ が成り立つ. $N \in \mathbb{N}$ を十分大きくとれば $Q_N \supset \mathbb{D}(0, 2R)$ とできるので,

$$\sum_{n \geq N} \sum_{(n_1, n_2) \in \partial Q_n} \frac{1}{|n_1\omega_1 + n_2\omega_2|^3} \leq \frac{1}{k^3} \sum_{n \geq N} \frac{8n}{n^3} \leq \frac{8}{k^3} \sum_{n \geq N} \frac{1}{n^2} < +\infty$$

が成り立つ. したがって, 級数 $\sum_{\omega \in \Lambda \setminus \{0\}} \{1/(z-\omega)^2 - 1/\omega^2\}$ は $\mathbb{C} \setminus \Lambda$ 上で広義一様絶対収束する.

定義 11.4 $\mathbb{C}$ 上の有理型関数

$$\wp(z) := \frac{1}{z^2} + \sum_{\omega \in \Lambda \setminus \{0\}} \left\{\frac{1}{(z-\omega)^2} - \frac{1}{\omega^2}\right\} \tag{11.22}$$

を (ワイエルシュトラスの) ペー関数 ($\wp$ 関数, $\wp$-function) と呼ぶ[*29].

関数 $\wp'$ は具体的に

$$\wp'(z) = -2 \sum_{\omega \in \Lambda} \frac{1}{(z-\omega)^3} \tag{11.23}$$

と書けるから, 任意の $\omega \in \Lambda$ について $\wp'(z+\omega) = \wp'(z)$ すなわち $\frac{d}{dz}(\wp(z+\omega) - \wp(z)) = 0$ が成り立つ. 特に, $k = 1, 2$ について $\wp(z+\omega_k) - \wp(z) = c_k (\in \mathbb{C})$ である. ここで $z = -\omega_k/2$ を代入すると $\wp(\omega_k) - \wp(-\omega_k/2) = c_k$ が分かる. 定義から明らかなように $\wp$ は偶関数だから, $c_k = 0$ である. したがって

[*27] 3 角不等式と仮定から $|2\omega - z| \leq 2|\omega| + R \leq 5|\omega|/2$, $|z - \omega| \geq |\omega| - Rs \geq |\omega|/2$ である.
[*28] 計算によって直接検証できる ([3], 9.1 節をも参照).
[*29] $\wp$ はドイツ語アルファベット中の p([peː]) の 1 書体 (大文字).

定理 11.14　$\wp$ は Λ を周期格子とする (非自明な) 楕円関数である.

注意 11.6　Λ を周期格子とする任意の楕円関数は $\wp$ と $\wp'$ の有理式として書ける. $\wp$ 関数の高い重要性を示すこの定理の証明を与える余裕は残念ながらここにはない.

問 11.9　楕円関数 $\wp$ は $\mathbb{C} \setminus \Lambda$ において (1 価な) 原始関数をつことを示せ.

問 11.10　どんな楕円関数も $\wp$ の原始関数にはなり得ないことを示せ.

関数 $-\wp$ の原始関数は各 $\omega \in \Lambda$ で主要部 $1/(z-\omega)$ をもつ. これを睨んで,
$$\zeta(z) := \frac{1}{z} + \sum \left\{ \frac{1}{z-\omega} + \frac{1}{\omega} + \frac{z}{\omega^2} \right\} \tag{11.24}$$
を考える. これをワイエルシュトラスのゼータ関数 (ζ 関数, zeta function) と呼ぶ. 容易に分かるように $\zeta' = -\wp$ であるから, ゼータ関数は楕円関数ではない.

問 11.11　級数 (11.24) が $\mathbb{C}$ 上で広義一様絶対収束することを示せ.

関係 $\wp = -\zeta'$ により任意の $\omega \in \Lambda$ に対し $\frac{d}{dz}(\zeta(z+\omega) - \zeta(z)) = -\wp(z+\omega) + \wp(z) = 0$ が成り立つから, ある $\eta_1, \eta_2 \in \mathbb{C}$ を用いて
$$\zeta(z+\omega_k) = \zeta(z) + \eta_k, \quad k = 1, 2$$
と書ける. 点 $z_0 \notin \Lambda$ をとると, Π_{z_0} の周上には ζ の極がない. したがって,
$$\int_{\partial \Pi_{z_0}} \zeta(z)\,dz = 2\pi i \sum_{a \in \Pi_{z_0}} \operatorname*{Res}_{a} \zeta \tag{11.25}$$
が成り立つ. 式 (11.25) の左辺は, 定理 11.13 の証明で行った議論によって
$$\int_\alpha - \int_{\alpha'} + \int_\beta - \int_{\beta'} \zeta(z)\,dz = (-\eta_2)\int_\alpha dz + \eta_1 \int_\beta dz = \eta_1 \omega_2 - \eta_2 \omega_1$$
に等しく, 右辺はただ 1 つの $\omega \in \Lambda$ によって $2\pi i \operatorname{Res}_\omega \zeta = 2\pi i$ に等しい. したがって,
$$\eta_1 \omega_2 - \eta_2 \omega_1 = 2\pi i. \tag{11.26}$$

ルジャンドルの関係式 (Legendre's relation) と呼ばれる式 (11.26) はトーラス $\mathbb{C}/\Lambda$ 上の 2 つの微分 $d\zeta(z)$ と dz の周期の間に成り立つ関係を述べたもので, 後にリーマンが周期関係式として一般化した重要な等式である.

本章の前半では，整関数および全平面での有理型関数の大域的な解析的表示について論じた．前者については無限積展開，後者については部分分数分解が具体的・構成的な表示方法であった．さらに，それぞれの応用として，自然科学や工学においても重要なガンマ関数と数学の他分野にも深く関わる楕円関数の 1 つであるペー関数を構成し，それらの初等的性質のいくつかを知った．しかし，たとえば楕円関数論を本格的に展開することは本書の程度・紙幅を超えるので，あくまでこれらの関数の構成から直接に導かれる性質を学ぶに留めた．それぞれの専門の書を繙くことをお勧めする．私たちは今，複素解析学の門をくぐったばかりで，その先には絶景もあれば荒野もあるに違いない….

演 習 問 題

11.1 不等式 $\left|\prod_{n=k}^{k'}(1+\beta_n) - 1\right| \leq \left|\prod_{n=k}^{k'}(1+|\beta_n|) - 1\right|$ を示せ．

11.2 式 (9.33) の項別微分によって $(\pi/\sin(\pi z))^2$ の部分分数分解を求めよ．

11.3 式 (11.10) の項別微分によって $(\pi/\cos(\pi z))^2$ の部分分数分解を求めよ．

11.4 $c_n := \sum_{k=1}^n 1/k - \log n$ とおいて得られる数列 (c_n) は単調減少の正項数列であることを示せ．

11.5 $\Gamma(1/2) = \sqrt{\pi}$ を示せ．

11.6 $\Gamma(n+1/2)$ を求めよ．

11.7 $\log[\Gamma(z)\Gamma(z+1/2)]$ および $\log\Gamma(2z)$ の 2 階導関数を求めよ．

11.8 ルジャンドルの 2 倍公式
$\sqrt{\pi}\Gamma(2z) = 2^{2z-1}\Gamma(z)\Gamma(z+1/2)$ を示せ．

11.9 格子 Λ に対して無限乗積
$$\sigma(z) := z \prod_{\omega \in \Lambda \setminus \{0\}} \left(1 - \frac{z}{\omega}\right) \exp\left[\frac{z}{\omega} + \frac{1}{2}\left(\frac{z}{\omega}\right)^2\right]$$
は収束して整関数を表すことを示せ（これを（ワイエルシュトラスの）シグマ関数（σ 関数，σ-function）と呼ぶ）．

11.10 シグマ関数は微分方程式 $\sigma'(z)/\sigma(z) = \zeta(z)$ を満たすことを示せ．

11.11 ω_k ($k=1,2$) に対して次の等式が成り立つことを示せ：$\sigma'(z+\omega_k)/\sigma(z+\omega_k) = \sigma'(z)/\sigma(z) + \eta_k$．さらに，この両辺を積分して，$\sigma$ が奇関数であることを用いることによって $\sigma(z+\omega_k) = -\sigma(z)\exp[\eta_k(\omega_k/2+z)]$, $k=1,2$ と書けることを示せ．

あとがき

　遅筆に執筆途中の体調不良が加わり，脱稿が大幅に遅れた．朝倉書店編集部の忍耐とご厚情には心からお礼申し上げたい．ただ少しばかりの釈明もさせていただくと，本書の話題選択と構成に時間と手間を惜しまなかったことが遅延に大きく関わっている．本書をその1冊とする「現代基礎数学」講座刊行の趣旨 (カバー折り返し) に沿うように，複素関数論の基本的な部分とその周辺を十分に含みつつ応用場面を垣間見せるためには，相応の工夫が必要であった．すべからく"ものごとの理解の仕方"には個性がありそれが文化を豊かにするのだが，この認識は多種多様な理工系学部で複素関数論を講義してみていっそう決定的に感じられた．複素関数論のように受講者の顔ぶれが多彩な科目では，たとえば正則関数の捉え方・使い方が異なって当然である．本質に近づくためのより透徹した道 (歩き易い道とは限らない！) を提示するための (1つの) 工夫として，本書では流体力学の基礎と応用に関する2つの章を設けた．その理由については「まえがき」で述べたからここには繰り返さない．これら2章をとばしても複素関数論の導入からやや進んだ段階までを十分カバーするが，数学系の学生にとっては完全流体力学の基礎を学び正則関数の深い関わりを知るよい機会であろうし，応用系の学生にとっては正則性や等角写像の意味の把握に資するものと期待する．

　著者の経験では，総じて教育に携わる者は自身の受けた教育の方法や内容を是とし，新しい講義スタイルを取り入れようとはなかなかしない．そのことが多くの理工学系学部や大学院における数学教育への批判や不信感にも繋がる．複素関数論は講義スタイルや話題の配列の工夫によってこのような不幸な事態を打開するためにも役立つと期待するのだがいかがであろうか…．

　最後に，原稿の一部または全体に詳しく目を通して多くの貴重な注意を下さった大石　勝，幡谷泰史，伊藤雅明，米谷文男の各氏に心からの感謝を述べることを忘れるわけにはゆかない．なかんずく，あたかも (最初の) 読者のように注意深く原稿を読んで下さった大石氏からは，細部にまで及ぶ多くの注意や感想を毎日のようにいただいた．彼の指摘のお蔭で解消された不備や改良は枚挙に暇がないが，残存する不備はもちろん偏に著者の責任である．

参 考 文 献

[1] 今井 功：流体力学と複素解析，日本評論社，1981.
[2] 浦川 肇：微積分の基礎，朝倉書店，2006.
[3] 北田韶彦：位相空間とその応用，朝倉書店，2007.
[4] 楠 幸男：現代の古典 複素解析，現代数学社，1992.
[5] 柴 雅和：理工系複素関数論——多変数の微積分から複素解析へ，サイエンス社，2002.
[6] 吹田信之・新保 経彦：理工系の微分積分学，学術図書出版社，1987.
[7] 細野 忍：微積分の発展，朝倉書店，2008.
[8] 堀内龍太郎・水島二郎・柳瀬眞一郎・山本恭二：理工学のための応用解析学 II：フーリエ解析・ラプラス変換，朝倉書店，2001.
[9] 溝畑 茂：解析学小景，岩波書店，1997.
[10] 渡辺 治・北野晃朗・木村泰紀・谷口雅治：数学の言葉と論理，朝倉書店，2008.
[11] 安部 齊：応用関数論，朝倉書店，1981.
[12] 今井 功：等角写像とその応用，岩波書店，1979.
[13] 楠 幸男：函数論——リーマン面と等角写像，朝倉書店，1973 (2011 復刊).
[14] 柴 雅和：関数論講義，森北出版，2000.
[15] 竹内端三：楕円関数論，岩波書店，1936.
[16] 辻 正次：函数論 (上・下)，朝倉書店，1952 (復刊 2004).
[17] 戸田盛和：楕円関数入門，日本評論社，2001.
[18] 中井三留：リーマン面の理論，森北出版，1980.
[19] 日野幹雄：流体力学，朝倉書店，1992.
[20] 山口博史：複素関数，朝倉書店，2003.
[21] Ahlfors, L. V.: Complex Analysis, 3rd ed., McGraw-Hill, 1979 (笠原乾吉訳：複素解析，現代数学社，1982).
[22] Klein, F.: Über Riemann's Theorie der Algebraischen Functionen und Ihrer Integrale, Teubner, 1882 (英訳：On Riemann's Theory of Algebraic Functions and Their Integrals, Macmillan, 1893 (Dover Reprint 1963).
[23] Meyer, R. E.: Introduction to Mathematical Fluid Dynamics, Wiley-Interscience, 1971 (Dover Reprint 1982).
[24] Milne-Thomson, L. M.: Theoretical Hydrodynamics, 5th ed. Macmillan, 1979.

[25] Springer, G.: Introduction to Riemann Surfaces, Addison–Wesley, 1957 (Reprint: 2nd ed., Chelsea, 1981).

[26] Wieghardt, K.: Theoretische Strömungslehre, 2. Aufl. B.G.Teubner, 1974.

　複素解析あるいは流体力学の教科書・参考書は訳書を含め実に多いから，ここではごく限られたものだけを挙げた．まず，[1]–[10] は本書を読む際に準備あるいは参考となる事項について解説が見出せる書物である．([1] と本書との間には話題の外見的な近さはあるが，目指すところはまったく異なることに注意しておく．) 次に，[11]–[26] においては，本書と併読可能な，あるいは本書に続いて読める書物を，特にリーマン面論，流体力学，楕円関数論について例示的に挙げた．

問および章末演習問題の略解

ほぼすべての問と章末演習問題に解答例をつけた．ただし，記述は正式のものではないし，精粗も一様ではない．単なる指針として述べたものと捉えられたい．

第 1 章

問 1.1 実数 a, b, c, d を用いて $\alpha = a+ib, \beta = c+id$ と書くとき，条件は $ac - bd = 0, bc + ad = 0$ となる．もしも $\alpha \neq 0 (\Leftrightarrow a^2 + b^2 \neq 0)$ であれば [たとえば c, d を未知数と考えた連立 1 次方程式を解いて] $c = d = 0 (\Leftrightarrow \beta = 0)$ となる．**問 1.2** 実数 a について $\alpha = a + i0$ の複素数としての絶対値を $|\alpha|_\mathbb{C}$ で，実数としての絶対値を $|\alpha|_\mathbb{R}$ で，それぞれ表すとき，$|\alpha|_\mathbb{C} = \sqrt{a^2 + 0^2} = \sqrt{a^2} = |a| = |\alpha|_\mathbb{R}$. **問 1.3** 正 3 角形．**問 1.4** 順に，$1, \sqrt{3}, 1 - \sqrt{3}i, 2; 1/4, -\sqrt{3}/4, 1/4 + (\sqrt{3}/4)i, 1/2$. **問 1.5** 中心が $1 + \sqrt{3}i$, 半径が 2 の円周の内部 (この円周は原点と $z = 2$ を通る). **問 1.6** 実数 a, b, c, d を用いて $\alpha = a+ib, \beta = c+id$ と書くとき，たとえば $|\alpha + \beta| \leq |\alpha| + |\beta|$ を示すためには実数 a, b, c, d に関する不等式 $ac + bd \leq \sqrt{a^2 + b^2}\sqrt{c^2 + d^2}$ を示せばよいが，これは容易に検証される．**問 1.7** 3 角不等式を認めるなら後半は容易：$|\operatorname{Re}\alpha + i\operatorname{Im}\alpha| \leq |\operatorname{Re}\alpha| + |i\operatorname{Im}\alpha| = |\operatorname{Re}\alpha| + |\operatorname{Im}\alpha|$. 前半は $|\alpha| = \sqrt{|\operatorname{Re}\alpha|^2 + |\operatorname{Im}\alpha|^2} \geq \sqrt{|\operatorname{Re}\alpha|^2} = |\operatorname{Re}\alpha|$ など．**問 1.8** (前半) 帰納法による．$n = 2$ のとき：$|\alpha_1\beta_1 + \alpha_2\beta_2|^2 = |\alpha_1|^2|\beta_1|^2 + \alpha_1\bar{\alpha}_2\bar{\beta}_1\beta_2 + \alpha_2\bar{\alpha}_1\beta_1\bar{\beta}_2 + |\alpha_2|^2|\beta_2|^2 = (|\alpha_1|^2 + |\alpha_2|^2)(|\beta_1|^2 + |\beta_2|^2) - \{|\alpha_1|^2|\beta_2|^2 - \alpha_1\bar{\beta}_2\bar{\alpha}_2\beta_1 + |\alpha_2|^2|\beta_1|^2 - \alpha_2\bar{\beta}_1\cdot\bar{\alpha}_1\beta_2\} = (|\alpha_1|^2 + |\alpha_2|^2)(|\beta_1|^2 + |\beta_2|^2) - |\alpha_1\bar{\beta}_2 - \bar{\alpha}_2\beta_1|^2$. $n > 2$ について正しいとする．$A_n := \sum_{k=1}^n |\alpha_k|^2, B_n := \sum_{k=1}^n |\beta_k|^2, C_n := \sum_{k=1}^n \alpha_k\beta_k$ とおくと，$A_{n+1}B_{n+1} - |C_{n+1}|^2 = (A_n + |\alpha_{n+1}|^2)(B_n + |\beta_{n+1}|^2) - |C_n + \alpha_{n+1}\beta_{n+1}|^2 = \{A_nB_n - |C_n|^2\} + \{A_n|\beta_{n+1}|^2 + B_n|\alpha_{n+1}|^2 - \{C_n\bar{\alpha}_{n+1}\bar{\beta}_{n+1} + \bar{C}_n\alpha_{n+1}\beta_{n+1}\}$ 最終辺に現れた $\{\cdots\}$ の形の 2 つの項について，第 1 項は帰納法の仮定から $\sum_{1\leq k<l\leq n} |\alpha_k\bar{\beta}_l - \bar{\alpha}_k\beta_l|^2$ に等しく，第 2 項は $\sum_{k=1}^n \{|\alpha_k|^2|\beta_{n+1}|^2 + |\alpha_{n+1}|^2 - \alpha_k\beta_k\bar{\alpha}_{n+1}\bar{\beta}_{n+1} - \bar{\alpha}_k\bar{\beta}_k\alpha_{n+1}\beta_{n+1}\} = \sum_{k=1}^n |\alpha_k\bar{\beta}_{n+1} - \alpha_{n+1}\bar{\beta}_k|^2$ に等しい．これらを併せると $\sum_{1\leq k<l\leq n+1} |\alpha_k\bar{\beta}_l - \alpha_l\bar{\beta}_k|^2$ となって期待された式を得る．(後半) ある複素数 λ について $\alpha_k = \lambda\bar{\beta}_k$ $(k = 1, 2, \ldots, n)$ が成り立っているときかつそのとき．**問 1.9** $2\sqrt{2}, 3\pi/4$. **問 1.10** 順に，$\cos(\pi/2) + i\sin(\pi/2), 2(\cos(2\pi/3) + i\sin(2\pi/3)), \sqrt{2}(\cos(7\pi/4) + i\sin(7\pi/4)), 2(\cos\pi + i\sin\pi)$. **問 1.11** $n = 1$ のときは明らか．自然数 k についてド・モアヴルの公式が成り立っていると仮定すれば，よく知られた 3 角関数の加法定理によって $(\cos\theta + i\sin\theta)^{k+1} = (\cos\theta + i\sin\theta)(\cos\theta + i\sin\theta)^k = (\cos\theta + i\sin\theta)(\cos k\theta + i\sin k\theta) = (\cos\theta\cos k\theta - \sin\theta\sin k\theta) + i(\cos\theta\sin k\theta + \sin\theta\cos k\theta) = \cos(k+1)\theta + i\sin(k+1)\theta$. また，$n < 0$ のときには $(\cos\theta + i\sin\theta)^{-1} = \cos(-\theta) + i\sin(-\theta)$ に注意して上の結果を用いればよい．**問 1.12** $k = 0, 1, 2, 3$ に対する $2(\cos(2k+1)\pi/4 + i\sin(2k+1)\pi/4)$ であるが，具体的には $\pm\sqrt{2}(1+i), \pm\sqrt{2}(1-i)$. **問 1.13** 任意の点 $z_0 \in \mathbb{D}(\alpha, r)$ に対して円板 $\mathbb{D}(z_0, r - |\alpha - z_0|)$ は $\mathbb{D}(\alpha, r)$ に含まれる．$\overline{\mathbb{D}}(\alpha, r)$ の補集合が開集合であることが上と同様に示されるので，定義によって $\overline{\mathbb{D}}(\alpha, r)$ は閉集合である．また，任意の点 $z_0 \in \mathbb{H}$ に対して円板 $\mathbb{D}(z_0, \operatorname{Im} z_0)$ を考えれば，$\mathbb{H}$ が開集合であることが分かる．**問 1.14** $C(\alpha, r)$ の補集合

は2つの開集合 $\mathbb{D}(\alpha,r)$ および $\mathbb{C} \setminus \overline{\mathbb{D}}(\alpha,r)$ の合併集合として開集合である．問 **1.15** F の補集合は開集合であるから，任意の $\alpha \notin F$ に対して，適当な正数 ε をとれば $\mathbb{D}(\alpha,\varepsilon) \cap F = \emptyset$．これは F の点 α_n が α に収束することに反する．問 **1.16** 複素数列 (α_n) が有界ならば，$a_n := \operatorname{Re}\alpha_n, b_n := \operatorname{Im}\alpha_n$ はいずれも有界実数列である．まず最初に (a_n) から収束部分列 (a_{n_k}) を選び出し，次に列 (b_{n_k}) から収束する部分列を選びだせばよい．問 **1.17** f は $\mathbb{C}$ 全体で，g と h は $\mathbb{C} \setminus \{0\}$ で，それぞれ連続．$h(0) = 0$ と定義すれば h は原点でも連続であるが，g は $z = 0$ でどのように定義してもそこで連続にはなり得ない．問 **1.18** 単位円周を時計回りに回る曲線 $z(t) = \cos t - i\sin t$ ($t \in [0, 2\pi]$)．問 **1.19** γ を指定された向きに辿り，終点から逆向きに始点まで戻る曲線．曲線としては，定値写像によって定義される曲線と区別される．問 **1.20** 連結集合 $S(\subset \mathbb{C})$ と連続写像 $f: S \to \mathbb{C}$ があったとする．任意の 2 点 $w_1, w_2 \in f(S)$ に対して $w_1 = f(z_1), w_2 = f(z_2)$ を満たす 2 点 $z_1, z_2 \in S$ がある．集合 S は弧状連結だから，z_1 を始点，z_2 を終点とする S 内の曲線 $\gamma : z = z(t), t \in [0,1]$ がある．γ の像曲線 $w = f(z(t)), t \in [0,1]$ は $f(S)$ 内にあって，始点は w_1，終点は w_2 である．したがって $f(S)$ は [弧状] 連結．問 **1.21** $\pi_N^{-1}(z) = ((z+\bar{z})/(|z|^2+1), -i(z-\bar{z})/(|z|^2+1), (|z|^2-1)/(|z|^2+1))$．

第 1 章演習問題

1.1 $\tau = 2i\sqrt{a^2-1}, \tau^2 - 6 = -2(2a^2+1), \tau^5 = 32i(a^2-1)^{5/2}$．**1.2** $z = 3 + 3\sqrt{3}i (= 3i(\sqrt{3}-i)), \sqrt{3}+i$．**1.3** $z = a, a \pm \sqrt{a^2-1}$．**1.4** "$|\alpha| > 1$ かつ $|\beta| > 1$" あるいは "$|\alpha| < 1$ かつ $|\beta| < 1$" のとき．**1.5** 任意の実数 t について $0 \le \sum_{k=1}^n |\alpha_k + t\beta_k|^2 = \sum_{k=1}^n (|\alpha_k|^2 + 2t\operatorname{Re}[\alpha_k\bar{\beta}_k] + t^2|\beta_k|^2) = \sum_{k=1}^n |\alpha_k|^2 + 2t\operatorname{Re}\sum_{k=1}^n \alpha_k\bar{\beta}_k + t^2 \sum_{k=1}^n |\beta_k|^2$ であることに注意して実数の場合の証明を思い出せば，$(\operatorname{Re}\sum_{k=1}^n \alpha_k\bar{\beta}_k)^2 - \sum_{k=1}^n |\alpha_k|^2 \sum_{k=1}^n |\beta_k|^2 \le 0$ (不等式 (1.16) とその脚注を参照)．**1.6** $\cos[(2k+1)\pi/n] + i\sin[(2k+1)\pi/n]$ ($k = 0,1,2,\ldots,n-1$)．**1.7** 2 点 $\pm i$ を焦点とする楕円 $x^2 + y^2/2 = 1$．**1.8** 双曲線 $2x^2 - 2y^2 = 1$ の 2 つの枝のうち $x > 0$ にあるものの右側．コンパクトではないが連結ではある．**1.9** $e - 1/e$．**1.10** 正 3 角形．**1.11** $\mathbb{R}^3$ 内で平面 $\Pi : a\xi + b\eta + c\zeta = d$ を考える．ここで，a, b, c, d は実数で，$\Pi \cap \Sigma \neq \emptyset$ であるのは $a^2 + b^2 + c^2 \ge d^2$ のとき．$\Pi \cap \Sigma$ を $\mathbb{C}$ に射影したものは $2ax + 2by + c(|z|^2 - 1) = d(|z|^2 + 1)$ であるが，これは $c = d$ のときは直線 $ax + by = c$ を，また $c \neq d$ のときには (1 点に退化し得る) 円周 $(x + a/(c-d))^2 + (y + b/(c-d))^2 = \{(a^2+b^2+c^2) - d^2\}/d^2$ を表す．平面上の直線に写される球面上の円周は $c = d$ を満たすものであるが，これは北極 $(0,0,1)$ を通る円周．**1.12** この対応を $(\xi, \eta, \zeta) \to (\xi', \eta', \zeta')$ で表せば，$\xi' = \xi, \eta' = \eta\cos\theta - \zeta\sin\theta, \zeta' = \eta\sin\theta + \zeta\cos\theta$ である．したがって，$z \in \mathbb{C}$ がこの回転によって写された点は $z' = (\xi' + i\eta')/(1 - \zeta') = \{\sin\theta z\bar{z} + i(1 + \cos\theta)z + i(1-\cos\theta)\bar{z} - \sin\theta\}\{(1-\cos\theta)z\bar{z} + i\sin\theta(z - \bar{z}) + (1+\cos\theta)\}^{-1}$ となるが，ここで関係式 $(1-\cos\theta)/\sin\theta = \sin\theta/(1+\cos\theta) (= \tan(\theta/2))$ に注意して分母子に共通にある $\bar{z}$ の 1 次式を取り去れば，z だけで書き表された式 $z' = (z + i\tau)(1 + i\tau z)^{-1}, \tau := \tan(\theta/2)$ を得る ($\theta = \pi$ ときは $z' = 1/z$)．(なお，一般の軸に対する結果については問題 8.7 を参照．) **1.13** 式 (1.23) の両辺を t で微分して $t = 0$ とおき，得られたベクトルを長さ 1 に正規化すればよい．求める単位接ベクトルは $(x_0^2 + y_0^2 + 1)^{-1}[-a(x_0^2 - y_0^2 - 1) - 2bx_0 y_0, -2ax_0 y_0 + b(x_0^2 - y_0^2 + 1), 2(ax_0 + by_0)]$．

第 2 章

問 **2.1** $c_1 e^{\lambda_1 t} + c_2 e^{\lambda_2 t} = 0$ であったとすれば $c_1 + c_2 e^{(\lambda_2 - \lambda_1)t} = 0$ である．これより (たとえば両辺を微分して $c_2(\lambda_2 - \lambda_1)e^{(\lambda_2 - \lambda_1)t} = 0$ であるから) $c_2 = 0$，したがってまた $c_1 = 0$．問 **2.2** $c_1 \sin t + c_2 \cos t = 0$ であったとすれば，微分して $c_1 \cos t - c_2 \sin t = 0$ を得るが，$\sin^2 t + \cos^2 t = 1 \neq 0$ なので $c_1 = c_2 = 0$．問 **2.3** (1), (4), (5), (6) はオイラーの公式からただちに分かる．(2), (3) については $|e^{x+iy}| = \sqrt{e^{2x}\cos^2 y + e^{2x}\sin^2 y} = e^x$ から分かる．問 **2.4** $= -e(1 + \sqrt{3}i)/2$．問 **2.5** いずれの主張も本問直前の説明から明白．

問および章末演習問題の略解　　　　　　　　　　　213

第 2 章演習問題

2.1 $-1+i$, $-1/2-\sqrt{3}i/6$. **2.2** $z = \log 2 + (7/4+2k)\pi i$, $k \in \mathbb{Z}$. **2.3** z が純虚数であること. **2.4** まず $f(x+y) = f(x)f(y)$ において $x = y = 0$ とすれば $f(0) = 0$ または $f(0) = 1$. 前者のとき, 任意の y について $f(y) = f(0)f(y) = 0$. 後者のとき, $f(x+y) - f(x) = f(x)\{f(y)-1\} = f(x)\{f(y)-f(0)\}$ だから, f は任意の x においても微分可能で $f'(x) = f(x)f'(0) = af(x)$ $(a := f'(0))$. f は非定数関数だから $a \neq 0$ であって $f(x) = ke^{ax}$ と書ける $(k \neq 0)$ が, $f(0) = 1$ ゆえ $f(x) = e^{ax}$. **2.5** 前問と同様の考え方に従い, $f(x) = bx$ を知る.

第 3 章

問 3.1 (c_1, c_2) は一般に 2 組ある (未知数 t の 2 次方程式 $4t^2 - 4t(u+1) - v^2 = 0$ の正の解の平方根). **問 3.2** 直角双曲線 $xy = c_2/2$. **問 3.3** 直線 $\alpha z + \bar{\alpha}\bar{z} = c$ ($\alpha \in \mathbb{C}, c \in \mathbb{R}$) の反転 $z \mapsto 1/z$ による像は, $c = 0$ ときは直線 $\alpha\bar{w} + \bar{\alpha}w = 0$, $c \neq 0$ のときは円周 $|w - \alpha/c| = |\alpha/c|$. (いずれの場合にも像は原点 $w = 0$ を通る.) **問 3.4** $T_\zeta(\bar{z}) = (\bar{z}-\zeta)/(\bar{z}-\bar{\zeta}) = \overline{(z-\bar{\zeta})/(z-\zeta)} 1/\overline{T_\zeta(z)}$. **問 3.5** 非調和比の値が実数であること. **問 3.6** 楕円 (3.14) および双曲線 (3.15) の交点は, 適当な R, Θ に対する $z = Re^{i\Theta}$ の像点 $J(Re^{i\Theta}) = (R+1/R)\cos\Theta + i(R-1/R)\sin\Theta$ であり, そこでの接ベクトルはそれぞれベクトル $[\cos\Theta/(R+R^{-1}), \sin\Theta/(R-R^{-1})]$ および $[(R+R^{-1})/\cos\Theta, -(R-R^{-1})/\sin\Theta]$ に直交する. これらは互いに直交するから 2 つの接線もまた直交する. **問 3.7** $(w-2)/(w+2) = ((z-1)/(z+1))^2$. **問 3.8** $(8-15i)/17$. **問 3.9** いずれも双曲線関数, 3 角関数の定義から直接的. **問 3.10** 両式とも 3 角関数の加法定理 (定理 3.11) と前問とからただちに従う (証明から分かるように, これらの等式は x, y が一般の複素数であってもそのまま成立する). **問 3.11** 問 3.10 の第 2 式と正弦関数および双曲線関数の半角公式とから, $|\sin(x+iy)|^2 = \sin^2 x + \sinh^2 y = \{1-\cos(2x)\}/2 + \{\cosh(2y)-1\}/2 = \{\cosh(2y) - \cos(2x)\}/2$. **問 3.12** 点 $a + ib$ の像点は問 3.10 で見たように $\sin(a+ib) = \sin a \cosh b + i \cos a \sinh b$ である. この点での双曲線 (3.19) と楕円 (3.20) の接ベクトルは, それぞれベクトル $[\cosh b/\sin a, -\sinh b/\cos a], [\sin a/\cosh b, \cos a/\sinh b]$ に直交するが, 容易に分かるようにこれらは互いに直交するから, 双曲線 (3.19) と楕円 (3.20) とは直交する. **問 3.13** 基本集合の一例: 領域 $\{0 < \operatorname{Re} z < \pi\}$ に 2 つの半直線 $\{\operatorname{Re} z = 0, \operatorname{Im} z \geq 0\}$ および $\{\operatorname{Re} z = \pi, \operatorname{Im} z \leq 0\}$ を併せた集合. リーマン面については割愛. **問 3.14** $\log\sqrt{2} + i\pi/4$. **問 3.15** $w = -i\log(iz + \sqrt{1-z^2})$ $(= i\log(-iz + \sqrt{1-z^2}))$. 多価性に関しては平方根関数と対数関数の 2 つの点から議論せねばならない (詳細略). **問 3.16** $e^{-(2m+1/2)\pi}$, $m \in \mathbb{Z}$.

第 3 章演習問題

3.1 直線 $u =$ const. に写る点 $z = r(\cos\theta + i\sin\theta)$ は $u = r^3\cos 3\theta$, $v = r^3\sin\theta$ を満たすから, $u =$ const. となる z は図のような曲線を描くことが分かる. $v =$ const. についても同様である. 逆に, $x =$ const. を調べるためには w を極座標表示するのがよいであろう. **3.2** 群をなすことは容易に検証できる. 単位元は恒等写像 $z \mapsto z$, $w = (az+b)/(cz+d)$ の逆元は逆変換 $z = (dz-b)/(-cz+a)$ であることも容易にわかる. 可換でないことは例をもって示せばよい. たとえば, $T(z) = z+1, S(z) = 1/z$ について, $(T \circ S)(z) = 1/z + 1, (S \circ T)(z) = 1/(z+1)$ であって, これらは同一のメービウス変換ではない. **3.3** 対応 $SL(2, \mathbb{C}) \ni \begin{pmatrix} a & b \\ c & d \end{pmatrix} \mapsto T(z) = \dfrac{az+b}{cz+d} \in \text{Möb}$, が上への群準同型であることは上の問題を利用すれば容易にわかる. この準同型の核は $\pm I$ であることもすぐにわかるから, 群の準同型定理によって期待された結果を得る. **3.4** まず, 変換 T が無限遠点を不動点とするのは $c = 0$ のときかつそのときである. このとき $a \neq 0, d \neq 0, ad = 1$ であることに注意しよう. したがって $T(z) = (a/d)z + (b/d)$ であり,

$a = d$ のとき T は無限遠点のほかには不動点をもたず,$a \neq d$ のとき T はもう1つ不動点 $b/(d-a)$ をもつ.さて,$c \neq 0$ のときには,T の有限な不動点 z は2次方程式 $cz^2 + (d-a)z - b = 0$ を満たす.この2次方程式の判別式は $(d-a)^2 + 4bc = (d+a)^2 - 4$ であるから,$\tau^2 = 4$ のときは異なる2つの(有限な)不動点,$\tau^2 = 4$ のときにはただ1つの有限な不動点をもつ.ここで前半の結果を振り返ろう.不動点が(無限遠点のみ)ただ1点であるのは $c = 0, ad = 1, a = d$ であったが,これは $a = d = 1$ あるいは $a = d = -1$ の場合,すなわち $\tau^2 = 4$ の場合にほかならない.したがって,メービウス変換がリーマン球面上にもつ不動点の個数は,高々2個であって,ただ1点であるのは $\tau^2 = 4$ のときそのときに限られる.**3.5** 任意の複素数 $\mu \neq 0$ を用いて関係 $\dfrac{w-\alpha}{w-\beta} = \mu \dfrac{z-\alpha}{z-\beta}$ によって定義される $w = T(z)$ はたしかにメービウス変換であって,すでに2点 α, β の像が決まっている.もう1つ,任意の点 $\gamma \in \mathbb{C}$ の像 $T(\gamma)$ を指定することによって μ も定まる.$\mu = 1$ は T が恒等変換のとき.$\beta = \infty$ の場合には,T は $w - \alpha = \mu(z - \alpha)$ によって得られる.**3.6** $\tau^2 = \mu + 1/\mu + 1$. **3.7** $\mathbb{C}_z$ の円周(または直線)K の上に異なる3点 z_1, z_2, z_3 をとるとき,問3.5によって $z \in K \Leftrightarrow [z_1, z_2; z_3, z] \in \mathbb{R}$ であるが,メービウス変換 T に対しては $[T(z_1), T(z_2); T(z_3), T(z)] = [z_1, z_2; z_3, z] \in \mathbb{R}$ であるから,$T(z)$ は $T(z_1), T(z_2), T(z_3)$ で決まる円周(または直線)上にある(もちろん定理3.4を用いずに問3.5を証明しておくことが前提である).**3.8** 円周 K_{ia} 上の点 z は2点 $-1, 1$ を結ぶ線分を見込む角が一定 $(= \theta)$ である.他方で,$(w-2)/(w+2) = \{(z-1)/(z+1)\}^2$ が成り立つ(問3.7)から,$\arg\{(w-2)/(w+2)\} = 2\{\arg(z-1) - \arg(z+1)\} = 2\theta$.すなわち $J(K_{ia}^+)$ は2点 $-2, 2$ を結ぶ線分を見込む角が 2θ の円弧である.次に,$J(K_{ia}^-)$ 上の z については $\arg(z-1) - \arg(z+1) = -(\pi - \theta)$ であるから $\arg\{(w-2)/(w+2)\} = 2\{\arg(z-1) - \arg(z+1)\} = 2(\theta - \pi) \equiv 2\theta \pmod{2\pi}$,すなわち集合としては $J(K_{ia}^-) = J(K_{ia}^+)$ である(例3.8参照).**3.9** $\sqrt{3}(e + e^{-1})/4 - i(e - e^{-1})/4$. **3.10** 任意の複素数 $\alpha, \beta \ (\alpha\beta \neq 0)$ に対して成り立つ等式 $(\alpha + \alpha^{-1})(\beta + \beta^{-1}) + (\alpha - \alpha^{-1})(\beta - \beta^{-1}) = 2(\alpha\beta + (\alpha\beta)^{-1})$,$(\alpha + \alpha^{-1})(\beta - \beta^{-1}) + (\alpha - \alpha^{-1})(\beta + \beta^{-1}) = 2(\alpha\beta - (\alpha\beta)^{-1})$ において $\alpha = e^{z_1}, \beta = e^{z_2}$ の場合を考えればよい.**3.11** $w = -i/2 \log[(i-z)/(i+z)]$(対数関数の分枝は $\log 1 = 0$).**3.12** $e^{(3/2 + 2k)\pi}, k \in \mathbb{Z}$. **3.13** 取り得る値は $m \in \mathbb{Z}$ を動かした $(1 + \sqrt{3}i)^{\pi i/\log 2} = \exp\{\pi i/\log 2 \times \log(1 + \sqrt{3}i)\} = \exp[\pi i/\log 2 \times \{\log 2 + (2m\pi + \pi/3)i\}] = \exp[\pi i - (2m + 1/3)\pi^2/\log 2] = -\exp[-(2m + 1/3)\pi^2/\log 2]$ であるが,これらはすべて実数である.たとえば $m = 0$ のときには $-\exp[-\pi^2/\log 8]$ である.

第4章

問4.1 $\operatorname{div} \boldsymbol{v}_1 = 0$,$\operatorname{div} \boldsymbol{v}_2 = 0, \operatorname{div} \boldsymbol{v}_3 = a + b$. $\boldsymbol{v}_3$ はもし $a + b \neq 0$ ならば完全流体の流れ速度ベクトル場ではあり得ない.**問4.2** $\lambda = -1$.図省略.**問4.3** 循環および流束は,$\boldsymbol{v}_1, \boldsymbol{v}_2, \boldsymbol{v}_3$ の順に,$2\pi, 0, 0$ および $0, 0, \pi(a+b)$.**問4.4** $\Delta u_1 = 2 - 2 = 0, \Delta u_2 = 2 + 2 = 4 \neq 0$.また,$\Delta u_3 = 0 + 0 = 0$ であるから u_3 は全平面で調和.**問4.5** 例4.7における u, v が入れ替わった場合のように見えるが,対 (v, u) ではなく対 $(v, -u)$ を考える必要がある.**問4.6** 問題3.1およびその略解を参照.**問4.7** 複素速度ポテンシャルは $(\alpha + i\delta)z^3$,複素速度は $3(\alpha + i\delta)z^2$. **問4.8** 極座標を用いれば $dx = \cos t\, dr - r \sin t\, dt, dy = \sin t\, dr + r \cos t\, dt$ である.$z = 1$ に始点をもち,原点から出る半直線と原点を中心とする円周[それぞれの一部]からなる曲線を積分路としてとると,速度ポテンシャル u,流れ関数 v がそれぞれ $-\cos t/r, \sin t/r$ であることが分かる.したがって複素速度ポテンシャルは $-(\cos t - i \sin t)/r = -r(\cos t - i \sin t)/r^2 = -\bar{z}/(z\bar{z}) = -1/z$. **問4.9** いずれの場合も発散はないが,非回転的であるのは $\lambda = -1$ のときだけ.そのとき流れ関数は $-\log \sqrt{x^2 + y^2}$ であるが,速度ポテンシャルは(円環領域 $\mathbb{A}(0; R_1, R_2)$ 全体では多価な)$\tan^{-1}(y/x)$. **問4.10** この問題の解答は,本文にもあるように,後述.**問4.11** 問4.9で知ったことから,速度ポテンシャル,流れ関数はそれぞれ $\tan^{-1}(y/x), -\log \sqrt{x^2 + y^2}$ である.し

問および章末演習問題の略解　　　　　　　　　　　215

したがって，複素速度ポテンシャルは $\tan^{-1}(y/x) - i\log\sqrt{x^2+y^2} = \arg z - i\log|z| = -i\log z$ である．

第4章演習問題

4.1 0, 6π, $-9\pi/2$, 0, 16, $-40/3$. **4.2** それぞれの線積分を直接計算することもできるが，$\int_\gamma y\,dx + \int_\gamma x\,dy$ を $\mathbb{D}(0,\sqrt{2})$ 上の2重積分に書き直してその値が0であることを示してもよい．さらに $\int_\gamma y\,dx + \left(-\int_\gamma x\,dy\right) = \iint_{\mathbb{D}(0,\sqrt{2})}(-2)dxdy = -2\pi(\sqrt{2})^2 = -4\pi$ であるから，求める値は -2π である．**4.3** 命題4.3およびその証明を参照．"G 内にある任意の長方形"はその周だけではなく内部もすっぽりと G に含まれることが必要．**4.4** (1), (2) ともに，いわゆる鎖の法則を丁寧に用いればよい．**4.5** 条件を満たす関数 $u(r)$ について前問で得た公式を適用する．$\partial/\partial r$ を簡単に "$'$" によって表せば，$(ru')' = 0$ が得られるが，これからただちに $u(r) = a\log r + b\,(a,b\in\mathbb{R})$ を知る．**4.6** 流束の計算に相当する．**4.7** 定理4.10による．

第5章

問5.1 $\operatorname{div}(\operatorname{grad} f = \operatorname{div}(f_x\boldsymbol{i} + f_y\boldsymbol{j} + f_z\boldsymbol{k}) = (f_x)_x + (f_y)_y + (f_z)_z = \triangle f$. **問5.2** $\nabla\cdot\nabla = \triangle$ は定義式 (5.7) から直接的であるが，他方で前問の結果から $\triangle f = \operatorname{div}(\operatorname{grad} f) = \nabla\cdot(\nabla f)$ でもある．**問5.3** $d(f^*) = (f^*)_x dx + (f^*)_y dy = -f_y dx + f_x dy = (f_x dx + f_y dy)^* = (df)^*$. **問5.4** 直接的検証により明らか（前問も参照）．**問5.5** 等式 (5.15) から $\int_0^{2\pi} u(\rho\cos\theta,\rho\sin\theta)\,d\theta - \int_{C_\rho} v\,du^*$ は ρ によらないことが分かる．他方で，注意5.6によって $\int_{C_\rho} du^*$ もまた ρ によらない．最後に C_ρ 上での v の性質を使えば問題に述べられた等式を得る．**問5.6** このような流線があれば，その曲線で囲まれた領域で調和な関数である流れ関数は（最大値の原理によって）定数であるから，流れは静止したままである．等ポテンシャル線と速度ポテンシャルについても同様な主張ができる．**問5.7** 関数 $\log\sqrt{x^2+y^2}$ が原点から離れた点では調和であることと式 (5.19) および (5.20) とから，微分操作の順序交換を経て示される（順序交換可能であるための条件には注意を払え）．

第5章演習問題

5.1 関数 $h(x,y) := u(x,y) - v(x,y)$ は $\overline{\mathbb{D}}$ で連続，$\mathbb{D}$ では調和である．最大値の原理によって $h(x,y) \leq 0\,((x,y)\in\mathbb{D})$ であり，最小値の原理によって $h(x,y) \geq 0\,((x,y)\in\mathbb{D})$ であるから，$\mathbb{D}$ 上で $h(x,y)$ は恒等的に0である．**5.2** 容易にわかるように関数 $v(x,y) := x = r\cos\theta\,(r\in[0,1],\theta\in[0,2\pi))$ は $\mathbb{D}$ で調和で，$\overline{\mathbb{D}}$ で連続である．しかも単位円周上では $u(x,y) = \cos\theta = v(x,y)$ である．したがって，前問題で示したことから $u = x$ に限られる．後半についても同様にして，$u(x,y) = x^2 - y^2 + 1$. **5.3** 問題にあるような関数 u は定数 α,β によって $\dfrac{1}{2\pi}\int_0^{2\pi} u(r\cos\theta,r\sin\theta)\,d\theta = \alpha\log r + \beta,\,0 < r \leq 1$ を満たす (問5.5). u の原点での連続性によって $\lim_{r\to 0}\dfrac{1}{2\pi}\int_0^{2\pi} u(r\cos\theta,r\sin\theta)\,d\theta = u(0,0)$ が成り立つから，$\alpha = 0$, $\beta = \dfrac{1}{2\pi}\int_0^{2\pi} u(r\cos\theta,r\sin\theta)\,d\theta$ である．$r = 1$ の場合から $\beta = 1$ が，また $r\to 0$ として $\beta = u(0,0) = 0$ が分かる．これは矛盾である．**5.4** $\triangle(h^2) = 2h|\operatorname{grad} h|^2 + 2h\triangle h$. **5.5** $u_{xx} = 12x^2 - 12y^2$, $u_{yy} = -12x^2 + 12y^2$ であるから，$\triangle u = 0$. グラフ略．**5.6** 2回連続的微分可能な1変数関数 $f(t)$ が $t = t_0$ で極大値になることから $f''(t_0) > 0$ を引き出すところに不備がある；$f(t) = t^4$ の例が示すように，$f''(t_0) \geq 0$ までしか主張できない．なお，前問題をも参照のこと．**5.7** 定理5.3の式 (5.17) の両辺に ρ をかけて0から ρ

まで積分すればよい． **5.8** 基本的に単位円板におけるポアソン核を用いた証明と変わらない．
5.9 $u_{xx} = (y^2 - x^2 - xR)[4R^3\sqrt{R+x}]^{-1}$, $u_{yy} = (x^2 - y^2 + xR)[4R^3\sqrt{R+x}]^{-1}$ である ($R := \sqrt{x^2 + y^2}$) から，$\Delta u = 0$．

第6章

問 6.1 $z = 0$ のみで複素微分可能 ($h(z) = \bar{z}^2$ と書けるから，$(h(z+h) - h(z))/h = (2\bar{z} + \bar{h}) \cdot (\bar{h}/h)$．これが $h \to 0$ のときに有限確定な極限値をもつのは $\bar{z} = 0$ のときのみ．) **問 6.2** $-2/7 - 4i/35$． **問 6.3** $r \cdot \partial u/\partial r = \partial v/\partial \theta$, $r \cdot \partial v/\partial r = -\partial u/\partial \theta$ **問 6.4** $\partial R/\partial x = R \cdot \partial \Theta/\partial y$, $\partial R/\partial y = -R \cdot \partial \Theta/\partial x$． **問 6.5** 存在しない (問 6.1 との関係に注意)． **問 6.6** $a = 1, b = -1$． **問 6.7** $f(z) = Re^{i\Theta}$ において $R = |f(z)| = \text{const.}$ が G 上で成り立っていればコーシー・リーマン関係式によって $\partial \Theta/\partial y = 0$, $\partial \Theta/\partial x = 0$．したがって G 上で $\Theta = \text{const.}$ である． **問 6.8** たとえば複素コーシー・リーマン関係式を検証する．議論を明確にするために $\bar{z}$ を新しい変数と見て ζ と書くとき，$\partial F(z)/\partial \bar{z} = \overline{\partial \bar{F}(z)/\partial z} = \overline{\partial f(\zeta)/\partial \zeta} = 0$． **問 6.9** 原点，円内の点 z_0，単位円周上の点 z を頂点とする3角形に第2余弦定理を適用すればよい． **問 6.10** たとえば，帯状領域 $\{z \in \mathbb{C} \mid 0 \le \text{Im}\, z < 2\pi\}$． **問 6.11** 関数 $w = z^2$ の指定された領域における正則性・単葉性と 3.1 節 (特に問 3.2 を見よ) により明らか．像領域は $\{\text{Im}\, w > 1/2\}$ である． **問 6.12** (1) については，関数 $w = \sqrt{z}, \sqrt{1} = 1$ の与えられた領域上での正則性・単葉性と 3.2 節で行った議論により明らか． (2) も同様であるが，$w = u + iv$ とおくとき $x = u^2 - v^2, y = 2uv$ であるから，条件 $x + y^2/4 - 1 > 0$ と $(u^2 - 1)(v^2 + 1) > 0$ との同値性に注意すれば，像領域は半平面 $\{\text{Re}\, w > 1\}$ である． **問 6.13** 対数関数は $\mathbb{H}$ では1価正則な分枝が選べて，それは 3.6 節で見たように単葉であった． **問 6.14** 一般に $|w|^2 - 1 = -4\text{Im}\, a \cdot \text{Im}\, z/|z - \bar{a}|^2$ であるから，条件 $\text{Im}\, a > 0$ のもとでは "$\text{Im}\, z > 0 \Leftrightarrow |w| < 1$" が成り立つ．実数 z は点 a とその実軸対象である点 $\bar{a}$ から等距離にあるので，実軸の w 像は単位円周，a は原点 $w = 0$ に写される．t は単位円周に写された後に施される回転を表す．

第6章演習問題

6.1 $\{0 < y < x\} \cup \{0 > y > x\} \cup \{x < 0 < x + y\} \cup \{x > 0 > x + y\}$． **6.2** 前半は容易．後半：$f'(z) = (2z - \lambda z^2)(\lambda z + 1)^{-4}$, $f''(z) = 2(\lambda^2 z^2 - 4\lambda z + 1)(\lambda z + 1)^{-5}$． **6.3** f がメービウス変換であること ($\{f, z\} = 0$ であるとすると $2(f''/f')' = (f''/f')^2$ である．これを2度積分すれば f がメービウス変換であることが分かる．逆はもっと容易)． **6.4** 一般に，正則関数 $w = f(z)$ とならんで正則関数 $\zeta = g(w)$ があるとき，$\{g \circ f, z\} = \{g, w\}(f(z))(f'(z))^2 + \{f, z\}$ であることが直接的な計算により分かる．これに前問の結果を加味すればよい． **6.5** これらの曲線はそれぞれ z 平面では原点中心の円周あるいは原点から出る半直線であり，それらは互いに直交しているから，像曲線の直交性が分かる． **6.6** まず，後で確定する正数 k を用いて変換 $z \mapsto \zeta := kz$ を施すと，z 平面内に与えられた楕円外部の領域は ζ 平面内の類似の領域 $G_\zeta := \{\zeta = \xi + i\eta \mid \xi^2/(ka)^2 + \eta^2/(kb)^2 > 1\}$ の上に1対1等角写像される．定数 k を方程式 $R + 1/R = ka, R - 1/R = kb$ が解をもつように選ぶ：$k = 2/\sqrt{a^2 - b^2}$ とおけばよい．このとき $R = \sqrt{(a+b)/(a-b)}$ であって，$ka = R + 1/R, kb = R - 1/R$ である．G_ζ は，式 (3.14) の外部だから，単葉正則なジューコフスキー変換 $\zeta = J(\omega) = \omega + 1/\omega$ の逆関数 $\omega = J^{-1}(\zeta)$ により ω 平面内の開円板 $\mathbb{D}(0, R)$ の上に1対1等角写像される．最後に写像 $\omega \mapsto w := \omega/R$ を施して期待された等角写像を得る：$w = \sqrt{(a-b)/(a+b)}J^{-1}(2z/\sqrt{a^2 - b^2})$． **6.7** 問 6.13 で見たことから，合成関数 $z \mapsto \pi z/2 \mapsto \exp[\pi z/2] \mapsto i\exp[\pi z/2]$ によって与えられた帯状領域は上半平面に写る．最後に問 6.14 を利用すればよい． **6.8** この領域の境界点は実軸上の線分 $[-2, 2]$ を見込む角が一定 ($= \pi/6$) である．したがってこの領域は関数 $\zeta = \log[(z-2)/(z+2)]$ によって ζ 平面の帯状領域 $\{|\text{Im}\, \zeta| < \pi/6\}$ に等角に写される．その後は前問題を利用すればよい． **6.9** $z = x + iy$

平面の 1 点 $z_0 = x_0 + iy_0$ を通る 2 つの C^1 曲線 $\gamma_k : x = x_k(t), y = y_k(t), t \in [-1,1]$ が立体射影 (の逆写像 π^{-1}) によってリーマン球面上の点 $\pi^{-1}(z_0) = (\xi_0, \eta_0, \zeta_0)$ を通る 2 つの C^1 曲線 $\pi^{-1}(\gamma_k) : \xi = \xi_k(t), \eta = \eta_k(t), \zeta = \zeta_k(t), t \in [-1,1]$ に写されているとする, $k = 1, 2$. 点 $\pi^{-1}(z_0)$ における曲線 $\pi^{-1}(\gamma_k)$ の単位接ベクトルは, 問題 1.13 で調べたように $\boldsymbol{t}_k := (x_0^2 + y_0^2 + 1)^{-1}[(-x_0^2 + y_0^2 + 1)a_k - 2x_0 y_0 b_k, -2x_0 y_0 a_k + (x_0^2 - y_0^2 + 1)b_k, 2(x_0 a_k + y_0 b_k)]$ であった. これらのなす角の余弦はその内積 $\boldsymbol{t}_1 \cdot \boldsymbol{t}_2$ に等しい. 他方で, 計算により容易に確かめられるように $\boldsymbol{t}_1 \cdot \boldsymbol{t}_2 = a_1 a_2 + b_1 b_2$ である. よって π は角の大きさを保存する写像である. 向きを変える写像であることは直観的には容易であるが, 外積 $\boldsymbol{t}_1 \times \boldsymbol{t}_2$ を計算しても確かめられる. **6.10** $\varphi(x,y) := |f(z)|$ とおく. $2\log\varphi(x,y) = \log f(z) + \log\overline{f(z)}$ の両辺を z および $\bar{z}$ でそれぞれ微分して $2\varphi_z = \varphi f'/f$ および $2\varphi_{\bar{z}} = \varphi \overline{f'/f}$ を得る. この第 1 式の両辺の 2 倍を f'/f の正則性に注意して $\bar{z}$ で微分し, さらに第 2 式を代入すれば $\Delta\varphi = 4\varphi_{z\bar{z}} = 2\varphi_{\bar{z}} f'/f = |f'|^2/|f| \geq 0$. **6.11** コーシー・リーマンの関係式を検証すればよい.

第 7 章

問 **7.1** $-1/2$. 問 **7.2** $6\pi i$. 問 **7.3** $-\pi i/2, \pi/2$. 問 **7.4** 0. 問 **7.5** 0. 問 **7.6** 2. 問 **7.7** 指示された各段階を順次追えばよい. 問 **7.8** 1, $(1+\sqrt{3}i)/6$. 問 **7.9** $\sin z$ は整関数であるからそもそも有界ではあり得ない. 問 **7.10** 1. 問 **7.11** $-1/2, 2\pi i/(n-1)!$. 問 **7.12** $-i/2, 5, 1$. 問 **7.13** $\pi/6$. (上半平面内の [0 ではない] 留数は $2i, 3+i$ におけるものでそれぞれ $(1+2i)/60, -(1+7i)/60$.) 問 **7.14** $2\pi/\sqrt{5}$. 問 **7.15** (いくつかの道が考えられるが) 定積分の値は 2π.

第 7 章演習問題

7.1 $0, 2\pi i/3, 1$. **7.2** $2\pi i$. **7.3** $-3\pi i/2, \pi^3$. **7.4** -4. **7.5** 4. **7.6** $\pi i \cos a$. **7.7** 整関数 f が $|f(z)| \leq M$ ($\forall z \in \mathbb{C}$) を満たすとする. 任意の $a \in \mathbb{C}$ に対して十分大きな $R > 0$ をとれば $a \in \mathbb{D}(0, R)$ であるから, 式 (7.19) によって $|f'(a)| \leq \dfrac{1}{2\pi}\displaystyle\int_{C(0,R)} \dfrac{|f(z)|}{|z-a|^2} |dz| \leq MR/(R-|a|)^2$. この最終項は $R \to \infty$ とするとき 0 に近づく. よって $f'(z)$ は $\mathbb{C}$ 上恒等的に 0 である. 定理 6.9 によって f は定数関数である. **7.8** $\displaystyle\lim_{z \to a}(z-a)f(z) = \lim_{z \to a} \dfrac{g(z)}{(h(z) - h(a))/(z - a)} = \dfrac{g(a)}{h'(a)}$ であるから, 注意 7.5 により証明すべき等式が得られた. **7.9** 1. **7.10** いずれも分子の次数が分母のそれよりも 2 大きいから, 上半平面の留数の総和を求めればよい. $I_1 = 2\pi i \underset{ai}{\mathrm{Res}}\, z^2/(z^2+a^2)^2 = \pi/(2a)$. I_2 は関数 $z^2(z^2+4)^{-1}(z^2+16)^{-1}$ の点 $2i$ における留数と点 $4i$ における留数の和を $2\pi i$ 倍したものの半分として得られる: $I_2 = \pi/12$. **7.11** 前者は $2\pi/\sqrt{a^2-1}$ (例 7.14 参照). 後者についても同様の方法が使えるが, 前者の結果の両辺を a で微分して求めることもできる: $2\pi a/(a^2-1)^{3/2}$. **7.12** 前問の結果をさらにもう一度 a で微分することにより容易に $I = \pi(2a^2+1)/(a^2-1)^{5/2}$. (あるいは, 例 7.14 と同様に $z = e^{it}$ とおくと, コーシーの積分公式によって $I = -8\displaystyle\int_C \dfrac{z^2\,dz}{(z^2+2iaz-1)^3} = -8\displaystyle\int_C \dfrac{f(z)}{(z-\lambda)^3}\,dz = (-8) \times 2\pi i f''(\lambda)/(2!) = -8\pi i f''(\lambda)$ を得る. ただし, λ は方程式 $z^2 + 2iaz - 1 = 0$ の単位円内にある解で, $f(z) = z^2(z + \lambda^{-1})^{-3} = \lambda^3 z^2(\lambda z + 1)^{-3}$ である. 問題 1.1 や 6.2 を利用すれば $\tau = \lambda + 1/\lambda$ を用いて $f''(\lambda) = 2(\tau^2 - 6)/\tau^5 = -i(2a^2+1)/(a^2-1)^{5/2}$ が分かるから, 最終的に $I = \pi(2a^2+1)/(a^2-1)^{5/2}$.) **7.13** $z^3 + 1 = (z+1)(z^2 - z + 1)$ に注意すれば, $z^2 - z + 1 = 0$ の解は $\omega := e^{\pi i/3} = (1 + i\sqrt{3})/2$ および $\bar{\omega} = -\omega^2$ であるが, ω だけが上半平面内にある. したがって, $\displaystyle\int_{-\infty}^{\infty} \dfrac{dx}{x^2 - x + 1} = 2\pi i \underset{\omega}{\mathrm{Res}}\, \dfrac{1}{z^2 - z + 1} = \dfrac{2\pi i}{\omega^2 + \omega} = \dfrac{2\pi i}{2(\omega - 1/2)} = \dfrac{2\pi}{\sqrt{3}}$. **7.14** この線積分の値を $2\pi i$ で割ったものは $d\log z/dz = 1/z$ において $z = 1$ として得られる. つま

り求めるべき値は $2\pi i$. **7.15** 関数 $f(z) := ze^{ipz}/(z^2+q^2)$ は上半平面内では qi だけで零でない留数 $\lim_{z\to qi}(z-qi)f(z) = e^{-pq}/2$ をもつ. 例 7.13 におけるように不等式 (7.31) が使えて $\int_{-\infty}^{\infty} \frac{x\exp(ipx)}{x^2+q^2}dx = 2\pi i \operatorname*{Res}_{qi} f(z) = \pi i \exp(-pq)$ を得るが, これより (たとえば両辺の虚部をとれば) 求めるべき定積分の値は πe^{-pq} である (実部は被積分関数が奇関数となるので意味のある結果をもたらさない).

第 8 章

問 8.1 $\varphi(z) := if(z)$ は Γ 上で $\operatorname{Im}\varphi(z) = \operatorname{Re}f(z) = 0$ を満たす. これに鏡像原理 (定理 8.3) を適用して得られる $G \cup \Gamma \cup G^*$ 上の関数を Φ とするとき, 求める関数 F は $-i\Phi$ として得られる. すなわち, G^* 上では $F(z) = -i(\overline{if(\bar{z})}) = -\overline{f(\bar{z})}$. **問 8.2** $F_{\mathbb{D}}(z) = z$, $F_{\mathbb{C}\setminus\overline{\mathbb{D}}}(z) = 0$. **問 8.3** 式 (3.16) を用いれば $\lim_{z\to 0} \frac{\sin z}{z} = \frac{1}{2i}\lim_{z\to 0}\frac{(e^{iz}-1)-(e^{-iz}-1)}{z} = \frac{1}{2i}\frac{d}{dz}(e^{iz}-e^{-iz})\Big|_{z=0} = 1$ が分かる. ここで定理 8.9 を適用すればよい. **問 8.4** 後半だけを示せばよい. メービウス変換 T が $\mathbb{D}$ からそれ自身への写像であったとすれば, 適当な点 ζ と実数 t を用いて $T(z) = e^{it}(z-\zeta)/(1-\bar{\zeta}z)$ と書ける. このとき $\alpha := -e^{-it/2}/\sqrt{1-|\zeta|^2}$, $\beta := -e^{-it/2}\bar{\zeta}/\sqrt{1-|\zeta|^2}$ とおけば $T(z) = (\bar{\alpha}z+\bar{\beta})(\beta z+\alpha)^{-1}$ である. **問 8.5** 定理 8.12 から直接に分かる (この結果からもただちに ——変換の具体的な形を知ることなく—— 例 8.5 に述べたことが分かる). **問 8.6** $f(z) = 3(z+1)^{-4} + 8(z+1)^{-5} + \cdots$.

第 8 章演習問題

8.1 考察すべき関数 f の逆数 $1/f$ に最大値の原理を適用すればよい. **8.2** (1) 存在しない;条件を満たす関数 f は, 任意の $z \in \mathbb{D}\setminus\{0\}$ について $f(z) = \frac{1}{2\pi i}\int_{\partial\mathbb{D}}\frac{1/\zeta}{\zeta-z}d\zeta = \frac{1}{z}\cdot\frac{1}{2\pi i}\int_{\partial\mathbb{D}}\left(\frac{1}{\zeta-z}-\frac{1}{\zeta}\right)d\zeta = 0$ となるが, これは C 上での f の仮定に反する ($z=0$ ときにも $f(0)=0$ が直接分かる). (2) 条件を満たす関数 f は C 上で $\operatorname{Re}z = (z+\bar{z})/2 = (z+1/z)/2$ に等しいが, (1) の考察からこの種の関数は存在しない. (3) 存在する;たとえば (非定数の) 多項式. (4) このような関数は $\mathbb{C}$ 全体で有界であるから, リューヴィルの定理により定数関数である. すなわち, 存在する定数関数 (恒等的に 0) に限られる. (5) 存在する;たとえば, 複素数の有限点列 (重複した登場も可) $a_1, a_2, \ldots, a_N$ に対して作られた $B(z) := \prod_{n=1}^{N}\frac{z-a_n}{1-\bar{a}_n z}$ など. **8.3** 仮定により関数 $P(z) \neq 0$ である. P が $\mathbb{D}$ 内にもつ有限個の零点をその重複度だけ繰り返して並べたものを $a_1, a_2, \ldots, a_N$ として前問の関数 B を作れば, $f(z) := P(z)/B(z)$ は $\overline{\mathbb{D}}$ で値 0 をとらない正則関数で, C 上では $|f| = 1$ である. したがって, 最大・最小値の原理により, ある θ $(0 \leq \theta < 2\pi)$ を用いて $f(z) = e^{i\theta}$, すなわち $P(z) = e^{i\theta}B(z)$ と書けるが, $a_n \neq 0$ なる限り P は $\mathbb{D}$ の外に正則でない点 $1/\bar{a}_n$ をもつから, $a_n = 0$. したがって, P の一般形はある非負整数 m によって $P(z) = e^{i\theta}z^m$. (次章で明らかになるように, (多項式に限らず) 整関数もまた $\mathbb{D}$ 内には有限個しか零点をもたないから, 同様の主張は整関数についても正しい). **8.4** C 上で絶対値が 1 である整関数 f は $f(z)\overline{f(1/\bar{z})} = 1$ ($z \in \mathbb{C}$) を満たすから, 任意の $z \in \mathbb{C}\setminus\{0\}$ において値 0 をとらない. もしも f が原点でも値 0 をとらなければ, 最大・最小値の原理 (例 8.1) によって $|f(z)| = 1$ ($z \in \overline{\mathbb{D}}$) となる. 拡張の一意性から $\mathbb{C}$ でも $|f(z)| = 1$, したがって f は定数関数. **8.5** $z = a+ib \notin [-1,1]$ を固定するとき, $F(a+ib) = \int_{-1}^{1}\frac{(t-a)+ib}{(t-a)^2+b^2}dt = \frac{1}{2}\log\frac{(1-a)^2+b^2}{(-1-a)^2+b^2} + i\left(\tan^{-1}\frac{1-a}{b} - \tan^{-1}\frac{-1-a}{b}\right)$ である. 最終辺の虚部に幾何学的考察を加えれば $F(z) = \log\left|\frac{1-z}{-1-z}\right| + i\arg\frac{1-z}{-1-z} = \log\frac{1-z}{-1-z} = $

$\log\dfrac{z-1}{z+1}$ が分かる．偏角は点 z が線分 $[-1,1]$ を見込む角の大きさとして開区間 $(-\pi,\pi)$ の中に一意に定まる．**8.6** $y=0$ 上での挙動は $\sqrt{x^2}=|x|$ から明らか．$y<0$ に対して，$f_+(x+iy)=\overline{f(x-iy)}, f_-(x+iy)=-\overline{f(x-iy)}$ だから $f_+(z)=-f_-(z)$ である．一致しない理由は $\sqrt{z}$ の多価性と同じ．(3.2 節におけるリーマン面の構成を参照)．**8.7** このような変換は明らかに平面の等角写像 $z\to w$ であるからメービウス変換で，その不動点は回転軸の両端点である．回転の軸となる直径の両端点の複素座標は $a, -1/\bar{a}$ であることを想起すれば適当な複素数 μ, $(|\mu|=1)$ を用いて $\dfrac{w-a}{w+1/\bar{a}}=\mu\dfrac{z-a}{z+1/\bar{a}}$ の形で与えられる．これを整理すると $w=\bar{\mu}\cdot\{(|a|^2+\mu)z+a(1-\mu)\}\{\bar{a}(\bar{\mu}-1)z+(|a|^2+\bar{\mu})\}^{-1}$ となるが，正規化すれば $w=(\alpha z+\beta)/(-\bar{\beta}z+\bar{\alpha}), |\alpha|^2+|\beta|^2=1$ と書き直せる．**8.8** 2 つの長方形はそれぞれ z 平面，z' 平面内にある $Q:=\{0<\operatorname{Re}z<a, 0<\operatorname{Im}z<b\}$ および $Q':=\{0<\operatorname{Re}z'<a', 0<\operatorname{Im}z'<b'\}$ としてよい；ここで $0, a, a+ib, ib$ が A, B, C, D に，また $0, a', a'+ib', ib'$ が A', B', C', D' に，それぞれ対応する．このとき関数 $z'=f(z)$ の辺 AB 上での仮定によって，f は長方形 $\bar{D}\bar{C}CD$ 上の正則関数に拡張される．ただし，$\bar{C}, \bar{D}$ は C, D の実軸に関する対称点 (座標 $a-ib, -ib$) である．同様にして，辺 DC に関して長方形 $ABCD$ と対称な長方形にも f は拡張される．このプロセスを順次繰り返せば，f が帯状領域 $S:=\{0<\operatorname{Re}z<a\}$ 上の正則関数 (それも f と書く) に拡張されることが分かる．辺 BC や辺 DA についても同様の操作が可能である．たとえば，虚軸に関して S と対称な領域にまで f は拡張される．新しい関数もまた f と書く．$z\in Q$ から出て実軸を越えて下半平面に入れば $\bar{z}$ での値は $\overline{f(\bar{z})}$ である．ここから虚軸を越えれば $-z$ における値が $-\overline{f(\bar{z})}=-f(z)$ であると分かる．他方で，z からまず虚軸を越えて次に実軸を越えて下半平面に移った場合には $-z$ における値は $\overline{[-f(\bar{z})]}=-f(z)$ である．したがって，平面から離散集合 $\{ma+inb\mid m,n\in\mathbb{Z}\}$ を除いた領域での 1 価の正則関数が得られる．孤立特異点 $ma+inb$ の周りは $ma'+inb'$ の周りに写るから，リーマンの除去可能性定理によって f はこれらの点でも正則であるとしてよい．こうして $\mathbb{C}$ から $\mathbb{C}$ の上への 1 対 1 正則関数 $z'=f(z)$ が得られた．このような関数は $z'=kz, k\in\mathbb{R}, k\neq 0$ に限られる．したがって $b/a=b'/a'$．

第 9 章

問 9.1 両者とも 1．**問 9.2** 単位円板内の z については $|z^2|<1$ なので $f(z)=1/\{z(z^2+1)\}=z^{-1}\cdot(1-z^2+z^4-z^6+\cdots)=1/z-z+z^3-z^5+\cdots$)．**問 9.3** $z=i$ で正則な $g(z):=(z+i)^{-3}$ を用いれば，整数 n に対して $\alpha_n=\dfrac{1}{2\pi i}\displaystyle\int_{C(i,1)}\dfrac{1}{(z^2+1)^3}\dfrac{1}{(z-i)^{n+1}}dz=\dfrac{1}{2\pi i}\displaystyle\int_{C(i,1)}\dfrac{g(z)}{(z-i)^{n+4}}dz$ であるこの値は，コーシーの積分公式によって，$n+4\leq 0$ ならば 0 であり，$n\geq -3$ ならば $\alpha_n=\dfrac{1}{(n+3)!}\dfrac{d^{n+3}}{dz^{n+3}}\dfrac{1}{(z+i)^3}\Big|_{z=i}=\dfrac{(n+4)(n+5)}{2^{n+7}}i^n$ である．級数の収束範囲は $0<|z-i|<2$．**問 9.4** 略．**問 9.5** ローラン展開 (9.20) からも容易に $\operatorname{Res}_i(z^2+1)^{-3}=-(3i)/(16)$．**問 9.6** 実軸上では $\cos z, \sin z$ は $\cos x, \sin x$ に等しく，これらの間には等式 $\cos^2 x+\sin^2 x=1$ が成り立つから，$\mathbb{R}$ 上では $\cos^2 z+\sin^2 z=1$ である．したがって $\mathbb{C}$ 全体でも $\cos^2 z+\sin^2 z=1$．**問 9.7** $f(1/(n\pi))=0, n\in\mathbb{N}$ に注意すれば明らか．**問 9.8** c が f の極ならば c の近傍での f の表示 (9.30) によって $\lim_{z\to c}|f(z)|=+\infty$ である．逆にこの条件があれば $g(z):=1/f(z)$ はリーマンの除去可能性定理によって c で正則で $g(c)=0$ であるから，g は c の近くで表示 (9.24) をもち，したがって f は表示 (9.30) をもつ．**問 9.9** 関数 $t\to\cos xt$ は偶関数であることお

よび非負整数 k に対して $\frac{1}{\pi}\int_{-\pi}^{\pi}\cos xt\cos kt\,dt = \frac{1}{2\pi}\left[\frac{\sin(x+k)t}{x+k}+\frac{\sin(x-k)t}{x-k}\right]_{-\pi}^{\pi} = \frac{(-1)^k\sin\pi x}{\pi}\left(\frac{1}{x+k}+\frac{1}{x-k}\right) = \frac{(-1)^k\sin\pi x}{\pi}\frac{2x}{x^2-k^2}$ であることから期待された展開を得る ($k=0$ のときにはこの積分の値の半分がフーリエ係数であることに注意). 問 **9.10** 変形したあとの級数は [絶対] 収束していない. 11.3 節を参照. 問 **9.11** 孤立真性特異点の定義とリーマンの除去可能性定理および問 9.8 による. 問 **9.12** 極限値 $\lim_{z\to\infty}|f(z)|$ が有限あるいは $+\infty$ として存在すれば f は ∞ で正則であるか極をもち, このとき f は多項式になる. 問 **9.13** 各点 $a\in\bar{G}$ において $\operatorname{ord}_a(fg) = \operatorname{ord}_a f + \operatorname{ord}_a g$ である. 問 **9.14** 後半は前半から容易. 前半は前問から直接的. 問 **9.15** 点 $a\in\mathbb{C}$ と十分小さな $\rho>0$ を閉円板 $\overline{\mathbb{D}}(a,\rho)$ 上では f が零点も極ももたないように選べる. $G:=\hat{\mathbb{C}}\backslash\mathbb{D}(a,\rho)$ とするとき, 偏角の原理によって $N(f,0,G)-N(f,\infty,G) = \frac{1}{2\pi}\int_{\partial G}d\arg f = -\frac{1}{2\pi}\int_{\partial\mathbb{D}(a,\rho)}d\arg f = N(f,\infty,\mathbb{D}(a,\rho))-N(f,0,\mathbb{D}(a,\rho)) = 0$. したがって $\deg(f)_{\hat{\mathbb{C}}} = N(f,0,\hat{\mathbb{C}})-N(f,\infty,\hat{\mathbb{C}}) = 0$ ($\hat{\mathbb{C}}$ 上で関数 f'/f に留数定理 (定理 7.21) を適用しても同じこと.) 問 **9.16** n 次多項式 $P(z) := a_n z^n + a_{n-1}z^{n-1}+\cdots+a_0$ ($n\geq 1$, $a_n\neq 0$) と十分大きな $R>0$ を考える. このとき閉円板 $\overline{\mathbb{D}}(0,R)$ の外では $P(z)\neq 0$ が成り立つ. また, $a_n + a_{n-1}z^{n-1}+\cdots+a_0/z^n$ は $a_n\neq 0$ に十分近いから z が $C(0,R)$ 上を走ったときの偏角の変化は 0 である. したがって, $\int_{C(0,R)}d\arg P(z) = \int_{C(0,R)}d\arg[z^n(a_n + a_{n-1}z^{n-1}+\cdots+a_0/z^n] = n\int_{C(0,R)}d\arg z + \int_{C(0,R)}d\arg(a_n+a_{n-1}z^{n-1}+\cdots+a_0/z^n)\approx 2\pi n$ であるから, $P(z)=0$ は $\mathbb{C}$ 上にちょうど n 個の解をもつ. 問 **9.17** $|z|=1$ のとき, $|z^6+2z-1|\leq 4 < 5 = |5z^4|$ が成り立つから, ルーシェの定理 (定理 9.20) により, 与えられた方程式は $5z^4=0$ と同じ個数の解を, すなわち 4 個の解をもつ ($|z|=1$ のとき $|(z^6-5z^4+2z-1)+(5z^4)| = |z^6+2z-1|\leq 4 < 5\leq |z^6-5z^4+2z-1|+|5z^4|$ であることに注意して定理 9.19 を用いることもできる). 問 **9.18** $\mathbb{D}(1/2,1)\ni\tau\mapsto z=e^{i\tau}$ は正則関数で $\mathbb{D}(1/2,1)$ の直径の一部 $[0,1]$ への制限が γ を表す.

第 9 章演習問題

9.1 コーシーの係数評価式 (9.15) を注意深く検証せよ. **9.2** $|e^z-1|=|\sum_{n=1}^{\infty}z^n/n!|\leq \sum_{n=1}^{\infty}|z|^n/n! = e^{|z|}-1$. **9.3** 極は $i,-i,0,1,-1$ でそれぞれにおける極の位数は $1,1,2,1,1$ である. $\mathbb{A}(i;0,1)$ では $f(z) = -(i/4)(z-i)^{-1}+7/8-(29/16)(z-i)-(93/32)(z-i)^2+\cdots$. $\mathbb{A}(-i;0,1)$ では $f(z) = (i/4)(z+i)^{-1}-7/8+(29/16)(z+i)+(93/32)(z+i)^2+\cdots$. $\mathbb{A}(1;0,1)$ では $f(z) = (i/4)(z-1)^{-1}-7/8+(29/16)(z-1)-(93/32)(z-1)^2+\cdots$. $\mathbb{A}(-1;0,1)$ では $f(z) = -(1/4)(z+1)^{-1}-7/8-(29/16)(z+1)-(93/32)(z+1)^2+\cdots$. $\mathbb{A}(0;0,1)$ では $f(z) = -z^{-2}-z^2-z^6-\cdots$. **9.4** $a=0$ または $a=4$. $z=\infty$ は重複度 2 の零点 ($a=0$). $z=-1/2$ での値は 4 で重複度は 2. **9.5** 単位円周 $|z|=1$ 上で, $2z^5+1$ は決して 0 にならず, $|2z^5+1|\leq 2|z|^5+1 = 3 < 4 = 4|z|$ が成り立つ. したがって, $\mathbb{D}$ 上で $2z^5-4z+1=0$ は $4z=0$ と同数 ($=1$ 個) の解をもつ. **9.6** 単位円周上では $|z^7-3z^6-1|\leq |z|^7+3|z|^6+1 = 5$ かつ $|z^3-7z^2|\geq ||z|^3-7|z|^2| = 6$ であるから, $\psi(z)=0$ は $\mathbb{D}$ では $z^3-7z^2 = 0$ と同数 ($=2$ 個) の解をもつ. 他方で, $|z|=2$ 上では $|z^7+z^3-7z^2|\leq |z|^7+|z|^3+7|z|^2 = 128+8+28 = 164$ かつ $|-3z^6-1|\geq |3|z|^6-1| = 192-11 = 191$ であるから, $\psi(z)=0$ は $\mathbb{D}(0,2)$ では $3z^6-1=0$ と同数 ($=6$ 個) の解をもつ. したがって, $\psi(z)=0$ は $\mathbb{A}(0;1,2)$ では 4 個の解をもつ. **9.7** u が G_0 上で定数 0 であるとする. 任意の点 $z'\in G$ において u が 0 であることを示せばよい. G_0 の内点 z_0 と z' は G 内のある単純な折れ線 γ で結べる. γ を含み z' を内点とするある単連結領域 G' がとれる. ここで u の共役調和関数 v を作れば $f:=u+iv$ は 1 価正則で,

$\operatorname{Re} f(z) = 0 \, (z \in G_0)$ であるから，ある実数 k について G' 全体で $f(z) = ik$ である．したがって z' における u の値は 0．**9.8** C^2 関数について $h|\operatorname{grad} h|^2 = 0$ が成り立つ (問題 5.4)．h が G 上で恒等的に 0 でなければ $h(a) \neq 0$ となる点 $a \in G$ があるが，連続性によってある開円板 $\mathbb{D}(a,\rho)$ 上でも $h \neq 0$ が成り立つ．このとき $\mathbb{D}(a,\rho)$ 上で $|\operatorname{grad} h|^2 \equiv 0$，すなわち $h \equiv \operatorname{const.}$ である．前問で示したことから，h は G 全体で定数である．**9.9** u の共役調和関数 v は $\mathbb{D}^*$ で 1 価であるかどうかは (すぐには) 分からないが，ここで調和な関数である．$\omega := \int_{\partial \mathbb{D}} dv$ に対し $f(z) := \exp\left[\frac{2\pi}{\omega}(u(x,y) + iv(x,y))\right]$ は $\mathbb{D}^*$ で 1 価正則であって，$|f(z)| = \exp[\frac{2\pi}{\omega} u(x,y)]$ は条件 (1) によって $\mathbb{D}^*$ で有界である．したがって，f は $\mathbb{D}$ で 1 価正則である．ゆえに u は $\mathbb{D}$ で調和な関数である ("原点は u の除去可能な特異点である" という)．**9.10** 前問で示したことから，条件 (1),(2) を満たす u は $\mathbb{D}$ で調和な関数 $\tilde{u}$ に拡張できる．条件 (3) と最大・最小値の原理によって $\tilde{u}$ は，したがって u は，恒等的に 1 である．

第 10 章

問 10.1 $Ve^{-i\tau}(z - z_0) + i\kappa \log(z - z_0) + R^2 V e^{i\tau}(z - z_0)^{-1}$．**問 10.2** $\Phi(z) = Ve^{-i\tau} z$ とき $\overline{\Phi(R^2/\bar{z})} = R^2 V e^{i\tau} z^{-1}$．**問 10.3** 前問と同様 ($\Phi(z) = Ve^{-i\tau}(z - z_0)$ とき $\overline{\Phi(R^2/(\overline{z - z_0}))} = R^2 V e^{i\tau}(z - z_0)^{-1}$)．**問 10.4** 略 (本文の議論を κ を残して繰り返せばよい)．**問 10.5** 留数 $-\operatorname{Res}_\infty \varphi_{\tau,\kappa}(z)^2$ あるいは留数 $\operatorname{Res}_0 \varphi_{\tau,\kappa}(z)^2$ を求めればよいが，これらの値は，式 (10.5) からただちに $2iV\kappa e^{-i\tau}$ であると分かる．したがって，$\bar{F} = \frac{i\rho}{2} \cdot 2\pi i \cdot 2iV\kappa e^{-i\tau} = -2i\pi\rho\kappa V e^{-i\tau}$，すなわち $F = 2i\pi\rho\kappa V e^{i\tau}$．**問 10.6** 留数 $-\operatorname{Res}_\infty \varphi_{\tau,\kappa}(z)^2 z$ あるいは留数 $\operatorname{Res}_0 \varphi_{\tau,\kappa}(z)^2 z$ を求めればよい．容易に分かるように，それは $-(\kappa^2 + 2R^2 V^2)$ であるので，$M = \frac{\rho}{2} \cdot \operatorname{Re}[2\pi i \cdot (2R^2 V^2 + \kappa^2)] = 0$．**問 10.7** 略．**問 10.8** 2 つの流れそれぞれにおいて，物体の表面から出入りする流体の総量が 0 であること (実際には出入りがない)．**問 10.9** 略．

第 10 章演習問題

10.1 指定された条件 (無限遠点での速度，円周が流線であること，単位円板を回る循環) を満たす複素速度ポテンシャル Φ に対し，$f := \Phi - \Phi_{\alpha,\kappa}$ は領域 $G := \hat{\mathbb{C}} \setminus \overline{\mathbb{D}}$ 上の正則関数で，G の境界 (単位円周 C) 上でも連続かつ $\operatorname{Re} f = 0$ である (したがって，f は C を越えて $\mathbb{D}$ 内に正則に延びて $G \cup C$ を含む領域 $\hat{G}$ で正則な関数である)．$\lim_{z \to \infty} f(z) = 0$ であるから，$g := \exp[f(z)]$ は $\hat{G}$ で有界正則であって，C 上では $|g| = \exp(\operatorname{Re} f) = 1$ を満たす．最大値の原理によって g は，したがって f もまた，G 上で定数．ゆえに $f = 0$．**10.2** $\Psi(f(z)) = \Phi(z)$ と f の境界対応から物体の境界が流線であることが分かり，関係式 $\Psi'(f(z)) f'(z) = \Phi'(z)$ (左辺の Ψ' は w によるもの) から無限遠点における速度の対応や物体を囲む循環の一致などが導かれる．**10.3** (1) 基本的にジューコフスキー変換についての議論と同様．S は円周 $C(0, R)$ を直線 $\arg z = \pi/2 - \theta$ 方向に押し潰したかのようにして得られる．S の 2 つの端点 $w_1 = 2e^{i(\pi - \theta)}$, $w_2 = 2e^{-i\theta}$ はそれぞれ $z_1 = e^{i(\pi - \theta)}$, $z_2 = e^{-i\theta}$ に対応する．S 上のそのほかの点は 2 つの側を異なる点と考えれば $C(0, R)$ の 1 点ずつに対応する．(2) $\Phi(z) = Vz + V/z + i\kappa \log z$．(3) $f'(z) = 0$ の解は $z = \pm e^{-i\theta}$ であるから，$\Phi'(e^{-i\theta}) = 0$ を解いて[*1)]，$\kappa = 2V \sin\theta$．(4) ブラジウスの公式によって (あるいはクッタ・ジューコフスキーの定理から) $R = 0$, $L = 4\pi\rho V^2 \sin\theta$．

[*1)] ここで S の後端だけを見て先端を考慮していないのは，そこでは速さが無限大にならずに済むからである．流れが実際には先端を越えて S の上側に直接沿うことをせず ——あたかも S が上側に膨らみをもった物体のように流れて—— S を過ぎて初めて下側に沿ってきた流れと合流することによる．後端ではクッタ・ジューコフスキーの条件を仮定しなければ速さが無限大になってしまう．

(5) ブラジウスの公式によって, $R > 2$ について, $M = -\frac{\rho}{2}\mathrm{Re}\int_{C(0,R)} w\Psi'(w)^2\,dw = -\frac{\rho}{2}\mathrm{Re}\int_{C(0,R)} f(z)\Phi'(z)^2/f'(z)\,dz = -4\pi\rho V^2\mathrm{Re}\,[e^{-i\theta}\sin\theta] = -2\pi\rho V^2\sin(2\theta)$. (6) F が作用する点の座標を $z = re^{i(\pi-\theta)} = -re^{-i\theta}$ とするとき,モーメントの定義から $M = \mathrm{Im}\,[-re^{i\theta}(R+iL)]$ であるが,これを書き直して $M = -Lr\cos\theta$ を得る.一方で,すでに (4),(5) で得たように, $L = 4\pi\rho V^2\sin\theta$, $M = -4\pi\rho V^2\cos\theta\sin\theta$ であるから,$r = 1/2$ を知る.すなわち S の中心と先端とのちょうど真ん中.**10.4** 略.

第 11 章

問 11.1 定義 11.1 から明らか ($a_n = 0$ となる n は 1 つ以上あって,しかも有限個しかない).**問 11.2** $N = 1$ とする.$\left|\prod_{n=1}^k \alpha_n \left(\prod_{n=k+1}^{k'} \alpha_n - 1\right)\right| = \left|\prod_{n=1}^{k'} \alpha_n - \prod_{n=1}^k \alpha_n\right|$ かつ十分大きな k については $\prod_{n=1}^k \alpha_n \neq 0$ であることに注意すればよい.**問 11.3** 命題 11.3 および $|\log(1+|\beta_n|)| = \log(1+|\beta_n|)$ に注意すればよい.**問 11.4** 発散,発散,(絶対) 収束,(絶対) 収束.**問 11.5** 略.**問 11.6** 左辺の逆数を計算して式 (11.8) を使えばよい.**問 11.7** $n\to\infty$ としたときの積分の収束を示せばよい.十分大きな n について積分域を $[0, n]$ と $[n, \infty)$ に分けて考える.**問 11.8** 周期関数の定義から明らか.**問 11.9** $\wp$ は $\mathbb{C}\setminus\Lambda$ 上の連続関数であるが,任意の $\omega \in \Lambda$ と十分小さな $\varepsilon > 0$ について $\int_{C(\omega,\varepsilon)} \wp(z)\,dz = 0$ であるから,定理 7.10 によって,$\mathbb{C}\setminus\Lambda$ 上の原始関数が存在する.**問 11.10** 定理 11.13 によって,1 位の極を 1 つだけもつ楕円関数は存在しない.**問 11.11** 任意に $R > 0$ を固定し,$|z| \leq R$ とする.有限個の ω を除いて $|\omega| \geq 2R$ である.このような ω に対しては $|z-\omega| \geq |\omega| - |z| \geq R$ であるから,$\left|\frac{1}{z-\omega} + \frac{1}{\omega} + \frac{z}{\omega^2}\right| = \left|\frac{z^2}{\omega^2(z-\omega)}\right| \leq \frac{R^2}{|\omega|^2 R} = \frac{R}{|\omega|^2}$.

第 11 章演習問題

11.1 3 角不等式による.左辺 $= \left|\left(1 + \sum_{n=k}^{k'} \beta_n + \cdots + \prod_{n=k}^{k'} \beta_n\right) - 1\right| \leq \sum_{n=k}^{k'} |\beta_n| + \cdots + \prod_{n=k}^{k'} |\beta_n| = \left|\left(1 + \sum_{n=k}^{k'} |\beta_n| + \cdots + \prod_{n=k}^{k'} |\beta_n|\right) - 1\right| =$ 右辺 **11.2** 指示された計算を実行すればよい.**11.3** 前問と同様.**11.4** $c_n - c_{n+1} = \log(1+1/n) - 1/(n+1)$ であるが,関数 $\varphi(x) := \log(1+1/x) - 1/(1+x)$ は $x > 0$ で単調減少かつ $\lim_{x\to\infty}\varphi(x) = 0$ **11.5** 問 11.6 において $z = 1/2$ とすればよい.**11.6** 関数方程式と前問題から容易に $\Gamma(n+1/2) = 2^{-n}(2n-1)\cdot(2n-3)\cdots 3\cdot 1\sqrt{\pi}$.**11.7** 式 (11.15) を対数微分してさらに微分すれば $\frac{d^2}{dz^2}\log\Gamma(z) = \frac{d}{dz}\frac{\Gamma'(z)}{\Gamma(z)} = \sum_{n=0}^{\infty} \frac{1}{(z+n)^2}$ が得られる.同様にして $\frac{d^2}{dz^2}\log\Gamma(2z) = 2\frac{d}{dz}\frac{\Gamma'(2z)}{\Gamma(2z)} = 4\sum_{n=0}^{\infty} \frac{1}{(2z+n)^2}$ も得られる.**11.8** 前問から分かる等式 $\frac{d^2}{dz^2}\log[\Gamma(z)\Gamma(z+1/2)] = \frac{d^2}{dz^2}\log\Gamma(2z)$ を 2 回積分すれば,ある実数 k_1, k_2 によって $\log[\Gamma(z)\Gamma(z+1/2)/\Gamma(2z)] = k_1 z + k_2$ が成り立つ.ここで,まず $z = 1/2$ とすれば $\log\Gamma(1/2) = k_1/2 + k_2$ を得るが,$\Gamma(1/2) = \sqrt{\pi}$ であるから,$k_1/2 + k_2 = \log\sqrt{\pi}$.また,$z = 1$ とすれば $\log[\Gamma(1)\Gamma(3/2)/\Gamma(2)] = k_1 + k_2$ を得るが,$\Gamma(3/2) = (1/2)\Gamma(1/2) = \sqrt{\pi}/2, \Gamma(1) = \Gamma(2) = 1$ であるから,$k_1 + k_2 = \log(\sqrt{\pi}/2) = \log\sqrt{\pi} - \log 2$.したがって,$k_1 = -2\log 2$, $k_2 = \log\sqrt{\pi} + \log 2$.これより $2^{2z-1}\Gamma(z)\Gamma(z+1/2) = \sqrt{\pi}\Gamma(2z)$ を得る.**11.9** 一般論による.**11.10** σ の定義式を対数微分すればよい.**11.11** 前半は前問と ζ 関数の性質から明らか.後半も指示通りの計算を遂行すれば導かれる.

索　引

欧文・記号

* 72, 81
C^1 級の曲線　16
deg　36, 169
Δ　68
div　79
Γ 関数　201
grad　80
$N(f, \alpha, G)$　169
∇　81
ord　161, 169
$\wp$ 関数　205
rot　80
σ 関数　207
ζ 関数　206

ア　行

値　13
アーベルの定理　152

位数　43, 53, 161
位相空間　10
位相的性質　22
1 次変換　43
一様収束　80, 196
一様流　72
1 価関数　41
1 価性の定理　147
一致の定理　161

渦　66
渦なし　63

枝　40
円環 [領域]　76
円周　5
円板　5

オイラーの公式　31, 32
オイラーの定数　201
オイラーの連続の方程式　62

カ　行

開円板　10
外境界　21
開弧　16
開写像　175
開集合　10
外積　7
解析関数　164
解析曲線　175
解析接続　163, 164
回転　36, 79
回転数　118
外部　20
ガウスの定理　3
ガウスの発散定理　79
ガウスの平均値定理　83
ガウス平面　4
拡大　36
拡張された複素平面　23
囲まれた領域　21
重ね合わせ　73
カゾラティ・ワイエルシュトラスの定理　168
渦度 [ベクトル]　63, 80
管状　61
関数　13

関数項級数　150
関数要素　164
関数列　150
完全流体　58
ガンマ関数　201

基本周期　33
基本集合　34
逆 (曲線の)　18
境界　11
鏡像　5
共役調和関数　72
共役微分 [形式]　81
共役複素数　4
極　165
極限　12
極 [座標] 表示　8
局所座標系　203
曲線　15, 17
虚軸　4
虚数単位　1
虚部　3, 13
距離空間　10
近傍　10

空間　13
クッタ・ジューコフスキーの定理　186
クッタの条件　189
区分的に C^1 級の曲線　18
グラフ　13
グリーン関数　89
グリーンの公式　81, 83
グリーンの定理　78
グルサの定理　115

径数　16
原始関数　116

弧　16
後縁　187
広義一様収束　150
交叉的に繋ぐ　39
格子　202
勾配　80
項別微分可能性　151

コーシー・アダマールの公式　152
コーシー [型] 積分　138
コーシー・シュヴァルツの不等式　7
コーシーの係数評価　156
コーシーの収束判定法　12
コーシーの主値　130
コーシーの積分公式　120, 122, 124
コーシーの積分定理　114
　　──の一般化　115
コーシー変換　138
弧状連結　19
コーシー・リーマンの関係式　71, 93
コーシー列　12
孤立特異点　140, 167
コンパクト　22

サ　行

差　18
最大・最小値の原理 (調和関数)　84
最大 [絶対] 値の原理 (正則関数)　84, 133
最大値の原理　84
3 角関数　49
3 角不等式　6

シグマ関数　207
自己等角写像　144
指数　118
指数関数　32
次数　36
実軸　4
実部　3, 13
始点　16
射影特殊線形群　57
写像　13
シュヴァルツの鏡像原理　135
シュヴァルツの補題　142
シュヴァルツ微分　110
周期　33
周期関係式　206
周期格子　202
周期平行 4 辺形　202
集積点　161
収束　11, 150, 194
収束円　153
収束半径　153

索　　引　　　225

従属変数　13
終点　16
ジューコフスキーの仮定　189
ジューコフスキーの翼　187
ジューコフスキー変換　47
主枝　40
主値　8, 40, 54, 55
　　コーシーの——　130
主要部 [分]　158
循環　64
上半平面　5
除去可能　140
助変数　16
ジョルダン曲線　16
ジョルダンの曲線定理　20
ジョルダンの不等式　129
伸縮　36
真性特異点　165

吸い込み　65
ストークスの定理　80

整関数　95
正弦関数　49
正接関数　49
正則　95, 115, 141
正の向き (境界)　21
正の向き (ジョルダン曲線)　20
正 [の向き] に向きづけられた境界　21
成分　20
積 (曲線の)　18
跡　57
赤道　22
ゼータ関数　206
截線　38
絶対収束　152, 196
絶対値　5
全射　13
線積分　111
全単射　13
線ベクトル　64

双曲線関数　49
像 [集合]　13
像 [点]　13

相対コンパクト　22
速度　58
速度場　58
速度ポテンシャル　68

タ　行

第 n 係数　151
対称　46
対称原理　135
代数学の基本定理　3, 36, 122, 172
対数関数　53
対数分岐点　54
代数分岐点　54
楕円関数　202
多価関数　41
多項式 [関数]　36
多重連結　144
ダランベール・オイラーの関係式　64
ダランベールの収束判定法　154
ダランベールのパラドックス　182
単位円周　5
単位円板　5
単射　13
単純曲線　16
端点　16
単葉　104
単連結　67

値域　13
縮まない流体　59
中心　151
重複度　161, 165
調和関数　68
直接 [解析] 接続　164
直線　4

強さ (湧き出し・吸い込み・渦)　65

定義域　13
抵抗　186
定常的 (流れ)　59
テイラー係数　156
テイラー展開　156
点　13
点列　11

226　　　　　　　　　索　　　引

等角写像　108
等角的　106
導関数　95
　　――に対するコーシーの積分公式　122
等高線　37
同心円環　76, 154
同相写像　17
同値　17
等ポテンシャル線　69
特性根　28
特性方程式　28
独立変数　13
ド・モアヴルの公式　9
トーラス (輪環面)　203
トレース　57

　　　　　　　ナ　行

内積　7
内部　10, 20
流れ関数　68
流れの場　58
流れの領域　58
ナブラ　81
滑らか　16
南極　22

2 重周期関数　202
2 重湧き出し (2 重極)　75

粘性　58, 181

　　　　　　　ハ　行

媒介変数　16
発散　61, 79, 194
パラメータ (曲線の)　16
反正則関数　103
反転　10, 43
パンルヴェの定理　164

非圧縮性流体 → 縮まない流体
非回転的　63
非調和比　45
被覆リーマン面　39, 162, 203
微分可能　16, 30
微 [分] 係数　30, 90

複素関数　13
複素共役　4
複素コーシー・リーマン関係式　101
複素座標　4
複素指数関数　32
複素数　1
複素数体　2
複素数列　11
複素線積分　111
複素速度　71
複素 [速度] ポテンシャル　71
複素調和関数　100
複素微分可能　90
複素平面　4
複比　45
不動点　45
部分分数分解　199
部分列　11
ブラジウスの公式　184
フラックス　64
フルヴィッツの定理　173
分岐点　39
分枝　40
[分数] 1 次変換　43

閉円板　10
閉曲線　16
平均値の定理　84
閉弧　16
平行移動　36
閉集合　10
閉包　10
ペー関数　205
べき級数　151
べき乗　56
ベルヌーイの定理　180
偏角　8
偏角の原理　170

ポアソン核　87
ポアソン積分表示　88
ポアンカレ計量　144
方向微 [分] 係数　81
法線ベクトル　64
保存的 (ベクトル場)　80

北極　22
ボルツァーノ・ワイエルシュトラスの定理
　　12

マ　行

マグヌス効果　181
マクローリン展開　156

ミッタークーレフラーの定理　199
ミルンートムソンの円定理　179
ミルンートムソンの第2円定理　180

迎え角　190
無限遠点　23
　　——で正則　141
　　——における留数　125
無限[乗]積　194

メービウス変換　43
面積平均値の定理　89

モジュラス　149
モーメント　184
モレラの定理　134

ヤ　行

有界　12
有理型　166
有理関数　41

葉　39
揚力　186
余弦関数　49
淀み点　69

ラ　行

ラグランジュの等式　7
ラプラス作用素 (ラプラシアン)　68
ラプラスの方程式　68

理想流体　58
立体射影　22
リーマン球面　23
リーマンの周期関係式　206
リーマンの除去可能性定理　141
リーマン面　39, 203
リューヴィルの定理　121
留数　125
留数定理　125, 126
流線　69
流束　64
領域　20
領域保存の原理　175
両連続　17
輪環面 (トーラス)　203

ルーシェの定理　172
ルジャンドルの関係式　206
ルジャンドルの2倍公式　207

零点　36, 161
劣調和関数　110
連結　19
連結成分　20
連続　14
連続関数　14
連続的微分可能 (曲線)　16

ローラン係数　158
ローラン展開　158

ワ　行

和 (級数の)　150
和 (曲線の)　18
ワイエルシュトラスの定理　151, 197
ワイエルシュトラスの2重級数定理　157
湧き出し　65

著者略歴

柴　雅和
しば　まさ　かず

1944 年　大阪府に生まれる
1970 年　京都大学大学院理学研究科修士課程修了
現　在　広島大学名誉教授
　　　　理学博士
主　著　『関数論講義』（森北出版，2000 年）
　　　　『理工系複素関数論』（サイエンス社，2002 年）

現代基礎数学 9
複 素 関 数 論　　　　定価はカバーに表示

2013 年 9 月 25 日　初版第 1 刷

著　者　柴　　雅　　和
発行者　朝　倉　邦　造
発行所　株式会社　朝　倉　書　店

東京都新宿区新小川町 6-29
郵 便 番 号　162-8707
電　話　03（3260）0141
Ｆ Ａ Ｘ　03（3260）0180
http://www.asakura.co.jp

〈検印省略〉

© 2013〈無断複写・転載を禁ず〉　　　中央印刷・渡辺製本

ISBN 978-4-254-11759-2　C 3341　Printed in Japan

JCOPY　〈(社)出版者著作権管理機構 委託出版物〉

本書の無断複写は著作権法上での例外を除き禁じられています．複写される場合は，そのつど事前に，(社)出版者著作権管理機構（電話 03-3513-6969，FAX 03-3513-6979，e-mail: info@jcopy.or.jp）の許諾を得てください．

現代基礎数学

新井仁之・小島定吉・清水勇二・渡辺　治　［編集］

1	数学の言葉と論理	渡辺　治・北野晃朗・木村泰紀・谷口雅治	本体 3300 円
2	コンピュータと数学	高橋正子	
3	線形代数の基礎	和田昌昭	本体 2800 円
4	線形代数と正多面体	小林正典	本体 3300 円
5	多項式と計算代数	横山和弘	
6	初等整数論と暗号	内山成憲・藤岡　淳・藤崎英一郎	
7	微積分の基礎	浦川　肇	本体 3300 円
8	微積分の発展	細野　忍	本体 2800 円
9	複素関数論	柴　雅和	
10	応用微分方程式	小川卓克	
11	フーリエ解析とウェーブレット	新井仁之	
12	位相空間とその応用	北田韶彦	本体 2800 円
13	確率と統計	藤澤洋徳	本体 3300 円
14	離散構造	小島定吉	本体 2800 円
15	数理論理学	鹿島　亮	本体 3300 円
16	圏と加群	清水勇二	
17	有限体と代数曲線	諏訪紀幸	
18	曲面と可積分系	井ノ口順一	
19	群論と幾何学	藤原耕二	
20	ディリクレ形式入門	竹田雅好・桑江一洋	
21	非線形偏微分方程式	柴田良弘・久保隆徹	本体 3300 円

上記価格（税別）は 2013 年 8 月現在